高等教育“十四五”农林规划新形态教材

食用菌遗传育种学

边银丙 主编

GENETICS AND BREEDING OF EDIBLE MUSHROOM

中国教育出版传媒集团
高等教育出版社·北京

内容提要

本书内容共分三篇。第一篇内容为食用菌遗传学基础，重点介绍了食用菌繁殖方式与遗传分析、子实体生长与发育、生物信息学基础和种质资源评价等相关知识。第二篇内容为食用菌育种原理与技术，系统阐述了食用菌育种目标，以及选择育种、杂交育种、原生质体技术及其应用、基因工程育种和诱变育种的原理与方法。第三篇内容为7个食用菌遗传育种实验。附录部分收录了与食用菌品种选育、品种描述和新品种保护等有关的标准或文件。

本书为国内外第一本食用菌遗传育种学教材，概念清晰，条理清楚，内容系统，结构完整，可作为综合性大学、农林院校及师范院校中园艺、农学、植保、林学、微生物学或应用生物等专业的本科生及研究生教材。对于从事食用菌遗传育种研究的科技工作者而言，这也是一本难得的专业参考书。

图书在版编目（CIP）数据

食用菌遗传育种学 / 边银丙主编．-- 北京：高等教育出版社，2022.8

ISBN 978-7-04-058769-2

Ⅰ．①食… Ⅱ．①边… Ⅲ．①食用菌－遗传育种 Ⅳ．① S646.032

中国版本图书馆 CIP 数据核字（2022）第 105525 号

Shiyongjun Yichuan Yuzhong Xue

策划编辑 孟 丽　　责任编辑 赵晓玉　　封面设计 赵 阳　　责任绘图 黄云燕
责任印制 刁 毅

出版发行	高等教育出版社	网　址	http://www.hep.edu.cn
社　址	北京市西城区德外大街4号		http://www.hep.com.cn
邮政编码	100120	网上订购	http://www.hepmall.com.cn
印　刷	肥城新华印刷有限公司		http://www.hepmall.com
开　本	889mm×1194mm 1/16		http://www.hepmall.cn
印　张	14		
字　数	450千字	版　次	2022年8月第1版
购书热线	010-58581118	印　次	2022年12月第2次印刷
咨询电话	400-810-0598	定　价	36.00元

本书如有缺页、倒页、脱页等质量问题，请到所购图书销售部门联系调换

物 料 号 58769-00

《食用菌遗传育种学》编写委员会

主　　编　边银丙

副 主 编　鲍大鹏　姚方杰　赵明文

编写人员（按姓氏拼音排序）

鲍大鹏（上海市农业科学院）
边银丙（华中农业大学）
陈美元（福建省农业科学院）
陈明杰（上海市农业科学院）
邓优锦（福建农林大学）
董彩虹（中国科学院微生物研究所）
方　明（吉林农业大学）
龚钰华（华中农业大学）
康　恒（华中农业大学）
孟　丽（山东农业大学）
沈祥陵（三峡大学）
舒黎黎（沈阳农业大学）
孙淑静（福建农林大学）
田雪梅（青岛农业大学）
肖　扬（华中农业大学）
徐章逸（华中农业大学）
姚方杰（吉林农业大学）
赵明文（南京农业大学）
周　雁（华中农业大学）

数字课程（基础版）

食用菌遗传育种学

边银丙　主编

登录方法：

1. 电脑访问 http://abook.hep.com.cn/58769，或手机扫描下方二维码、下载并安装 Abook 应用。
2. 注册并登录，进入“我的课程”。
3. 输入封底数字课程账号（20 位密码，刮开涂层可见），或通过 Abook 应用扫描封底数字课程账号二维码，完成课程绑定。
4. 点击“进入学习”，开始本数字课程的学习。

课程绑定后一年为数字课程使用有效期。如有使用问题，请点击页面右下角的“自动答疑”按钮。

食用菌遗传育种学

“食用菌遗传育种学”数字课程与纸质教材一体化设计，紧密配合。数字课程包含书中各章的教学课件、思考题参考答案、附录、常见食用菌名录、参考文献等，在提升教学效果的同时，为学生提供思维与探索的空间。

用户名：　密码：　验证码：　5360　忘记密码？　登录　注册

http://abook.hep.com.cn/58769

扫描二维码，下载Abook应用

序

整整一年了！2020年的春天习总书记视察陕西省柞水县金米村，看到当地食用菌产业在脱贫攻坚中发挥的重要作用时，欣然为食用菌产业点赞："小木耳，大产业"。总书记真情点赞如给中国的食用菌产业吹来了一阵和煦的春风，业界同仁无不欢欣鼓舞！

"小木耳，大产业"是中国食用菌产业发展的一个"里程碑"。中国的食用菌在1978年只有5.7万吨的年产量，历经40多年，在改革开放巨浪的推动下，已发展成年产4 000万吨、产值过3 000亿元的第五大种植业！进入新的历史时期，如何由"小"做"大"、做"强"，成为一个新的历史起点。

"小木耳，大产业"是一部"宣言书"。它向全世界宣告，在经历40多年以700倍的发展速度下，中国成了世界食用菌产业的第一大国，虽"小"犹"大"。有中国"蘑菇人"艰苦卓绝的努力，才能由小做大。在中国的历史上，在世界的历史上，在人类的历史上，小小蘑菇为脱贫减贫写下了浓墨重彩的一笔。

"小木耳，大产业"是响亮的"进军号"。它吹响了中国食用菌产业在脱贫减贫取得全胜之后向着"乡村振兴"有效衔接的进军号。在脱贫减贫中，它书写了可歌可泣的历史；在推动乡村全面振兴中它一定会并且必将会写下更为壮丽的篇章。

中国是世界上食用菌产量最多，种类最全，种植面积最大，从业者最多的国家，是名副其实的食用菌第一大国。但是我们还不是强国。尽管近40多年特别是近10年的发展历程，已经使我们在产业的科技内涵上有了飞速的发展，但是制约我们发展的核心还是种源。优质、高产、广适的品种仍然与发达国家有差距，甚至受制于人。食用菌的品种选育工作较设施的设计改造、设备的研发改进、生产技术的完善规范、采收运储中的保质保鲜，乃至初加工、深加工、精加工的配套工艺都更费时费力。目前，至少在以下几个方面仍然存在着食用菌育种工作顺利开展的障碍：（1）我国的资源状况仍处于摸家底阶段，在国土、气候、生态等方面，与一些面积小的国家（地区）相比，我国所掌握的资源不及其一半甚至更少；资源掌握得越多、越掌握在自己手中才不至于成为无米之炊、无水之源，这是最基本的前提。（2）菌类的遗传特性、生物学规律完全不同于动物、植物，用其他真核生物的生命规律套用菌类只会是差之毫厘，谬以千里。如菌类的生活史中双核阶段历时越长，其进化阶元越高，双核共居一室（细胞）并无性关系，是高等菌类较普遍的生命现象，而用单核细胞的理念进行杂交育种，其结果就可想而知了。这些最基础的生物学知识的不足限制了技术层面的创新。（3）菌类育种工作长期被边缘化，不像粮食、油料等事关国计民生的大宗作物那样从业者众多，经费充足，评价体系完善，共识度高。长期的制约使本已起步较晚的菌类育种工作举步维艰，甚至品种审定工作都无一席之地。一个行业尚且如此，从业者自身的运行空间就可想而知了。（4）菌类无性繁殖的优势却成了菌类繁育、推广之殇，对品种知识产权不尊重、不保护，培育难，繁育易！不问出处，拿来就繁（用无性繁殖方法），堂而皇之地冠以自己的名号，成了自己的品种，不仅对品种育成者造成伤害，也成为这个行业屡禁不止的顽疾！如果不形成行业共识，没有成文的行规行约，形不成从业者自身的自律，那么很难成事。育种者耗尽毕生心血育成的新品种，一夜之间被窃取的现象应该受到法律的制裁和道德的谴责。

还有许多限制菌业"芯片"做强做大的因素，在此不再赘述。要把饭碗牢牢端在中国人自己手里，菌类作物不可缺少。菌类作物的核心理论是菌类遗传学，核心技术是菌类育种！

这次华中农业大学的边银丙教授，知难而上，组织编写了《食用菌遗传育种学》教材，使我感慨良多。要改变整个菌业的现状，提高整体的从业水平，培养人才是第一位的。设置产业，完善学科，形成体系，不断推出新人，才能形成长江后浪推前浪，人才辈出的新局面，其中教材居于首位。我曾向吉林、山东和山西等地的同行多次呼吁在专业设置完成之后，教材建设应先行一步。华中农业大学乘势而上，捷足先登，可喜可贺。

我曾评价华中农业大学是食用菌行业育人的重镇，又一次得到证明。算来边教授应是第三代传人了，第一代非杨新美先生莫属，杨先生在业界有口皆碑，在此不做赘述。记得20世纪70年代曾因编书在武汉校稿时拜会过王铨茂、杨新美先生，后来我在英国访学时曾与杨先生的同窗相识，方知早年杨先生留英时的轶事，记得最后一次见杨先生是在乌鲁木齐，杨先生以耄耋之年参会。我去拜见他，他却起身说："啊，理事长，你好你好！"让我这做晚辈的顿感羞赧。杨先生的著作至今仍置案头常备。第二代应该包括林芳灿、罗信昌、吕作舟等诸位先生，芳灿先生早年与张树庭教授合著的《蕈菌遗传与育种》是几代菌物学人的宝典，至今长青。据悉芳灿先生退休后隐居沪上，不问菌事，对菌业是一件憾事，对先生却是颐养天年的幸事。信昌先生和我同年进入菌物学会供职，也是老友，他的《中国菇业大典》书成后命作序，虽力不从心，但能为老友鼓与呼也是一段难以忘怀的交流。可惜罗先生英年离吾等而去，未及再作菌事议。前年与罗公子在美国参会，短暂交谈，唏嘘不已。吕作舟先生和我属同龄，是经历相近的同命人。《食用菌栽培学》是他晚年的新作，在其序言中我曾发自肺腑地感慨过这相近的经历。他在栽培学上的贡献一直是当下后生学习的必备，至今活跃于第一线，威望风采不减。第三代边银丙有过完整的求学经历，当下主持着华中农业大学菌物学科的运转和发展，年富力强，风华正茂，不仅专注于学科发展、人才培养、体系建设，对菌学公益事业亦全心全意，身体力行，是当前中国菌物事业的中坚力量。这次他不顾繁忙的公务，心神专注地完成了这部开创性的教材，实属功德无量。菌学同行有了可供参考的资料，后学有了可以学习的范本，业界填补了新进展的空白，学界有了可以告慰先贤们的新业绩。

《食用菌遗传育种学》共分三篇，共13章，从理论阐述到实验技术，系统、完备、实用，是近年诸多同类著作中的上乘之作。

在遗传学基础部分，除了常规的理论阐述，还增加了近年的进展，包括生物信息学基础，从基因组学、蛋白质组学到代谢组学，以及种质资源的评价与分析，与世界生物学进展同步，十分新颖。在育种原理与技术部分，除了常规育种方法，对基因工程育种、诱变育种也做了较为详实的介绍，对从业人员了解最新技术的进展和实际操作都不失为有力的帮手和实践的指南。7个实验更是进一步使受教育者能验证前述的理论并进行实际的体验，且都是用当前市面上最为流行的种类和代表品种开展工作，也是实验室必备。几个附录是不可或缺的参考资料。

几年前，边银丙教授就曾说过要在这一领域逐渐完备一批教材，现在终于在习总书记点赞食用菌产业一周年之际又完成了一部，了却了这个心愿并将付梓。这对于学界、业界来说都是一件大事。"合抱之木，生于毫末，九层之台，起于累土"，其艰辛可想而知，这些从点点滴滴积累起来的真知灼见，从无数次失败中验证出的成熟技能，对后学都是无价之宝。在此特别想对使用这本教材的青年朋友们说：用独立思考的大脑，用挑剔的目光，深入品评每一个章节，每一个实验，甚至每一个段落吧！"涉浅水者见虾，其颇深者察鱼鳖，其尤甚者观蛟龙"。

唯望我菌学后进都见蛟龙！

中国工程院院士

吉林农业大学教授

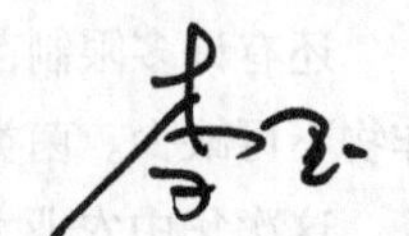

2021年4月6日

前　言

这篇短文既是写给使用本教材的本科生同学的，也是写给食用菌科技工作者和研究生的。

30 多年前我偶尔购得一本喻大绂先生撰写的《真菌遗传学节要》，开始对真菌遗传学问题产生兴趣。读博士期间恰逢张树庭、林芳灿两位先生的专著《蕈菌遗传与育种》出版，林先生赠送一本给我。我十分欣喜，后常将此书置于案头拜读。在之后的教学科研工作中，我带领团队成员承担了多个国家自然科学基金项目，先后研究过食用菌性亲和系统、种质资源遗传多样性、分子遗传图谱构建、基因与环境互作等课题。虽然因科研课题来源和产业发展需求，开展了一些其他方面的应用研究，但对食用菌遗传育种研究的兴趣始终未曾改变。编写《食用菌遗传育种学》教材是我很早以前就有的想法，我深知师生们苦无相关教材久矣。

但显然我将编写一本全新教材想得简单了。我国食用菌产业突飞猛进地发展，成千上万的农民因食用菌产业发展而富裕起来，栽培、加工、贸易乃至蘑菇文化场馆建设均是一派欣欣向荣的景象。但作为一名在大学任职工作多年的教师，心里却五味杂陈。食用菌学科体系尚未建立，遗传学研究基础十分薄弱，育种学理论和技术体系尚未完善。在我进行教材修改和统稿时，这种感触更深。尤其是在进行第六章至第九章的修改统稿时，时常有一种无能为力的无助感，曾有片刻想过是否应该放弃编写这本教材。

食用菌遗传学和育种学无疑都是十分“年轻”的。

众所周知，食用菌遗传学主要研究遗传物质及其在性状表现中的作用，阐明食用菌遗传和变异现象及其表现的规律，可以为食用菌品种改良奠定理论基础。毫无疑问，食用菌遗传学必然包括基因组结构、性亲和反应、异核体形成、子实体发育机制和有性孢子产生等，但食用菌遗传学的许多基础科学问题并没有明确的答案。例如，各种食用菌的染色体数目、重复序列和非编码序列的功能、异核菌丝中单倍体细胞核之间的协同与排斥机制、交配型因子结构与功能演变、菌种退化分子机制、基因与环境互作调控机制等。与动植物遗传学相比，食用菌遗传学还缺乏完整的知识体系，更缺乏系统的理论体系。

与食用菌遗传学相对曲高和寡相比，育种工作似乎没有那么冷清，但这并不意味着食用菌育种学已经发育成熟。在生产一线的科技工作者和农户都可以采集优良子实体，分离菌种，系统培育出优良品种。这给人们一种错觉，即育种工作非常简单，这也影响了科技工作者对育种学原理和方法开展系统深入的探索。食用菌育种学主要研究育种理论和育种技术，研究内容包括育种目标和育种路径制定；种质资源评价和亲本选择；种质创新的途径、方法和技术；杂种优势利用途径；目标性状遗传、鉴定及选育方法；区域试验和示范试验；新品种保护、登记与品种推广。食用菌育种学还存在诸多理论或技术问题，例如食用菌配合力分析模式，有性单核单倍体与无性单核单倍体对异核体性状的影响，回交杂交子系统筛选技术、交配型偏分离机制、优良杂交子分子标记预测技术、融合子鉴定技术、退化菌种分子检测技术等。

与食用菌遗传育种学理论体系和方法学尚不十分成熟相比，更令人不安的是一些人的错误认知。在学术交流、论文审稿和教学活动中，发现经常有人将“极性”和“交配型”混淆；有人没有对亲本进行准确标记，就宣称获得了“融合子”；还有人认为分子标记辅助育种与遗传连锁图谱构建和全基因组关联分析无关。如此种种，不胜枚举。足见十分有必要出版一本教材，厘清一些基本概念和基本原理，逐步建立食用菌遗传学和育种学的知识体系，培养受过系统科学训练的专业人才。

如果没有 3 位副主编及董彩虹研究员、孙淑静教授、陈明杰研究员等人的鼎力支持，也许这本教材的编写计划根本就不会付诸实施。鲍大鹏研究员对食用菌遗传育种抱有浓厚的研究兴趣，具有深厚的学术造诣，在许多问题上有一些深度思考，力邀他担任此教材的副主编是教材得以顺利问世的关键之举。姚方杰教授先后师从李玉院士和北本丰教授两位大师，在黑木耳等食用菌育种中成果丰硕。赵明文教授是年富力强的中青年菌物学者，近年来发表数篇优秀论文，食用菌分子生物学专业知识功底深厚。鲍大鹏研究员认真细致地对教材进行审稿，也给了我极大的信心。

在本教材的编写策划中，我邀请了一批中青年学者参与教材编写。他们大多数是近几年博士毕业，有些人是工作以后才开始研究食用菌。他们为食用菌遗传育种研究注入了无限的生机和活力，尤其是充实了教材中食用菌分子生物学、组学和生物信息学相关内容。由于研究经历和学术积淀存在差异，从事遗传育种实践的阅历不同，所撰写的书稿质量难免参差不齐。但这些青年才俊扎实的专业基础和强烈的进取意识，无疑让我们看到了食用菌学科无限美好的发展前景。

本教材第一篇为食用菌遗传学基础，其中第一章、第二章、第三章和第六章可供本科生教学使用，第四章和第五章主要供研究生学习，也可以供科研工作者参考。第二篇食用菌育种原理与技术和第三篇食用菌遗传育种学实验，可以作为本科生及研究生教学的内容。在修改和统稿时，本人尽量将遗传学与育种学有机联系起来，以便使整个教材的知识体系和内容编排更加科学、系统和富有层次。但限于水平和精力，在整体上还多有不尽如人意之处，只有留待来日再版时修订完善。恳请各位在使用本教材过程中，对相关问题提出修改意见或建议，不胜感激。由于是第一版《食用菌遗传育种学》教材，主编对部分原稿进行了较大幅度的修改，许多细节未及与执笔人商议，敬请各位编委见谅，本人作为主编愿意承担一切相关责任。

2019 年本人在《菌物学报》食用菌专刊的前言中发表了《从专刊论文管窥我国食用菌科学研究的动态》。鲍大鹏研究员 2020 年在《食用菌学报》发表了《食用菌杂交育种中的科学问题》，并与谢宝贵教授发表了《我国食用菌遗传学中一些值得关注的研究方向》。这 3 篇论文对我国食用菌遗传育种学过去取得的成就初步进行了总结，对研究动态和前景进行了分析，可供广大科技工作者在从事相关科学研究之前参考。

李玉院士对本教材的出版给予了极大的关心、支持和鼓励，并在万忙之中欣然作序，对本人予以鞭策，令我十分感动。能够在学术生涯中遇到李玉院士这样博学睿智、风趣幽默、亦师亦友的学者，真是三生有幸！本书在编写过程中得到了各位编委的大力支持，谭琦、王波、宋春艳等老师为教材内容提供了重要的信息或咨询意见，周雁老师和博士生张倩倩耗费了大量时间仔细阅读和修改，部分研究生参与了思考题答案草拟和全书校对工作，高等教育出版社孟丽、赵晓玉等编辑给予了极大的帮助，在此致以最诚挚的谢意。

谨以此书献给为我国食用菌人才培养和学科建设做出突出贡献的前辈们！

边银丙

作于 2021 年农历辛丑年正月初一

目　　录

第一篇　食用菌遗传学基础

第二篇 食用菌育种原理与技术

第三篇　食用菌遗传育种学实验

第一篇　食用菌遗传学基础

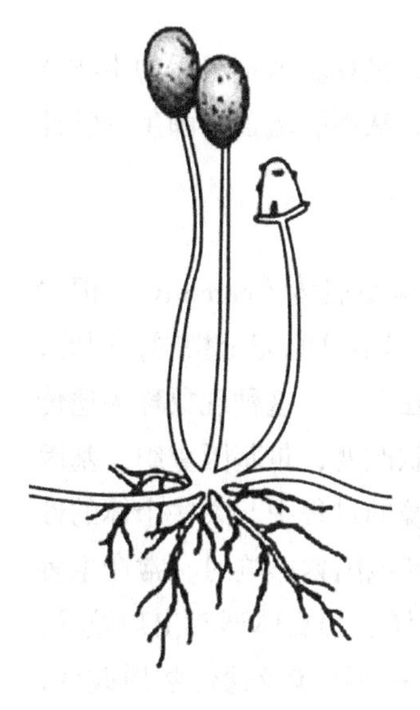

第一章　绪　　论

食用菌遗传育种学包括遗传学和育种学两个相互独立又相互紧密联系的学科。遗传学是育种学的基础，选育优良品种是育种学的主要目标和任务。

食用菌遗传遵循孟德尔分离定律、自由组合定律和摩尔根连锁与交换定律。真菌学家对大型真菌的菌丝形态、单孢菌株交配反应、有性生殖过程等进行了研究，系统阐述了担子菌原生质体融合、核融合、减数分裂、锁状联合形成、核迁移现象和布勒现象等过程，这些研究为食用菌遗传学和育种学奠定了基础。

双孢蘑菇、香菇、糙皮侧耳、金针菇、毛木耳等育种研究取得了一系列成果，有力地支撑了食用菌产业快速发展。近年来分子生物学、基因组学等学科迅速发展，为食用菌遗传学和育种学开辟了新的研究领域。总体而言，食用菌遗传学基础研究薄弱，育种学理论和技术体系还亟待完善。

第一节 食用菌遗传育种学概述

一、遗传性变异与非遗传性变异

食用菌的生物学特性主要是由其遗传物质决定的。

食用菌通过质配、核配和减数分裂，完成遗传物质重组，再通过形成异核体，呈现基因重组后的生物学性状。在食用菌长期进化过程中，由于内外因素影响，遗传物质不断地发生变异，从而引起食用菌生物学性状的改变。

遗传与变异是生命现象最本质的属性之一。

食用菌的基因具有相对的稳定性，使其性状得以世代传递和延续，这种现象就是遗传（heredity）。但遗传现象存在并不意味着亲代和子代的表型完全相同，不同的子代个体所获得的基因不可能完全相同，因此，亲代与子代之间或相同亲本的不同子代之间，由于遗传物质的改变在性状方面存在差异，这种现象称为遗传变异（genetic variation）。遗传变异是指食用菌遗传物质发生了可以稳定遗传的性状改变，是基因重组、基因突变、染色体结构和数量变化的结果。同一种真菌的不同个体在长期适应外界环境的过程中，某些个体的性状发生改变，这种改变称为环境变异（environmental variation）。食用菌受到某些环境因素影响时，常产生表型变化。例如食用菌在栽培中，由于光照、温度、空气湿度等因素变化，菌盖色泽、子实体形态出现差异，这些表型变化并不具备可遗传性。非遗传性变异又称修饰（modification），是指一种不涉及遗传物质改变，仅涉及转录及翻译水平的表型变异。

在进行食用菌遗传育种研究时，必须善于区分和正确处理不同性质的变异，明确变异的种类和实质，这样才能准确地利用有价值的可遗传的变异，同时淘汰不可遗传的变异。

二、食用菌遗传育种学的主要内容

食用菌遗传学与育种学既相互独立，又彼此紧密联系。食用菌遗传学是研究食用菌遗传和变异的科学，在本质上研究的是食用菌基因与性状之间的相互关系，以及菌丝生长和子实体发育过程中遗传信息传递和作用规律。食用菌遗传学的主要内容集中在经典遗传学、分子遗传学和群体遗传学等 3 个相互联系的领域。

食用菌育种学主要研究优良品种选育和优质菌种繁育的理论、方法及技术。食用菌遗传学揭示性状遗传变异的规律，为育种提供理论指导。而食用菌育种是食用菌遗传学研究的主要目的，有助于创造新的基因重组和性状变异，选择具有优良性状的个体进行繁育。遗传是育种的基础，变异是育种的前提，选择是育种的手段。

食用菌遗传育种学的基本任务是研究食用菌遗传变异规律，揭示基因与性状的相互关系，发掘和利用种质资源，开发优良菌种繁育技术，根据育种目标和种质资源情况，采用适当的育种方法，选育出具有高产、优质、抗逆、生育期短或活性成分含量高等优良性状的新品种。

第二节 食用菌遗传育种研究概况

随着分子生物学和组学技术不断发展，各种新技术开始应用于食用菌遗传和育种研究中，不仅深化了食用菌遗传学基础研究，也促进了食用菌育种学的发展。为了获得优质、高产、抗逆的优良品种，人们尝试各种方法进行食用菌遗传改良，以满足市场需求，并已经获得了一系列优良品种。

一、食用菌遗传学研究概况

与其他生物的经典遗传学一样，食用菌经典遗传学的核心是研究基因与性状的相互关系，即关注亲代基因如何传递给后代，并影响后代的性状。遗传学研究领域关注两个基本问题，其一是根据亲代性状在子代中的表现，推测基因遗传规律，包括孟德尔第一定律和第二定律；其二是关注不同的基因是否在同一染色体上，以及它们在染色体上的定位，研究不同的基因及其所决定的性状是否存在连锁关系。后期的经典遗传学还关注了非孟德尔式遗传（non-Mendelian inheritance）。

食用菌作为真核生物，在遗传性状传递上与其他真核生物一样，符合孟德尔分离定律、自由组合定律和摩尔根连锁与交换定律。但在许多生物学特性上，以担子菌和子囊菌为主的食用菌不仅与高等动植物有显著差别，而且与真菌中其他类群也有显著差别。性不亲和系统、体细胞不亲和系统和子实体发育的遗传调控机制是早期高等担子菌遗传学研究的重要内容。20 世纪初真菌学家对大型真菌不同类型的菌丝体形态、单孢菌株交配反应、有性生殖过程等进行了研究，尤其是对胞质融合（plasmogamy）、担子中细胞核融合（karyogamy）及减数分裂（meiosis）、锁状联合（clamp connection）、核迁移现象（nuclear migration）和布勒现象（Buller phenomenon or di-mon-mating）等过程进行了系统阐述，这些研究为食用菌遗传育种学奠定了重要基础。

以高等担子菌为主的食用菌交配型系统的相关研究，包括交配型基因结构和功能研究、交配型基因起源与进化、交配型因子复等位现象、交配型基因克隆和序列分析等相关研究不断取得进展。伴随着现代分子生物学技术、基因组测序技术和信息学分析技术的发展，人们对多种食用菌交配型因子的基因组成、结构特点和功能解析更加深入，并重新审视某些食用菌的交配型系统。例如，过去认为草菇（*Volvariella volvacea*）和双孢蘑菇（*Agaricus bisporus*）分别属于初级同宗配合和次级同宗配合。近年来研究表明，它们除了分别具有初级同宗配合或次级同宗配合的特性之外，还兼有异宗配合的特性。在担子菌异核菌丝中，研究者发现两种交配型的核数目或不同交配型的担孢子数目，存在实测比例与理论比例相偏离的现象，这种遗传现象对育种技术开发具有重要影响。

冬虫夏草（*Ophiocordyceps sinensis*）、蛹虫草（*Cordyceps militaris*）、羊肚菌（*Morchella* spp.）和块菌（*Tuber* spp.）等子囊菌类食用菌遗传学基础研究也取得了重要进展。对子囊菌遗传学的基础知识，不再仅限于对粗糙脉孢菌（*Neurospora crassa*）的认识。子囊菌有性生殖同样受交配型系统控制，通常子囊菌交配型位点具有两个异源基因 *MAT1－1* 和 *MAT1－2*，也可以用于区分为同宗配合子囊菌和异宗配合子囊菌。通常异宗配合子囊菌单倍体细胞核仅携带一种交配型基因，表现为自交不孕（self-sterile），需要与携带互补交配型的单倍体进行交配，才能完成有性生殖。同宗配合子囊菌单倍体细胞核携带两种亲和的交配型基因，它们位于相同或不同的染色体上，表现为自交可孕（self-fertile）。除冬虫夏草为同宗配合子囊菌外，其他子囊菌如蛹虫草、羊肚菌和块菌则多为二极性异宗配合子囊菌。子囊菌遗传学基础研究为子囊菌人工驯化和优良菌株选育奠定了理论基础。

细胞质遗传也是真菌遗传学的重要领域之一。在菌丝交配过程中，核迁移速度远大于菌丝生长速度。通常认为在细胞核迁移过程中，菌丝细胞线粒体保持静止不变。但随后研究发现在菌丝交配过程中，除细胞核发生基因重组外，线粒体基因组也可发生基因重组。在大型真菌长期进化中，细胞核和线粒体之间基因也可能发生单向或双向交换，有些线粒体基因进入了核基因组，也有些核基因进入了线粒体基因组。

食用菌体细胞不亲和性是食用菌遗传学研究的另一个重要领域。体细胞不亲和性是一种由多基因控制的复杂的遗传特性。相对于交配型系统而言，对体细胞不亲和系统的研究还相当薄弱。

食用菌子实体分化发育是一个复杂的生命过程，是基因和环境条件共同作用的结果。长期以来人们对食用菌子实体发育过程及调控机制有浓厚的研究兴趣，包括交配型基因与结实的关系、担子中细胞核行为、结实的多基因调控等，尤其是异核体中两个单倍体细胞核对食用菌性状的协同调控机制。

真菌遗传学家主要以裂褶菌（*Schizophyllum commune*）和灰盖鬼伞（*Coprinopsis cinerea*）两种模式真菌为材料，对食用菌子实体发育的遗传控制理论进行研究，提出了结实多基因控制理论，初步揭示了交配型基因与结实之间的关系。单核体结实现象及其遗传控制理论也从另外一个角度阐述了食用菌子实体发育的遗传控制，揭开了食用菌子实体发育相关功能基因研究的序幕。

在早期的研究中，偏重于研究营养和环境因子对子实体发育的影响。随着研究持续深入，人们对食用菌结实所需的环境条件和营养条件均有了较系统的了解，食用菌子实体分化发育相关基因及其功能研究也取得了进展。光照、温度、基质成分和外源物质等影响食用菌结实相关基因表达与调控的机制，也已成为大型真菌研究的热点之一，包括灰盖鬼伞和裂褶菌光形态建成、草菇低温应答、香菇（*Lentinula edodes*）和糙皮侧耳（*Pleurotus ostreatus*）的热胁迫应激反应等。

近年来快速发展的分子标记技术在食用菌种质资源评价与鉴定、亲本选择、杂交子筛选与鉴定中发挥了重要作用。基于数量遗传学和分子标记技术的发展，从20世纪90年代开始，已经成功构建了香菇、双孢蘑菇、糙皮侧耳等近10种食用菌分子遗传连锁图谱（molecular genetic linkage map），并利用分离群体进行了连锁分析，寻找与数量性状位点（quantitative trait loci，QTL）紧密连锁的分子标记。但开展分子标记辅助育种，实现数量性状的遗传改良，还需要绘制更细致的分子遗传图谱，进一步开发与性状紧密连锁的分子标记。

随着一些食用菌全基因组测序完成，大量覆盖全基因组的简单重复序列（simple sequence repeat，SSR）、单核苷酸多态性（sinple nucleotide polymorphism，SNP）等标记被开发出来。以食用菌自然群体长期进化中所积累的重组信息为基础，应用关联分析方法挖掘控制数量性状的基因位点，特别是结合全基因组关联分析（genome-wide association study，GWAS）技术，为实现食用菌分子标记辅助育种提供了重要的技术手段，但目前还处于探索阶段。此外，食用菌蛋白质组学（proteomics）和代谢组学（metabolomics）研究已经开展，但目前研究方向主要集中在差异蛋白质组学和差异代谢组学。

除此以外，与环境响应相关的DNA甲基化与转座子变化也能引起食用菌表型变化，包括子实体形态改变、菌种变异与品种退化等，近年来这些领域也已成为食用菌研究的热点。

二、食用菌育种学研究概况

品种是食用菌产业发展的基石，优良品种是食用菌优质高产的前提。食用菌育种研究的目的是提高食用菌对栽培基质的转化利用率，增强品种抗逆性，改善产品品质，提高产量，提升产业效益。

（一）育种目标

与其他作物一样，在过去较长一段时间里，高产是食用菌育种的首要任务。随着食用菌产业不断发展，对食用菌育种也提出了更多的目标要求，包括还要求产品性状适合不同的加工方式或销售渠道。子实体大小均一性、菇盖色泽、营养成分或活性成分含量等性状，也成为育种工作者关注的育种目标。

在栽培过程中，食用菌始终处于与其他生物竞争的背景中，有时候还会遇到严寒、酷热等逆境条件，需要选育抗逆性强的优良品种；随着食用菌设施化或工厂化栽培迅速发展，要求生产工艺简单，省工省力，更适宜二氧化碳浓度偏高的室内环境，以及适合使用液体菌种等。此外，还包括某些特殊的育种目标，如糙皮侧耳无孢品种、香菇广温型品种和草菇低温型品种等。

（二）育种路径

我国食用菌优良品种选育伴随着栽培技术同步发展，育种技术不断进步，野生菌株驯化栽培、原生质体单核化、诱变、杂交、分子标记辅助育种等技术日渐成熟。20 世纪 70 年代以前，香菇栽培以段木栽培为主，所用菌种基本上来自当地野生菌株驯化，之后我国从日本引进了香菇 7401 ~ 7405 系列及 79 系列品种。20 世纪 80 年代以来，单孢杂交和双单杂交育种技术开始应用于香菇育种中，原生质体单核化技术也开始应用于各种食用菌杂交育种，回交和多孢杂交也成功地选育出多个优良品种。原生质体单核化技术能利用无法出菇的野生种质获得育种亲本材料，缩短育种周期，受到食用菌育种工作者青睐。

（三）分子标记与基因工程

近年来以分子标记技术为主的食用菌种质资源遗传多样性评价全面展开，几种主栽食用菌遗传连锁图谱已经完成。与某些重要性状基因及交配型因子紧密连锁的分子标记，已被应用于少数食用菌亲本筛选和杂交子鉴定中。随着越来越多食用菌基因组完成高通量测序分析，更精密的 SNP 等分子标记被开发，分子标记辅助育种技术迅速发展，分子标记在提高育种效率方面将发挥更重要的作用。

随着分子生物学技术的发展，我国食用菌遗传转化和基因工程研究也于 20 世纪末开始起步。食用菌基因工程育种技术是在分子水平上对遗传物质进行操作的定向育种新技术。近年来食用菌遗传转化方法及基因表达元件研究取得了一系列重要进展，但仍存在遗传转化效率偏低、转入基因不能正常表达或表达不稳定等问题，还需要不断开发高效遗传转化方法和基因表达元件，建立高效稳定的食用菌遗传转化系统。随着食用菌子实体发育功能基因研究取得进展，定向育种技术必将取得新的进步，定向培育具有特定优良性状的品种将成为可能。尤其是基因编辑技术引入食用菌育种工作中，将为基因工程育种开辟了新的领域和方向。

（四）育种技术与优良品种

食用菌产业快速发展对优良品种产生了巨大的需求，我国食用菌育种工作也取得了巨大的成就。

采用选择育种方法，先后获得了金针菇（*Flammulina filiformis*）‘三明 1 号’和‘江山白菇’，黑木耳（*Auricularia heimuer*）‘新科’‘薛坪 10 号’‘延特 5 号’‘单片 5 号’和‘8808’，香菇优良品种‘L135’‘武香 1 号’‘庆元 9015’和‘华香 5 号’，糙皮侧耳‘亚光 1 号’‘CCEF99’‘丰 5’等一系列品种。

除选择育种之外，杂交育种技术也被广泛应用，成效显著。基于遗传距离分析、种质资源多样性评价和分子标记技术，食用菌亲本选择、杂交路径和杂交子鉴定等研究得以系统开展，单核体杂交、双单杂交、多孢杂交和回交等技术逐步走向成熟，并选育出一大批商业化应用的优良杂交品种。采用单孢杂交获得了大球盖菇（*Stropharia rugosoannulata*）‘山农球盖 3 号’。采用日本引进品种与福建野生菌株单孢杂交获得了香菇‘Cr02’和‘Cr04’；采用原生质体单核化技术及双单杂交方式，获得了香菇优良品种‘申香 10 号’；采用双单杂交获得了金针菇优良品种‘川金菇 3 号’和‘川金 33’；采用同核体杂交获得了双孢蘑菇优良品种‘AS2796’；采用回交育种方法获得了双孢蘑菇优良品种‘W192’和‘W2000’。

在原生质体融合育种研究中，包括融合亲本标记、原生质体制备、原生质体融合、融合子再生和鉴定、原生质体单核化等技术在内，食用菌原生质体研究技术取得了重要进展，但原生质体融合育种成效甚微，尚存在融合子不稳定、种间融合子难以形成子实体和融合子难以产生所需的优良性状等困难。在某种意义上，原生质体融合育种面临的困难不是技术问题，而是一系列基础科学问题，包括融合子不稳定的机制、子实体发育中不同细胞核之间彼此协调的机制等。

诱变育种在微生物中得到了普遍应用，但在食用菌育种中应用尚面临诸多困难。各种诱变技术产生的正向突变频率都较低，且无法定向诱变，筛选工作烦琐，突变菌株遗传稳定性较差，常发生回复突变，很难获得商业化栽培品种。

除金针菇等少数工厂化栽培食用菌为国外进口品种之外，我国使用的绝大多数食用菌优良品种均为自主选育获得，育种工作成就有目共睹，但依然难以满足产业快速升级和迅速发展的需求。

第三节 食用菌遗传育种的研究方向

当前食用菌科学研究有两个主要的研究方向。一方面是采用食用菌基因组、转录组、蛋白质组和代谢组等组学技术，结合生物信息学分析方法，研究食用菌种群进化关系、基因组结构、生长发育调控、重要活性物质代谢途径或重要性状形成的分子基础；另一方面是围绕食用菌营养物质、生理活性成分及风味物质，开展功能评价或代谢途径研究。

食用菌遗传育种研究的发展方向主要有以下几个方面。

一、组学技术和分子标记应用

任何先进技术无疑都只是解答基础科学问题的钥匙，而只有基础理论突破才能带来应用技术的跨越和升级，食用菌科技工作者需要清晰地了解食用菌遗传育种学的科学问题。组学技术将在食用菌种质资源评价、亲缘关系分析、重要性状遗传解析、活性成分挖掘等方面得到广泛应用。

基因组、转录组和蛋白质组的简单比较研究，并不能有效地回答食用菌遗传学中的科学问题，也无法解决食用菌育种中的技术难题，但能为深入研究提供重要的线索。食用菌染色体较小，显微镜下无法观察，导致许多食用菌染色体数目至今不能确定，这在动植物研究中是难以想象的。分子标记开发为遗传连锁图谱构建和 QTL 位点分析奠定了基础，而基因组测序分析也为连锁群构建提供了新的方法，这将加速食用菌重要性状分子标记的开发，为分子标记辅助育种技术应用奠定基础。分子标记辅助育种技术不仅可以应用于亲本选配中，也可以应用于杂交子快速筛选，将极大地提高食用菌育种效率。

将组学、化学和分子生物学技术相结合，发掘食用菌新的种质资源，从野生或可栽培食用菌中发现新的化合物，筛选新的成分，研究其功能活性，将成为菌物组学和化学研究的热点。人们也逐步认识到食用菌、药用菌与毒菌的界限在本质上并不清晰，例如某些毒菌中含有对肿瘤细胞抑制或杀灭活性极强的活性组分。

二、交配型系统结构与功能

食用菌交配型系统在物种进化和生长发育中具有举足轻重的地位，它既决定了同一菌株产生的有性孢子之间的部分存在可亲和性，也决定了菌株之间有性孢子的杂交可亲和性。食用菌交配型系统的调控方式既不同于植物自花授粉，也不同于植物异花授粉，可使食用菌在进化中既保留较大的杂交变异概率以适应外部环境变化，又有利于它通过自然选择清除自交衰退而有效地繁育后代。交配型因子可能以某种方式影响细胞质融合后两个单核体细胞核的行为，进一步影响菌丝扭结形成子实体原基。如果不能全面深刻揭示交配型基因的功能，恐难以在原生质体融合育种和菌种退化控制技术等方面取得实质性突破。

三、异核体生长与发育调控

通常食用菌仅有异核体菌丝才具有繁殖能力，才能够形成正常的产孢子实体。异核体形成过程是质配的过程，但之后不同的单倍体细胞核长时间位于同一个细胞中，随着菌丝生长而进行有丝分裂和核迁移。在一定的生长环境条件下，两个单倍体细胞核同时调控菌丝生长发育行为。尽管早已明确异核菌丝中两个单倍体核并非 1：1，交配型存在偏分离现象，也存在优势核和弱势核之分，但对两个单倍体核可能存在的互相协同或互相排斥的机制几乎一无所知。两个单倍体细胞核独立地表达，共同影响异核体菌丝生长发育，但两个核的有丝分裂速度和核迁移能力并不一致。由于存在基因与环境因子的互作机制，环境因子对两个单倍体核的影响必然不完全相同。

在有性单核体杂交形成异核体时，交配型基因功能正常。但在无性单核体（原生质体单核化菌株或无性孢子）杂交或原生质体融合形成异核体时，交配型基因是否导致核排斥反应，是否阻碍菌丝从营养生长向生殖生长阶段转变，尚需深入研究。

只有对这些基础问题进行深入研究，才能使人们科学地认知菌种退化机制、子实体发育调控机制及原生质体融合育种困难的内在原因。

四、基因与环境相互作用

在外观特征性状不十分明显的食用菌中，正向遗传学研究十分困难，近年来反向遗传学研究技术在食用菌研究中得到普遍应用。以食用菌功能基因与环境因子互作机制为代表，越来越多的功能基因和转录因子被研究。食用菌遗传转化体系逐步成熟，基因编辑等新技术也在食用菌中开始得到应用。食用菌遗传学不仅能为育种学，也能为生理学和栽培学奠定科学基础，提供理论指导。食用菌产量性状、品质性状和抗逆性状等都受遗传背景和栽培环境共同影响，但它们的协同作用机制尚不清楚。

五、育种技术体系创新

目前较成功的育种方法是将本地的野生菌株与引进的优良栽培品种进行杂交，选育能够适应本地生态环境的优良杂交品种。单核体杂交选育出了较多的商业化栽培品种，双单杂交、多孢杂交和回交育种的理论体系和技术体系并不成熟，但潜力较大。系统选育、原生质体融合育种、诱变育种和基因工程育种更需要深入研究，其理论体系和技术方法更不完善。如果不解决亲本科学选配和优良杂交子高通量快速筛选问题，提高育种效率将十分困难。目前越来越多食用菌采用工厂化生产方式，在可控环境条件下将极大地提高杂交子筛选效率。

我国在食用菌核心种质评价、细胞质遗传、基质高效转化、重金属富集、病毒感染等方面的基础研究十分薄弱，包括菌种退化机制、突变体筛选、群体遗传、表观遗传、营养物质累积等许多重要领域尚属空白。食用菌学科定位尚不清晰，人才培养体系尚不健全。食用菌栽培种类繁多，多数遗传背景不清晰，而研究人员较少，遗传及育种学研究体系不完善，极大地限制了学科发展。当前基因组学、代谢组学和结构生物学等相关学科迅速发展，必将推动食用菌遗传学和育种学研究进入快速发展时期。

（执笔：第一节 边银丙；第二节和第三节 徐章逸，边银丙；本章由边银丙修改和统稿）

本章思考题

1. 简述生物遗传与变异的辩证关系。
2. 遗传变异与非遗传变异的差别表现在哪些方面？
3. 试述食用菌遗传学和育种学研究的主要内容。
4. 食用菌遗传学和育种学取得了哪些重要进展？
5. 食用菌遗传育种研究有哪些主要的发展方向？
6. 试述食用菌遗传学、育种学和栽培学的相互关系。

数字课程网上资源

教学课件　　本章思考题参考答案

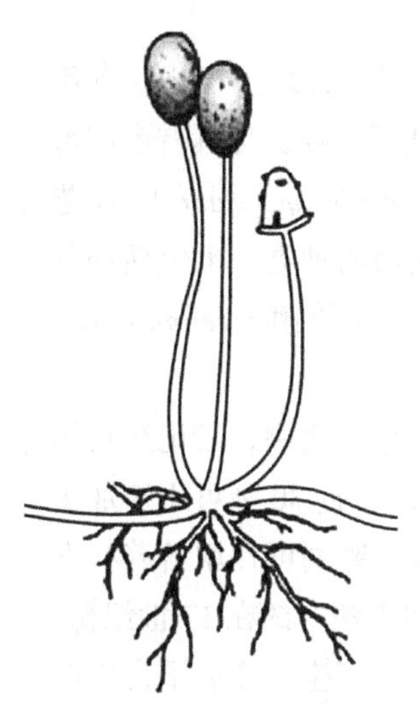

第二章 食用菌基础知识

食用菌是可供人们食用的大型真菌的统称。食用菌种类繁多，生物学特性各异，自身所含有的营养成分也不尽相同。

我国人工栽培食用菌主要包括羊肚菌类、块菌类、伞菌类、胶质菌类和多孔菌类。不同食用菌的生物学特性不同，栽培方式也不相同。依据食用菌栽培基质、栽培场地、栽培容器、接种方式和管理方式的差异，栽培方式可以分为段木栽培、田间栽培、袋（瓶）式栽培、床式栽培和仿野生栽培等5种类型。

菌种、培养料和环境是食用菌栽培生产的3个要素。优良品种是优质菌种的基石，优良品种的遗传信息是影响菌种质量的关键。各种食用菌营养生理需求、环境生理需求及生长发育规律和生态特性，不仅是食用菌栽培学的主要内容，也是食用菌遗传育种学关注的重点。只有通过种质创新选育性状优良的品种，才能根据品种特性和营养及环境需求，创造适合其生长发育的栽培基质和环境条件，实现食用菌高效优质生产。

第一节 概述

地球上生物种类繁多，包括植物、动物和微生物三大类群，而微生物包括真菌、细菌和病毒等类群。除病毒是非细胞生物之外，其他生物均为细胞生物。其中植物、动物和真菌属于真核生物，细菌属于原核生物。所有生物都是具有生命特征的有机物，生命特征包括新陈代谢、生长与发育、遗传与变异、环境适应与进化等。

大型真菌（macro-fungus）俗称“蘑菇”，早在 13 000 万年前的白垩纪早期就已经在地球上出现。食用菌（edible mushroom）是可以食用的大型真菌的统称，它们的子实体肉眼可见或可徒手采撷，且具有食用价值、保健功能或药用价值。食用菌包括香菇、双孢蘑菇、金针菇、梯棱羊肚菌（*Moechella importuna*）、灵芝（*Ganoderma lingzhi*）、茯苓（*Wolfiporia cocos*）、蛹虫草、冬虫夏草等许多可以人工栽培的种类，也包括松茸（*Tricholoma matsutake*）、鸡油菌（*Cantharellus cibarius*）、美味牛肝菌（*Boletus edulis*）、鸡枞菌（*Termitomyces albuminosus*）等不能或暂时不能人工栽培的种类。

据估计，我国有食用菌 1 500 ~ 2 000 种。在 2000 年出版的《中国大型真菌》彩色图谱中，已记述食用菌达到 930 种，其中约 80 种可以人工驯化培养形成子实体，约 50 种可以商业化生产，近 30 种可用于加工保健食品和药品。早在文字产生之前，人类已经开始采食野生食用菌，并逐步积累了鉴别可食用蘑菇与毒蘑菇的经验。我国唐代韩鄂所著的《四时纂要》中较详细地描述了金针菇半人工栽培方法。约在 17 世纪初，法国开始使用粪草菌种进行双孢蘑菇的人工栽培，19 世纪末双孢蘑菇纯菌种制作技术诞生，开启了食用菌人工栽培的新纪元。

早期食用菌栽培的菌种都是自野生食用菌上分离，经过驯化和筛选，逐步获得性状较为理想的菌株。野生菌株是原有物种长期自然变异和自然选择的结果，是原有群体中部分个体受环境影响而发生基因变异和性状改变的结果。食用菌野生群体自然进化速度较慢，虽然有些性状适合人类需求，但有些性状不适合人类需求。例如某些孢子萌发快、基质适应性广、抗逆性强的个体得以生存下来，但子实体硕大肥厚的个体可能不宜存活，人们难以获得子实体硕大的菌株。

人工变异和人工选择对于食用菌优良品种选育十分重要。在食用菌人工育种中，既要利用自然变异和自然选择，也要人工创造变异和开展人工选择。

一、食用菌产业发展概况

（一）中国食用菌产业概况

据中国食用菌协会不完全统计，2020 年全国食用菌鲜品产量达到 4 061.43 万吨，产值约 3 465.7 亿元，仅次于粮、果、菜、油，在种植业中名列第五位。食用菌产业每年转化利用玉米芯、棉籽壳、麦草、豆秸、酒糟、果树枝屑、栎木屑、玉米秆、谷壳等农林副产物超过 5 500 万吨，超过 3 000 万人从事食用菌栽培、生产资料、机械设备、加工、贸易等相关行业，约 70% 的国家级贫困县将食用菌产业纳入精准扶贫项目中。食用菌产业在发展生态农业和循环经济，促进乡村振兴和提高农民收入中占有重要地位。

中国食用菌种类近千种，其中已经驯化和正在驯化的种类超过 90 种，商业化、规模化栽培种类达到 40 多种。食用菌包括子囊菌类和担子菌类两大类群，香菇、双孢蘑菇、金针菇、糙皮侧耳、黑木耳、毛木耳（*Auricularia cornea*）和银耳（*Tremella fuciformis*）等 7 种担子菌是我国主要的人工栽培种类，占全国总产量的80%以上。

在人工栽培的担子菌类食用菌中，还包括巴氏蘑菇（*Agaricus blazei*）、真姬菇（*Hypsizygus marmoreus*）、杏鲍菇（*Pleurotus eryngii*）、白灵侧耳（*P. nebrodensis*）、猴头菇（*Hericium erinaceus*）、灰树花（*Grifola frondosa*）、秀珍菇（*P. pulmonarius*）、姬菇（*P. cornucopiae*）、绣球菌（*Sparassis crispa*）、大球盖菇、鲍鱼菇（*P. abalones*）、榆黄蘑（*P. citrinopileatus*）、鸡腿菇（*Coprinus comatus*）、竹荪（*Dictyophora indusiata*）、灵芝、茯苓、猪苓（*Grifola umbellata*）、桑黄（*Sanghuangporus* sp.）、滑菇（*Pholiota nameko*）、巨大侧耳（*P. giganteus*，原名大杯蕈）、长根菇（*Oudemansiella radicata*）、茶薪菇（*Agrocybe cylindracea*）、荷叶离褶伞（*Lyophyllum decastes*）等常规栽培种类，以及松乳菇（*Lactarius deliciosus*）、鸡油菌、松茸等可仿野生栽培种类。

在人工栽培的子囊菌类食用菌中，包括冬虫夏草、蛹虫草、梯棱羊肚菌、变红羊肚菌（*Morchella rufobrunnea*）、六妹羊肚菌（*M. sextelata*）、七妹羊肚菌（*M. eximia*）等常规栽培种类，还包括黑孢块菌（*Tuber melanosporum*）、印度块菌（*T. indicum*）、夏块菌（*T. aestivum*）、波氏块菌（*T. borchii*）等可仿野生栽培种类。

我国食用菌栽培遍布南北各地，栽培方式正从传统的手工作坊式生产，向标准化、机械化、设施化、工厂化和自动化方向迅速发展。与工厂化生产方式不同，羊肚菌、大球盖菇等食用菌目前主要以田间棚栽方式为主，而块菌、松乳菇等共生菌类主要通过合成菌根苗进行仿野生栽培。栽培种类不同，栽培方式各异，各地地理气候条件和设施水平差异较大，市场需求也在不断变化，给食用菌育种工作不断地提出了新的目标和要求。

（二）世界食用菌产业概况

2018年我国食用菌产量占全球总量的80%以上，东亚地区是世界食用菌中心产区。日本、韩国和我国台湾主要以工厂化生产方式栽培金针菇、真姬菇、白灵侧耳、香菇、糙皮侧耳等种类。欧美地区主要以工厂化生产方式栽培双孢蘑菇，其次是糙皮侧耳、杏鲍菇等。

双孢蘑菇产业规模在欧美国家趋于稳定，而糙皮侧耳、杏鲍菇、香菇、金针菇、姬菇等栽培企业开始在西方国家少量出现，产品也逐渐被欧美消费者所接受。我国少数企业将香菇菌棒出口到美国、日本、韩国及欧洲各国，在当地进行出菇和产品销售。糙皮侧耳、香菇、白灵侧耳、杏鲍菇、灵芝等食用菌栽培区域逐步由我国向东南亚或非洲国家拓展，我国开始向全球输出食用菌栽培技术、设施设备和专业技术人才。

二、食用菌栽培技术梗概

自然界中食用菌或生长于朽木枯树上，或生于林间草地中，或生于草丛粪堆有机质上。人们在长期的社会生活中，逐步认识到野生食用菌的营养价值，并开始驯化栽培。

（一）菌种制作

菌种（spawn或pure culture）是食用菌菌丝体及其栽培基质的总和，是食用菌产业的生产资料。食用菌菌丝体细胞中包含细胞核、线粒体等细胞器，它们携带着食用菌的各种遗传信息。一方面菌丝体可以在栽培基质上继续生长，另一方面可以转接到新的栽培基质上，进行扩大培养。在食用菌菌种生产中，根据菌种来源、栽培基质、容器类型和转接扩繁次数不同，可以将菌种分为母种（stock culture）、原种（mother spawn）和栽培种（spawn），它们也分别被称为一级菌种、二级菌种和三级菌种。

（二）栽培基质

通常将培养食用菌菌丝体的基质称为培养基，也称为栽培基质或培养料。在食用菌栽培中，常采用阔叶树木屑、棉籽壳、玉米芯、豆秸、麦秆、稻草、麸皮、米糠等作为主要栽培原料，加入少许石膏或石灰，按照一定的比例配制成栽培基质。有时在麦秆、稻草等作物秸秆中加入适量畜禽粪便，通过堆制发酵，制作栽培基质。早期在食用菌人工栽培中，主要以段木作为栽培基质。

（三）主要栽培方式

根据栽培基质、栽培场地、栽培容器、接种方式和管理方式不同，可以将食用菌栽培分为段木栽培、田间栽培、袋（瓶）式栽培、床式栽培和仿野生栽培等类型。

1. 段木栽培　香菇、黑木耳、银耳、茯苓等均可以采用段木栽培方式。段木栽培工艺流程包括选树、截断、接种、养菌和出菇管理等环节。

食用菌段木栽培多数选择壳斗科、金缕梅科、桦木科和漆树科的树种，以胸径 12 ~ 20 cm，树龄 10 ~ 25 年为宜。在秋末冬初叶黄之后进行砍伐，放置 2 ~ 3 个月，待其适当干燥，再将其截断为长 1.0 ~ 1.2 m 的短段木。翌年 2—3 月，待平均气温回升至 10℃后，在段木上每隔一定距离钻一个孔，在孔穴中接入菌种，再用树皮或木片将接种孔封口。将接种后的段木堆叠起来，覆盖薄膜或茅草进行保温，适时翻堆，使菌丝顺利定植，并在段木中均匀生长。接种约 6 个月之后，菇木表面出现瘤状突起，随后出现原基，即可架木进行出菇或出耳期管理。

由于食用菌种类不同，生物学特性差异较大，在树木选择、接种方式、季节安排、养菌及出菇（耳）管理措施等方面差异较大。例如，茯苓栽培中应选择松树枝干，将其截成短段木，埋入土壤坑穴中，再在段木两端接种菌种袋和小菌核块，覆土，最后进行田间管理，翌年春天或秋天挖开土壤，采收菌核。

2. 田间栽培　羊肚菌、大球盖菇、双孢蘑菇、糙皮侧耳、长裙竹荪、长根菇等均可采用田间栽培方式。田间栽培的工艺流程包括整地、播种、覆土、菌丝培养、幼蕾抚育和出菇管理。

田间栽培通常选择土质疏松、排水方便的农田或林地作为栽培场所。在播种前翻耕晒地，撒上一层石灰进行消毒处理，整厢起垄。先在土壤表面铺上一层厚度适中的培养料，再接种适量菌种；或者一层培养料、一层菌种，交叉叠放，多层播种；有时将长满菌丝的培养料或菌种直接撒播在翻耕后的土壤表面。最后在料面上覆土，覆土厚度 3 ~ 5 cm，再用薄膜或茅草覆盖保湿。在田间搭盖荫棚或利用现有大棚进行栽培，有利于调控栽培环境，实现高产稳产。

由于食用菌生物学特性不同，田间栽培的工艺技术也有较大差别。在六妹羊肚菌栽培中，通常将长满菌丝的培养料直接播种在土壤表面，然后再覆一层土；当覆土层表面出现白色菌霜时，在覆土层表面放置一些装满培养料的营养袋，以便给菌丝体补充营养。为了确保六妹羊肚菌高产稳产，在搭盖遮阴保温大棚的基础上，有时还需要在厢面搭盖塑料小拱棚。

3. 袋（瓶）式栽培　食用菌代料栽培（substitute cultivation）是指采用农林业副产物代替段木进行栽培。代料栽培可以采用袋式栽培（bagged cultivation）、瓶式栽培（bottle cultivation）。

采用袋（瓶）式栽培的种类较多，包括香菇、黑木耳、毛木耳、糙皮侧耳、秀珍菇、银耳、真姬菇、杏鲍菇、茶薪菇、白灵侧耳、滑菇、灰树花、猴头菇、金针菇、蛹虫草、蜜环菌（*Armillaria mellea*）等。在袋（瓶）式栽培中，基本工艺流程包括备料、拌料、装袋（瓶）、灭菌、冷却、接种、养菌和出菇管理。在金针菇、杏鲍菇、白灵侧耳、秀珍菇等食用菌栽培中，当菌丝长满栽培袋（瓶）之后，还应在袋口（瓶口）料面上进行搔菌（mycelia scratching），刮去表层老熟菌丝。

4. 床式栽培　床式栽培是将经过发酵的培养料铺放在床架上，之后进行播种、菌丝培养、覆土和出菇管理。

双孢蘑菇、草菇、巴氏蘑菇等食用菌均可以采用床式栽培。从理论上而言，羊肚菌、大球盖菇、长裙竹荪等田间栽培食用菌也可以采用床式栽培，但还存在一系列技术难题需要研究解决。

床式栽培的基本工艺流程包括菇房建设、床架准备、栽培原料准备、堆制发酵、铺料、播种、覆土、菌丝培养和出菇管理，其中培养料建堆发酵是床式栽培实现高产稳产的关键。不同食用菌所需的培养料配方不同，堆制发酵工艺存在差别。在出菇管理过程中，各种食用菌对温度、水分、空气、光照等环境因子要求也不相同。目前双孢蘑菇工厂化栽培技术趋于成熟，但草菇、巴氏蘑菇等食用菌工厂化栽培还存在诸多技术困难。

5. 仿野生栽培　某些食用菌菌丝与植物根系具有共生关系，采用人工仿野生栽培已经获得成功。这些共生食用菌包括黑孢块菌、印度块菌、夏块菌、波氏块菌等。共生食用菌仿野生栽培的工艺流程包括种子消毒、无菌苗培养、菌丝培养、接种、菌根苗合成、菌根苗栽培和野外抚育管理，核心技术是菌根苗合成技术。

大多数野生食用菌属于共生真菌，菌丝培养困难或生长缓慢，给菌根苗合成带来困难。菌根苗移栽至野外之后，由于气候变化和土壤条件复杂，菌根苗生长受到多种因素影响，导致食用菌仿野生栽培的产量极不稳定。食用菌仿野生栽培周期较长，通常需要 8～10 年，制约了食用菌仿野生栽培模式的商业化推广。

三、食用菌营养活性成分

食用菌营养丰富，味道鲜美，富含生物活性物质或药用成分。在食用菌子实体中，干物质含量为 8%～28%，水分含量为 72%～92%。在子实体所含干物质中，有机物占 90%～97%，其他均为无机物。在食用菌干物质中，蛋白质约占 25%，脂质约占 8%，糖类约占 52%，膳食纤维约占 8%，灰分约占 7%，此外还含有多种核酸、维生素类。

与其他植物性食品相比较，食用菌蛋白质、多糖和维生素含量均较高，但脂肪含量较低，且多数食用菌中含有各种必需氨基酸。

食用菌不仅含有单糖、双糖和多糖，还含有氨基糖、糖醇类、糖酚苷类、多糖蛋白类等植物少有的糖类；真菌多糖是食用菌所含重要的生物活性物质，具有调节人体免疫活性的能力。

食用菌中含有维生素 B_1（硫胺素）、维生素 B_2（核黄素）、维生素 B_3（烟酸）、维生素 B_9（叶酸）、维生素 C（抗坏血酸）、生物素等多种维生素，其中 B 族维生素、麦角甾醇和烟酸含量最高。食用菌中普遍含丰富的维生素 D 原（麦角甾醇），它们可转变为维生素 D，对人体具有补钙作用。

食用菌脂肪含量占其干重的 1.1%～8.1%，包括各种类脂化合物——游离态脂肪酸、甘油二酸酯、甘油三酸酯、甾醇和磷酸酯等，其中主要是油酸、亚油酸等不饱和脂肪酸，它们具有降血脂的作用。

许多食用菌含有呈香物质，具有特殊的风味和香气，能促进食欲。风味物质种类、结构及含量与食用菌种类、品种、栽培环境和采收期有关，也与贮存方式和加工方法有关。有些食用菌的核酸水解成核苷酸后，可增加食物的鲜味。有些核酸除可以作为增鲜剂外，还可治疗冠心病、心肌梗死和肝炎等疾病。

生物活性物质是许多食用菌保健品的主要成分，而某些食用菌所含药用成分在医疗卫生领域应用前景广阔。食用菌具有生物活性的化学成分主要是多糖类、萜类化合物（三萜、二萜、倍半萜）、甾体化合物、生物碱、酚类、鞘脂、色素类，以及非蛋白氨基酸、糖多肽、糖蛋白、有机酸、多元醇、呋喃衍生物等。食用菌生理活性功能包括抗肿瘤、免疫调节、预防心血管疾病、降血脂、抗菌、抗病毒和保肝等作用。科学家们正致力于从真菌天然产物及其衍生物中，寻找具有生理活性或药理活性的先导化合物，进行结构改性，创制新药或开发功能食品。

食用菌细胞壁主要组分是几丁质。几丁质是一种人体胃肠道不易吸收的大分子碳水化合物，但它能被肠道微生物利用，并部分转化成丁酸、丙酸等小分子脂肪酸。这些小分子脂肪酸能帮助胃肠蠕动，预防便秘。因此，食用菌细胞壁是一种极好的膳食纤维，它还能吸附血液中多余的胆固醇，并使之排出体外，预防糖尿病发生。

第二节 食用菌主要类群

食用菌种类近千种，均分布在真菌界子囊菌门（Ascomycota）和担子菌门（Basidiomycota）中，包括 30 余科、130 余属，其中具有代表性的类群包括羊肚菌类、虫草类、伞菌类、胶质菌、多孔菌类。

一、羊肚菌类

羊肚菌类是子囊菌门（Ascomycota），盘菌纲（Pezizomycetes），盘菌目（Pezizales），羊肚菌属（*Morchella*）真菌的统称。羊肚菌类不同种类在颜色、菌帽形状、菌帽凹坑大小、菌柄形态等方面存在明显的差异。羊肚菌肉质脆嫩可口，味道鲜美，营养丰富，具有较高的食用价值，是欧美市场上深受消费者青睐的名贵佳肴。

羊肚菌类多为腐生菌，少数种类可与其他植物根系形成类似菌根的结构。野生羊肚菌类通常生长在土壤湿润或降雨频繁，且地下水位较高的环境中，如河道边、树林中、道路旁、火烧地及草地上。

梯棱羊肚菌、六妹羊肚菌和七妹羊肚菌是人工栽培中易出菇的 3 种羊肚菌，在我国已实现了商业化栽培，栽培方式主要是田间棚室栽培（图 2–1）。栽培工艺流程包括菌种制备、整地、播种、补料、催菇、保育、出菇管理和采收等阶段。羊肚菌类菌种易退化，菌种质量不稳定，原基及幼菇发育阶段对外界环境变化极其敏感，出菇期温度超过 25℃时，病虫害发生严重，导致羊肚菌类栽培产量不稳定。菌种质量、土壤类型、棚室设计、原基及幼菇保育期管理和病虫害防控是影响羊肚菌类高产稳产的关键因素。

图 2–1 人工栽培的梯棱羊肚菌（舒黎黎 供图）

二、虫草类

虫草类是寄生在昆虫体上的真菌与其寄主昆虫形成的虫菌复合体。虫草类真菌隶属于子囊菌门（Ascomycota），核菌纲（Pyrenomycetes），麦角菌目（Clavicipitales），虫草属（*Cordyceps*）和线虫草属（*Ophiocordyceps*）。昆虫种类众多，生活史包括完全变态和不完全变态两种类型，前者生活史包含卵、幼虫、蛹和成虫等 4 个阶段，后者包括卵、若虫和成虫等 3 个阶段。各种虫草属真菌在不同种类或不同生长阶段的虫体上寄生后，形成形态各异的虫菌复合体。

全世界已报道的虫草属真菌达 400 多种，我国已记载 90 多种。常见虫草类真菌包括冬虫夏草、蛹虫草、蝉花（*C. sobolifera*）等。冬虫夏草寄生于虫草蝙蝠蛾（*Hepialus armoricamus* Oberthur）等昆虫幼虫体上，形成虫菌复合体（图 2–2），目前人工栽培获得成功。

蛹虫草是虫草属的模式种，寄生在鳞翅目昆虫的蛹上，目前可以采用两种方法进行规模化、商业化栽培。一种方法是利用人工养殖的异种昆虫培育虫草，优点是以昆虫活体培养虫草，在外部形态、有效成分及功效上与天然虫草较接近，缺点是寄主昆虫受地域限制，接种成功率低，生产条件要求较高，规模化生产仍有难度；另一种方法是利用大米、小麦、玉米等培养基培育蛹虫草子实体，外型上与天然虫草有较大区别，但产量高，生产周期短，成本低，有效成分与天然虫草相近，是目前规模化栽培的主要方法（图 2–2）。

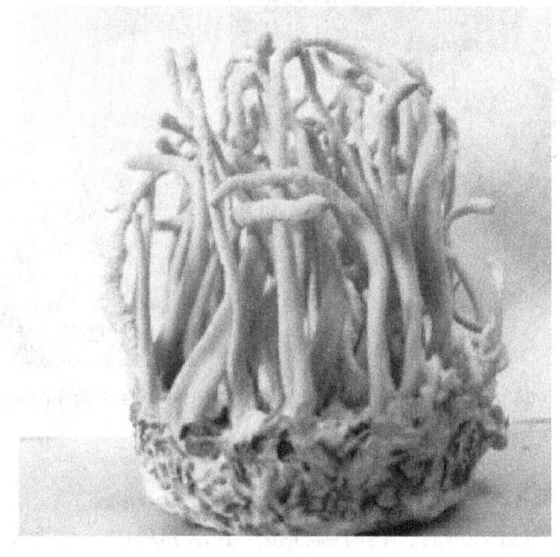

图 2–2　冬虫夏草生境（左）和人工栽培蛹虫草（右）（舒黎黎　供图）

三、伞菌类

伞菌类泛指具有菌盖、菌柄、菌褶或菌管等部位的肉质伞状真菌。隶属于担子菌门（Basidiomycota）、伞菌亚门（Agaricomycotina）、伞菌纲（Agaricomycetes），多数归于鸡油菌目（Cantharellales）、伞菌目（Agaricales）、红菇目（Russulales）、牛肝菌目（Boletales）、鬼笔目（Phallales）、多孔菌目（Polyporales）等。我国伞菌类资源十分丰富，其中许多种类已经可以人工栽培。

伞菌类真菌子实体呈伞状，肉质，少膜质或革质，包括菌盖、菌柄及菌褶或菌管，少数种类有菌环和菌托。子实层在生长初期常被易脱落的内菌膜覆盖，成熟时完全外露。担子无隔，担孢子单细胞。除香菇、糙皮侧耳、金针菇、双孢蘑菇等常见食用菌之外，隶属伞菌纲的食用菌还有真姬菇、巴氏蘑菇、杏鲍菇、白灵侧耳、秀珍菇、姬菇、大球盖菇、鲍鱼菇、榆黄蘑、鸡腿菇、竹荪、滑菇、大杯蕈、长根菇、茶薪菇、荷叶离褶伞等。

（一）代料栽培类

代料栽培能利用各种农林业生产的副产品作为主要原料，如木屑、甘蔗渣、棉籽壳、玉米芯等，添加一定量的麸皮、米糠、豆饼粉等辅料，配制成培养料，栽培原料来源广泛。代料栽培方式较多，依据栽培容器不同可以分为袋栽、瓶栽、箱栽、床栽等类型；根据原料处理方式不同，可以分为熟料栽培、生料栽培和发酵料栽培等类型。代料栽培种类包括香菇、金针菇、侧耳类、黑木耳、毛木耳、银耳等。

香菇代料栽培的主要原料包括阔叶树木屑、棉籽壳、玉米芯、高粱壳、花生壳以及谷壳等（图 2–3）。按照生产季节划分，香菇栽培模式分为春栽模式、夏栽模式和秋栽模式。按照菌袋摆放方式划分，香菇栽培模式包括层架栽培、覆土栽培和摆袋栽培等。湖北随州、河南西峡、河北平泉、辽宁岫岩、河南卢氏等是我国香菇主要产区。各地气候条件和栽培技术存在差异，对香菇品种的性状要求也不相同。

香菇栽培生产工艺较为复杂，包括拌料、装袋、扎口、灭菌、冷却、接种、养菌、刺孔、转色、催蕾、出菇、补水和间歇期管理等环节。香菇产量和品质与栽培品种、菌种质量、菌丝活力、转色管理、催蕾技术和出菇环境等许多因素相关。由于香菇出菇不定时、不定点、不整齐，工厂化出菇管理技术尚需开发。

图 2–3 香菇段木栽培（左）和代料栽培（右）（舒黎黎 供图）

（二）发酵料栽培类

将培养料堆制发酵处理后，再将菌种接种到培养料中，称为发酵料栽培。发酵料栽培是介于生料栽培和熟料栽培之间的方法，也称半熟料栽培。双孢蘑菇、巴氏蘑菇、草菇等均采用发酵料栽培。

双孢蘑菇能利用稻草、麦秆、玉米秆、玉米芯等进行栽培，常称为草腐菌。但双孢蘑菇不能直接利用这些原料，需要其他微生物先将原料降解腐熟成合适的培养料。培养料配方、一次发酵和二次发酵是影响双孢蘑菇培养料质量的关键。将培养料堆置在床架上，播种和养菌之后，再进行覆土和出菇管理。培养料质量、菌种质量、覆土材料和出菇环境控制是影响双孢蘑菇产量和品质的关键（图 2–4）。

图 2–4 人工栽培的双孢蘑菇（舒黎黎 供图）

四、胶质菌类

胶质菌类泛指子实体呈胶质状的大型真菌，其菌丝体内充满了胶状物质，使其子实体具有多种独特的性状，如富有弹性、复水性极强等。胶质类食用菌包括腐生性极强的黑木耳、毛木耳等，以及需要伴生菌参与降解栽培基质的银耳、金耳等。

（一）黑木耳

黑木耳属于伞菌目（Agaricales）、木耳目（Auricularia），栽培方式包括段木栽培和代料栽培（图 2–5）。代料栽培是我国黑木耳主要的栽培方式，通常采用阔叶树木屑、棉籽壳等代替段木进行栽培，菌袋制作与香菇代料栽培方法类似，但需要避光培养菌丝后，刺孔出耳，出耳期需要一定光照强度。近年来黑木耳代料栽培先后开发出全日光栽培、小孔出耳和立体吊袋出耳等技术。

图 2–5　野生黑木耳（左）和人工栽培黑木耳（右）（舒黎黎　供图）

（二）银耳

银耳绝大多数种类都生于各种朽木上（图 2–6），但其菌丝几乎没有分解木质纤维素的能力，在其完成生活史的过程中必须依赖香灰菌（*Annulohypoxylon stygium*）菌丝协助其降解木质纤维素。香灰菌又称耳友菌，它能将银耳菌丝无法利用的纤维素、木质素、淀粉等，分解为银耳菌丝可以吸收的营养成分。

图 2–6　野生银耳（左）和人工袋栽银耳（右）（祁亮亮　供图）

银耳栽培以代料栽培为主，也存在段木栽培方式（图 2–6）。银耳菌种是由银耳菌丝和香灰菌丝混合组成，银耳白毛团菌丝与香灰菌丝混合比例为 1∶30～1∶50，银耳耳芽均在接种孔上形成。应因环境条件变化而选择不同的菌种，如气温偏低时栽培选择白毛团偏少的菌种，而气温偏高时选择白毛团较多的菌种。

五、多孔菌类

多孔菌类是指子实层体呈孔状，质地为革质或软木质的大型担子菌。多孔菌能使木材腐朽，降解木质素，在生态循环中具有不可替代的作用。具有药用价值的灵芝、桑黄、桦褐孔菌（*Inonotus obliquus*）及食用风味极佳的灰树花、硫黄菌（*Laetiporus sulphureus*）等均属于多孔菌类。

（一）灵芝

灵芝子实体呈伞形，木质或木栓质，菌盖表面有坚硬的皮壳，具环状或辐射状棱纹，呈紫红色或棕红色，有光泽。灵芝是木腐菌，主要长在枯木或者树木的根部（图 2–7），喜高温，好氧，在 28～30℃生长较快。当空气中二氧化碳浓度达到 0.1% 时，对菌柄生长具有明显的促进作用，而对菌盖生长则有明显的抑制作用，甚至不形成菌盖。

目前灵芝栽培模式多样，以短段木袋栽和代料栽培两种方式为主（图 2–7）；不同栽培基质对灵芝三帖等有效成分的形成有较大影响。

图 2–7　野生灵芝（左）和人工栽培灵芝（右）（祁亮亮　供图）

（二）灰树花

灰树花隶属于多孔菌目（Polyporales），灰树花属（*Grifola*）。灰树花在不良环境中形成菌核，菌核外形不规则、坚硬、半木质化，珊瑚状分枝的肉质子实体由当年菌核的顶端长出。

灰树花是一种中温型、好氧、喜光的木腐菌，夏秋季发生于壳斗科树种的树桩或树根上，造成心材白色腐朽。灰树花已经规模化生产，栽培方式包括代料栽培和段木栽培，主要采用设施地下摆袋或层架立体栽培出菇（图 2–8）。

图 2-8　野生灰树花（左）和人工栽培灰树花（右）（舒黎黎　供图）

第三节　食用菌生理生态特性

食用菌菌丝生长始于孢子萌发产生芽管，菌丝顶端能不断向前生长。菌丝生长包括细胞壁延长和细胞壁化学组分合成，菌丝中原生质体不断地从衰老的部分向菌丝顶端移动，以供给菌丝顶端生长所需的营养物质。菌丝的次生生长伴随着初生细胞壁建成，随后细胞壁加厚。菌丝不断地伸长和分枝，最终形成菌落。

食用菌子实体发育形成是一个复杂的过程。一方面需要菌丝达到生理成熟，另一方面需要特定的温度、光照、空气湿度等环境条件，食用菌子实体生长发育大致可以划分为菌丝扭结、原基形成、子实体分化形成、子实体快速伸展和子实体成熟等 5 个阶段。

一、营养生理

食用菌生长发育需要从基质中吸取各种营养物质，这些营养物质在相对分子质量、结构特征、理化性质等方面有较大区别。营养物质需要透过细胞壁和细胞膜等障碍才能被吸收。

（一）营养方式

与其他异养生物一样，食用菌需要从外界摄取一定的营养物质。依据食用菌摄取营养方式的不同，可将食用菌分为腐生型、寄生型和共生型。

1. 腐生型　一部分食用菌营腐生生活，从已死亡或濒临死亡的植物体及其有机质中吸收养料。腐生型可分为木生型、土生型、粪草生型 3 个生态群。木生型食用菌主要生长在枯立木、倒木、树桩及断枝上。土生型食用菌多生长在森林腐烂落叶层、牧场、草地、肥沃田野等特定场所。粪草生型食用菌多生长在腐熟堆肥、厩肥、烂草堆或有机粪肥上。目前商业化栽培的食用菌几乎都是腐生型，在实际生产中可根据它们的营养需求选择合适的培养料。

2. 寄生型　这类食用菌完全寄生在活的寄主上，从活着的寄主细胞中吸取养分。例如蛹虫草寄生在蛹体上，冬虫夏草寄生于幼虫体上。这种营寄生生活的食用菌种类较少，多数寄生在昆虫体上，少数寄生在植物上，且属于兼性寄生，即兼有寄生和腐生两种营养类型。蜜环菌既能在濒死树木上弱寄生或在枯木上营腐生生活，又能侵入天麻（*Gastrodia elata*）体内营寄生生活。

3. 共生型　这类食用菌不能在枯死腐木上生长，它们所需营养必须由活的植物体供给。这些食用菌与植物在共生生活中彼此受益，称为共生真菌。菌根菌是与高等植物根系共生的菌类，森林中大多数蘑菇都属于菌根真菌。许多食用菌能与高等植物、昆虫、原生动物或其他菌类形成相互依存的共生关系。某些菌根真菌的菌丝能包围在树木根系的外围，形成菌套（mantle）和哈蒂氏网（Hartig net）结构，称之为外生菌根。

（二）营养需求

1. 碳源　碳源是食用菌最主要的营养物质之一。除少数糖类不能被利用之外，食用菌能利用从单糖到纤维素等多种复杂的糖类，如纤维素、葡萄糖、果糖、蔗糖、麦芽糖、半乳糖、糊精、淀粉、半纤维素、木质素、有机酸、某些醇类等。其中葡萄糖、果糖、甘露糖、乳糖等单糖是食用菌的速效碳源，可通过菌丝主动吸收进入细胞内，不需要转化就能直接参与细胞代谢。对于蔗糖、麦芽糖、海藻糖等双糖，某些食用菌可不经过转化而直接将其完整地吸收到细胞中。有些食用菌需要通过相关酶的作用将双糖水解为单糖，再予以吸收利用。

淀粉、纤维素、半纤维素、木质素等多糖是食用菌生长的长效碳源，它们不能被直接吸收利用，而需先降解为单糖或双糖才可被菌丝吸收利用。食用菌在生长过程中，菌丝分泌的胞外酶种类和数量决定了它可利用的多糖种类及利用效率。有些食用菌没有直接分解多糖的能力，必须进行培养料发酵处理，借助多种微生物的联合作用，将其转化为可以利用的单糖或双糖。

除葡萄糖、蔗糖等少数单糖或双糖之外，食用菌生长所需要碳源主要来源于麦秆、稻草、玉米芯、棉籽壳、阔叶树木屑等农林副产物。这些农林副产物都是食用菌生产的长效碳源，来源广泛，取材容易，价格低廉，属于可再生资源。为了促进食用菌菌丝生长，在培养料中适当加入 0.5% ~ 5% 的葡萄糖等速效碳源作为菌丝生长初期的辅助碳源，能促进菌丝早发菌、早吃料、早定植，诱导菌丝分泌纤维素酶、半纤维素酶、木质素酶等胞外酶。

2. 氮源　氮源是食用菌合成蛋白质和核酸必不可少的主要原料。氮源虽不能像碳源那样为食用菌生长提供能量，但仍然是最重要的营养物质之一。食用菌所需氮源主要包括蛋白质、氨基酸、尿素、氨、铵盐和硝酸盐等。蛋白质须酶解成氨基酸之后才能被吸收，小分子氮素化合物可被食用菌菌丝直接吸收。

氨基酸、尿素等是食用菌菌丝生长的速效氮源，菌丝可以不经转化而直接吸收利用。蛋白胨、蛋白质等复杂有机氮属于持效氮源，必须经过胞外酶降解转化成小分子有机氮，才能被吸收利用。

大多数食用菌可利用铵盐和硝酸盐等无机氮作为氮源。铵盐和硝酸盐都是食用菌的速效氮源，菌丝可直接吸收利用，但铵盐更易被吸收利用。如果在培养料中仅有无机氮，而缺乏有机氮，则菌丝体生长将非常缓慢，子实体分化困难，甚至不出菇。在食用菌生产中，常用氮源包括蛋白胨、酵母膏、尿素、麸皮、米糠、豆饼、畜禽粪便、硝酸铵、硫酸铵等。

3. 无机盐　在食用菌生长发育中需要一定量的无机盐类，如磷酸二氢钾、硫酸钙、硫酸镁、氯化钠、硫酸锌、氯化锰等。玉米芯、棉籽壳、木屑、豆秸等植物性原料中所含的微量元素已经能够满足食用菌正常生长需要，所以食用菌栽培中通常不需要另外添加微量元素；如果额外添加过量，会造成无机盐中毒。

4. 维生素　维生素是食用菌生长发育必不可少，但用量极小的小分子有机物。在食用菌生产中，常用马铃薯、麸皮、米糠、玉米粉、麦芽、酵母膏等制作培养基。在这些原料中通常维生素种类齐全，数量足够，能够满足食用菌生长的需要，通常不必额外添加。对培养料进行灭菌时，切忌长时间高温灭菌，因为大多数维生素不耐高温，120℃以上易发生分解。

在野生食用菌驯化中，菌丝体在人工培养基上不生长或生长缓慢，或者子实体不分化或发育缓慢，可能是人工培养基中缺乏某些生长所需要的维生素，或培养基高温灭菌时破坏了原来存在的维生素。对食用菌生长影响最大的是 B 族维生素、维生素 H 及维生素 P。维生素 B_1（硫胺素）、维生素 B_2（核黄素）、维生素 B_5（泛酸）、维生素 B_6（吡哆醇）、维生素 H（生物素或维生素 B_7）等均是各种酶的基本组成部分。

5. 生长因子　生长因子是促进子实体分化的微量营养物质，主要包括核酸和核苷酸。其中环腺苷酸（cAMP）具有生育激素的功能，当培养基中加入一定量（10^{-7}～10^{-5}mol）环腺苷酸可使美味牛肝菌（*Boletus edulis*）在人工培养基上形成子实体。此外，赤霉素（GA）、吲哚乙酸（IAA）、乙烯（ET）等植物激素也能影响食用菌子实体生长发育，但浓度过高会抑制生长发育，目前仍处于研究阶段。

二、环境生理

自然界任何生物都在特定环境中生存，不同的食用菌对生长环境的要求不尽相同，如金针菇喜低温，草菇喜高温；口蘑（*Tricholoma gambosum*）盛产于草原上，猴头菌则出现在枯枝上；鸡枞菌菌丝多生长在蚁窝中，牛肝菌总是长在松树旁。同一种食用菌在不同发育阶段也需要不同的环境条件。尽管如此，食用菌对主要环境因子的反应仍有许多共同之处。探索食用菌在不同环境因子下的生长发育规律，对于指导食用菌生产和开展遗传育种至关重要。影响食用菌生长发育的环境条件主要有水分及空气湿度、温度、氧气和二氧化碳、酸碱度、光照等。

（一）水分及空气湿度

食用菌菌丝生长阶段所需的水分主要来自栽培基质。为了促进菌丝在栽培基质中快速萌发和健壮生长，播种前控制好培养料中含水量十分重要。含水量是指水分占湿料中的百分比，段木在接种时含水量以40%～45%为宜，代料栽培中培养料含水量通常在58%～65%。

食用菌子实体含水量可达85%～93%。水分大多数从基质中吸收获得，但也不能忽视空气湿度对子实体发育的影响。子实体原基形成后，代谢旺盛，组织脆嫩，能否正常发育与周围环境空气相对湿度密切相关，控制空气相对湿度对食用菌产量和品质都非常重要。

（二）温度

温度是影响食用菌自然分布和生长发育的最重要因素之一。只有在既具备适宜的菌丝生长温度，又在特定时期具有适宜子实体生长发育所需温度的区域，食用菌才能生存和繁衍。不同的食用菌或同一种食用菌的不同品种，以及同一种食用菌不同生长发育阶段，对环境温度的要求均不尽相同。

除本身固有的生物学特性之外，各种食用菌菌丝生长速度主要受温度制约。一方面，随着温度升高，菌丝细胞代谢速度加快，有利于菌丝生长；另一方面，因细胞中蛋白质、核酸等主要成分对高温敏感，温度过高会破坏细胞结构，影响细胞生理活性，致使菌丝生长减慢。食用菌菌丝通常较耐低温，但对高温较敏感。

在菌丝生长、原基分化及子实体发育这3个阶段，食用菌对温度的要求各不相同。一般菌丝生长阶段所需温度较高，原基分化时期所需温度较低，子实体发育所需温度介于两者之间。按照原基分化阶段食用菌对温度的要求，可将食用菌分为低温型、中温型和高温型3种类型。根据原基分化阶段食用菌对温度变化刺激的反应，又可将食用菌分为变温发生型和恒温发生型2种类型。

（三）氧气和二氧化碳

食用菌为好氧性异养生物，通过释放胞外酶对有机物进行生物氧化，获得代谢所需要的物质和能量。不同生长发育阶段的需氧量大小不同，一般生殖生长阶段需氧量大于菌丝生长阶段。菌丝生长阶段不仅需要氧气供应充足，同时对高浓度二氧化碳反应敏感。食用菌由营养生长阶段转入生殖生长阶段，即子实体原基分化形成期，低浓度二氧化碳（0.034%～0.1%）对子实体形成是必要的。当子实体原基形成之后，由于呼吸作用旺盛，对氧气的需求量急剧增加，此时当二氧化碳浓度达到 0.1% 以上时，就会对子实体产生毒害作用。

（四）酸碱度

食用菌所处环境的酸碱度直接影响菌丝细胞酶的活性、细胞膜透性以及菌丝对金属离子的吸收能力。不同食用菌的菌丝生长都有其最适 pH、最低 pH 和最高 pH。一般木腐类食用菌喜欢在偏酸性的基质中生长，而草腐类食用菌中喜欢在偏碱性的基质中生长。

（五）光照

食用菌菌丝并不含光合作用的色素，菌丝生长时期不需要光照，强烈光照甚至可能对菌丝生长产生抑制作用。除茯苓、大肥菇（*A. bitorquis*）等少数菌类在黑暗条件下能完成生活史之外，多数食用菌在子实体分化和发育阶段都需要一定的散射光。光照对子实体原基分化和形态建成均有影响，不同的光强度和光质可显著地改变菌柄长度和菌盖形状。

环境是一个综合体，各个环境因子互相联系，互相影响和互相制约。当温度发生变化时，会导致相对湿度也相应地发生变化。在食用菌生产中，当采取某些措施改善栽培环境条件时，必须注意整体环境，切勿顾此失彼。

三、生态特性

食用菌属于真菌的范畴，真菌是异养生物。真菌作为生态系统的重要成员，以及物质转化和能量流动的参与者，也是自然界重要的资源生物。真菌广泛分布于水体、土壤、粪肥、大气、动植物及其残体中，以腐生、寄生或共生等营养方式生活，与其寄主、栽培基质、竞争者及环境中非生物因素等相互联系，互相影响。各种食用菌在形态特征、繁殖方式、生活史和传播方式等方面存在极大差异。

食用菌生态特性是指食用菌与其所处环境相互关联的特性，包括食用菌个体和群体在不同环境条件下的适应过程，环境对真菌与其他生物有机体的影响，群体在不同环境条件下的发展和演变，以及这些演变对人类的影响等。一方面，食用菌生态特性与生物学、生理学、气象学、化学、物理学、数学，尤其是环境科学、农业科学等紧密联系；另一方面，食用菌生态特性既符合进化过程中有机体与环境相互统一的原则，也符合生态系统中物质不灭和能量流动等动态平衡的基础理论。

植物可以为食用菌提供营养物质、氧气和遮阴环境，而食用菌可以分解植物残体，也有可能导致林木腐朽发生，两者还可以形成共生菌根。动物既可以是食用菌孢子的传播媒介，也可以是食用菌病原菌、杂菌和害虫的传播媒介。虫草类真菌寄生在昆虫幼虫、若虫、成虫或蛹体上。食用菌与动物也可以形成共生关系，如白蚁和鸡枞菌。

食用菌属于大型真菌，也归属于微生物的范畴。其他微生物在食用菌堆肥发酵中发挥了重要作用，有时其他微生物还能刺激食用菌原基发生，两者之间呈伴生关系；与此同时，某些微生物还会污染食用菌栽培基质，或与菌丝争夺营养物质，甚至感染食用菌菌丝体或子实体，导致各种侵染性病害发生。

（执笔：第一节　边银丙；第二节和第三节　舒黎黎；本章由边银丙修改和统稿）

本章思考题

1. 为什么说优良品种是食用菌栽培的核心和基础？
2. 简述食用菌栽培方式对品种性状的要求。
3. 食用菌营养方式有哪些类型？试举例说明。
4. 简述食用菌生长发育对环境条件的基本要求。
5. 食用菌生长发育需要栽培基质提供哪些基本的营养？
6. 食用菌栽培发展的趋势是什么？对品种有哪些要求？
7. 试述食用菌菌种质量与品种的关系？
8. 食用菌生态特性对优良品种选育提出了哪些目标要求？

数字课程网上资源

教学课件　　本章思考题参考答案

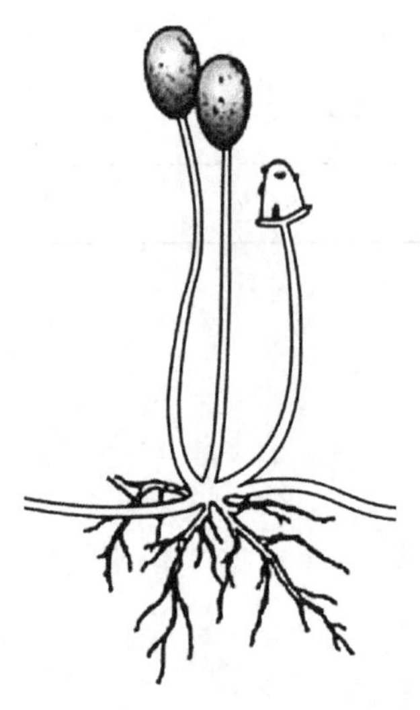

第三章　食用菌繁殖与遗传分析

食用菌繁殖方式包括无性生殖和有性生殖。食用菌无性生殖主要有菌丝断裂、孢子生殖、组织分离等方式。有性生殖经过了质配、核配和减数分裂过程，实现了遗传重组，可以分为同宗配合和异宗配合两大类。本章分别介绍了草菇、双孢蘑菇、滑菇、香菇、银耳等5种常见食用菌的生活史。同宗配合类食用菌生活史包括孢子产生、菌丝形成、原基发育和子实体生长等过程。异宗配合类食用菌生活史包括孢子产生、初生菌丝阶段、次生菌丝阶段、原基阶段和子实体阶段等。在食用菌有性生殖过程中，两个单倍体的初生菌丝质配后形成异核体菌丝，之后两个不同单倍体细胞核在异核体菌丝中共存较长时间，直至子实体近成熟时才发生核配和减数分裂。这种较长的异核菌丝阶段是食用菌需要重点关注的特征之一，尤其是两个单倍体细胞核之间的相互关系。

食用菌多数表现性状不仅受到基因型调控，还受到环境因素影响。本章重点介绍了食用菌数量性状遗传分析和基因定位分析的方法，系统阐述了食用菌形态学标记、细胞学标记、蛋白质标记和DNA分子标记等遗传标记类型及其特点，介绍了子囊菌及担子菌遗传作图、连锁分析及基因定位方法。这些研究方法和技术将为基因克隆和基因功能研究奠定基础，也将为食用菌分子标记辅助育种技术开发奠定基础。

第一节　无性生殖与有性生殖

一、概述

真菌具有繁衍后代的能力，繁殖方式包括有性生殖和无性生殖等。基因表达和调控决定了真菌的性状特征，真菌在繁衍过程中将亲代基因传递给子代，并通过基因控制子代的性状。

在食用菌生活史（life cycle）中，通常包括有性孢子（子囊孢子或担孢子）阶段，初生菌丝体（primary mycelium）阶段、次生菌丝体（secondary mycelium）阶段、原基（primodium）发育阶段和子实体（fruiting body）生长等阶段，有时还产生芽孢子或粉孢子等无性孢子。其中有性孢子是经过了遗传重组的配子，携带着遗传信息，可以萌发形成将遗传信息传递给子代的菌丝体。

遗传可以保障食用菌亲代和子代之间优良性状稳定地传递，变异则对形成更具多样性的新种、新亚种或新菌株具有重要作用。对食用菌遗传规律进行深入研究，促进了遗传学从个体水平向分子水平发展，同时促进了食用菌生物化学、分子生物学和基因工程学飞速发展。深入了解食用菌遗传规律，熟练掌握遗传分析方法，能为食用菌育种奠定扎实的理论基础，指导育种工作从低效向高效、从随机向定向、从近缘杂交向远缘杂交等方向发展。

在适宜的环境条件下，食用菌会不断吸收栽培基质中的营养物质进行新陈代谢。当合成作用速度超过分解作用时，个体的质量和体积不断增加。当食用菌个体增长到一定阶段，就会从营养生长阶段进入生殖生长阶段，从而产生新的子代个体，这就是繁殖（reproduction）。食用菌生长繁殖是在内外多种因素相互作用下生理及代谢等状态的综合反映，有关生长繁殖的数据可作为研究生理生化和遗传学问题的重要指标。食用菌不同繁殖方式在品种选育、菌种提纯复壮及种质资源保存中都具有重要的意义。

二、无性生殖与无性孢子

不通过两性生殖细胞的结合，而由亲本直接产生新个体的繁殖方式，称为无性生殖（asexual reproduction）。在无性生殖过程中，细胞核发生了有丝分裂，但没有发生核配和减数分裂，因而没有遗传物质重组。多数食用菌从有性孢子萌发出的菌丝在营养生长阶段均能进行无性生殖，任意小段菌丝体都能萌发形成菌落，无性生殖在食用菌栽培中具有极其重要的地位。各种不利于菌丝生长的环境条件，如温度和湿度改变、营养缺乏、菌龄过长及机械损伤等，都可能促进无性生殖。无性生殖的特点是反复进行，产生的个体性状比较稳定。在无性生殖的过程中，细胞核通过有丝分裂进行复制，并分配到新的菌丝细胞或无性孢子中，没有发生遗传重组。

食用菌无性生殖主要有以下几种方式。

（一）菌丝断裂

发生断裂的菌丝可长成一个新的子代个体，成为新的菌丝体。断裂的菌丝体能通过分枝、延伸不断蔓延扩展。

（二）孢子生殖

大多数食用菌的无性生殖是通过无性孢子来实现的，如芽孢子（blastospore）、粉孢子（oidiospore）、分生孢子（conidium）、厚垣孢子（chlamydospore）等，这些孢子萌发后能形成新的子代个体，如银耳产生的芽孢子、草菇产生的厚垣孢子、黑木耳产生的分生孢子、金针菇产生的粉孢子等。

1. 粉孢子　粉孢子是一种薄壁的无性孢子，又称为节孢子，通常由菌丝断裂而成，呈短枝状，每段可长成一个新的个体。银耳单核菌丝或双核菌丝在受到不良环境条件（如热、浸水、搅动等）刺激时，均会断裂成粉孢子。待环境条件适宜，粉孢子萌发长出新的菌丝。

2. 厚垣孢子　厚垣孢子是由于菌丝部分细胞的壁增厚，且原生质体聚集形成的休眠细胞，常形成于菌丝细胞之间。如草菇菌丝在老熟时形成粉红色粉状物，即厚垣孢子堆。当条件适宜时，休眠的厚垣孢子可萌发成为菌丝体。

3. 分生孢子　分生孢子是由部分菌丝细胞特别分化形成分生孢子梗，从分生孢子梗上长出或形成的无性孢子。分生孢子在适宜条件下又能萌发成单核菌丝或双核菌丝。许多子囊菌无性生殖产生大量分生孢子，但绝大多数子囊菌类或担子菌类食用菌极少形成分生孢子。银耳菌丝在转管培养时，因受到机械刺激，常形成酵母状的分生孢子。

4. 芽孢子　芽孢子是以出芽方式从真菌细胞上长出的无性孢子，又称酵母状分生孢子，如银耳的担孢子、单核菌丝或双核菌丝均可以产生芽孢子。在一定条件下，芽孢子又能萌发成单核菌丝或双核菌丝。

（三）组织分离

在食用菌栽培中，常以子实体、菌索或菌核等组织为材料分离菌种，对菌种进行转管（瓶）传代扩繁，这都是利用了食用菌无性生殖的特性。采用组织分离方法获得的菌种，有助于基本保持栽培品种原有性状的遗传稳定性。在食用菌育种时经常采用组织分离法，将已产生变异的优良菌株保存下来。也可以通过组织分离法从食用菌野生种质上分离获得菌种，用于驯化栽培，筛选优良菌株。从羊肚菌子实体不同部位经组织分离获得的菌种，有时仅含一种交配型基因，属于不孕菌丝，栽培时无法形成子实体。

（四）其他方式

菌种扩繁时在培养料中接种上一级菌种，或采用原生质体再生方法获得菌种，均属于无性生殖方式。

三、有性生殖与有性孢子

有性生殖（sexual reproduction）是通过两性生殖细胞的结合产生新个体的生殖方式。有性生殖产生的子代具备双亲的遗传特性，通常比无性生殖所产生的子代个体生活力强，变异性大。因此，有性生殖对物种世代延续及进化有重要的积极意义。

食用菌有性生殖包括质配（plasmogamy）、核配（karyogamy）、减数分裂（meiosis）3个不同时期。质配是两个可亲和单核细胞的细胞质发生融合而形成双核细胞的过程；核配是两个单倍体细胞核融合为一个双倍体的合子核的过程；减数分裂是在染色体交换之后，合子核染色体减半，又重新产生单倍体核的过程。因食用菌种类不同，有性生殖性器官及有性孢子的特征不同。食用菌有性生殖形成子囊孢子（ascospore）和担孢子（basidiospore），这两种有性孢子分别在子囊菌或担子菌有性生殖中产生。

1. 子囊孢子形成　子囊孢子发生在子囊母细胞内。子囊母细胞由双核的钩状菌丝亚顶端细胞发育而成。在亚顶端细胞中两个核融合，形成二倍体核；经过一次减数分裂后，随后进行一次有丝分裂，形成8个子核；每一子核周围包裹原生质，最后发育形成 1 个子囊孢子。

2. 担孢子形成 担孢子是由担子细胞产生的，而担子细胞由可孕的异核菌丝末端细胞发育而成。在担子细胞中，两个核经过核配之后，形成一个二倍体核。经减数分裂后，形成 4 个单倍体子核，4 个子核分别进入担子顶端的小梗中，之后在小梗末端发育形成担孢子。

当担子细胞内二倍体核进行减数分裂时，控制性亲和的交配型基因发生分离。在异宗配合的食用菌中，减数分裂后产生两种或四种不同的交配型。因为不同交配型的细胞核分别发育形成不同的担孢子，因而就产生了不同交配型的担孢子及其菌丝。只有两个交配型不同且可亲和的有性孢子萌发产生的初生菌丝才能彼此结合，经过质配、核配和减数分裂，完成有性生殖过程。90% 的担子菌受有性生殖系统中 1 对或 2 对性亲和因子所制约，不同交配型的担孢子萌发的单核菌丝彼此结合，形成异核的双核菌丝，才可以形成子实体。约 10% 的担子菌能自交可孕，即其单个担孢子自身含有两个不同交配型的细胞核，萌发后形成的菌丝自身可发育形成可育的异核体菌丝，然后形成子实体。根据同一种担孢子萌发产生的初生菌丝是否能自行交配，能否独立完成有性生活史，可将食用菌有性生殖类型分为同宗配合（homothallism）和异宗配合（heterothallism）两大类。

（一）同宗配合

同宗配合是指有性生殖过程可以在同一个菌体中完成，不需要发生交配。同宗配合可分为初级同宗配合（primary homothallism）和次级同宗配合（secondary homothallism）。通常来说，初级同宗配合才是真正意义上的同宗配合，次级同宗配合实质上是一种假同宗配合。约 10% 的食用菌属于同宗配合，如双孢蘑菇、蜜环菌等。

1. 初级同宗配合 初级同宗配合是指每个担孢子内仅含有 1 个经减数分裂形成的细胞核，其担孢子萌发产生的同核体菌丝能完成有性生殖过程。初级同宗配合真菌由同核体菌丝体产生子实体，即菌丝内含有遗传性质相同的细胞核。初级同宗配合有些具有锁状联合，多数无锁状联合。草菇曾经被认为是典型的初级同宗配合食用菌。目前研究表明，草菇具有兼性结合繁殖方式，即同时存在同宗配合和异宗配合。草菇的生活史见本章第二节。

2. 次级同宗配合 次级同宗配合是单个担孢子中通常含有一对可亲和的单倍体细胞核，担孢子萌发后常形成可孕的异核体菌丝，再进一步生长发育成子实体。次级同宗配合过程不需要与其他菌丝进行交配就可以完成其生活史，这些次级同宗配合食用菌有不亲和因子，其交配系统受交配型位点 *A* 上的基因控制。双孢蘑菇生活史属于次级同宗配合类型，在形成担孢子的过程中，由于纺锤丝牵拉的方向不同，最后形成的担孢子可孕性不同。当两个不同交配型的细胞核进入一个担孢子时，该担孢子萌发的菌丝就具有结实能力，约 80% 的担孢子具有可结实性。当两个交配型相同的细胞核进入同一个担孢子时，该担孢子萌发的菌丝不具有结实性，约 20% 的担孢子具有不可结实性。

（二）异宗配合

异宗配合是自身不孕而杂交可孕的有性生殖方式，即同一个担孢子萌发产生的初生菌丝不能自行交配，只有两种可亲和的交配型的担孢子萌发产生的初生菌丝进行交配（质配）才能完成有性生殖过程。异宗配合是担子菌类食用菌普遍的有性生殖方式，90% 的担子菌交配系统为异宗配合。大多数异宗配合担子菌如糙皮侧耳、金针菇、香菇、杏鲍菇等，在双核菌丝上可以产生明显的锁状联合，锁状联合有或无常被作为鉴定单核体和双核体的标记。根据控制食用菌交配型的交配因子是一对还是两对，可将异宗配合划分为受单因子控制的二极性异宗配合（bipolar heterothallism）和双因子控制的四极性异宗配合（tetrapolar heterothallism），前者约占总数的 25%，后者约占 75%。

1. 二极性异宗配合 二极性异宗配合由一对交配型基因位点控制，通常称为A交配型基因。A交配型基因具有两个作用，一是控制菌丝体融合，二是控制细胞核迁移。只有含不同A交配型基因的单核菌丝之间（如A_1与A_2，A_1与A_3）才能产生可亲和的交配，从而形成异核体，并完成有性生殖。在二极性异宗配合的食用菌中，同一菌株子实体所产生的担孢子可分为两种交配型（A_1和A_2），这些担孢子的杂交可孕率为50%，即$A_1 \times A_2$可孕。

在常见食用菌中，滑菇、黑木耳属于二极性异宗配合。二极性异宗配合物种的A交配型因子具有丰富的多态性，通常具有$A_1,A_2,A_3,\cdots,A_n$等多个等位基因，二极性异宗配合物种异核体的交配型可以表述为A_1+A_2、A_1+A_3等。

2. 四极性异宗配合 四极性异宗配合由两个不连锁的交配型位点（通常称为A交配型和B交配型）控制。在四极性异宗配合食用菌中，同一菌株的子实体所产生的担孢子可分为四种交配型（A_1B_1、A_2B_2、A_1B_2、A_2B_1），其中A_1B_1和A_2B_2属于亲本型，A_1B_2和A_2B_1属于重组型。其中$A_1B_1 \times A_2B_2$和$A_1B_2 \times A_2B_1$可孕，担孢子之间杂交的可孕率为25%。

四极性异宗配合中A交配型和B交配型由交配型基因决定，其中A交配型基因的主要功能是编码两种同源结构域蛋白，在锁状联合形成过程中控制钩状细胞形成、菌丝细胞融合、同步核分裂及细胞核配对。B交配型因子主要负责编码信息素前体和信息素受体，控制锁状联合形成过程中隔膜溶解、核迁移、锁状细胞与次顶端细胞融合。在A和B交配型因子共同作用下，可亲和的单核菌丝之间可以形成稳定的异核体菌丝，并可以在适宜的环境条件下形成子实体。

香菇、金针菇、杏鲍菇、灵芝、糙皮侧耳等属于四极性异宗配合。四极性异宗配合物种A交配型和B交配型均具有丰富的多态性，通常具有$A_1,A_2,A_3,\cdots,A_n$和$B_1,B_2,B_3,\cdots,B_n$多个等位基因，四极性异宗配合真菌异核体的交配型可以表述为$A_1B_1+A_2B_2$、$A_2B_2+A_3B_3$等。

通过平板对峙培养的方式，通常可以验证不同交配型的单核菌丝之间是否可亲和，在典型情况下可以出现4种交配反应类型。在对峙培养的过程中，当A和B交配型都相同（如$A_1B_1 \times A_1B_1$）的菌丝长在一起时，菌丝无锁状联合，不具有结实性，用"-"表示；当A交配型相同而B交配型不同（如$A_1B_1 \times A_1B_2$）时，表现为半亲和性，菌丝可以长在一起，但菌丝细胞中核数目不定，无锁状联合，不具结实性。由于菌落表面皱缩，紧贴着培养基生长，气生菌丝极少，常称扁平反应，用"F"表示；当A交配型不相同而B交配型相同（如$A_1B_1 \times A_2B_1$）时，也表现为半亲和性，但两菌落交界处会出现排斥现象，即在两个菌落之间形成几毫米宽的带状空白区，这一现象又称阻遏现象，其带状空白区又称为栅栏带。菌丝有时产生假锁状联合，但也不能结实，这类现象用"B"表示；只有当A和B两个交配型均不相同（如$A_1B_1 \times A_2B_2$）时，才能发生亲和性交配反应，菌丝细胞产生正常的锁状联合，形成双核菌丝细胞，具有结实性，用"+"表示。

裂褶菌是标准的四极性异宗配合担子菌，即来自同一菌株的子实体产生的单核菌丝相互杂交时，上述4种交配形态（+、-、F、B）均可以观察到，比例为1∶1∶1∶1。结实和不能结实的比例为1∶3，遵循孟德尔分离和自由组合定律。

非标准的四极性异宗配合交配反应不像裂褶菌那样清晰明确，半亲和性并不容易确定。如香菇、糙皮侧耳、凤尾菇（*P. pulmonarius*）等，菌丝形态通常仅出现2种反应类型，即"+"和"-"，而"F"和"B"反应并不明显。在遗传水平上，可以根据核迁移（nuclear migration）实验来区分3种不亲和类型（$A=B=$、$A=B\neq$、$A\neq B=$）。核迁移检测方法有两种，一种是直接进行形态观察，在显微镜下观察锁状联合的有无；另一种是遗传学检测方法，即基因互补检测，需要一株营养缺陷型单核菌株和一株正常的单核菌株，用营养缺陷型作为遗传标记检测核迁移。

无论是同宗配合还是异宗配合，杂交的结果都是细胞质融合，但细胞核并不立即结合，只是成对排列。这些偶对细胞核在食用菌生活史中长期存在，持续不断地分裂，形成大量新的细胞，菌丝体迅速生长发育。

食用菌交配系统特性在生产上具有重要的实际意义，它是食用菌育种和栽培研究重要的理论基础。

同宗配合类食用菌单个担孢子萌发成的初生菌丝自交可孕，其单孢培育的菌丝体经出菇试验证明生产性能优良者，即可直接应用于生产。异宗配合类食用菌则必须采用两种可亲和的单核菌丝进行交配，形成双核菌丝，再制作菌种和培养菌丝，才可能培育出正常的子实体。

第二节　五种常见食用菌生活史

生活史是指生物所经历的生长和繁殖的全过程。食用菌生活史是指从孢子萌发产生菌丝开始，到形成子实体之后，且再产生新一代孢子的过程。少数食用菌除了产生有性孢子之外，在生活史中还会产生无性孢子。例如草菇菌丝细胞在一定条件下产生一些休眠的厚垣孢子，银耳单核菌丝和异核菌丝能形成芽孢子，金针菇单核菌丝或异核菌丝产生粉孢子等。这些无性孢子一定条件下能重新萌发，形成相应的单核菌丝或异核菌丝。

在食用菌生活史中存在核相交替（alternation of nuclear phases）现象，即在其有性生殖的过程中，单倍体的染色体细胞和异核单倍体的染色体细胞有规律地交替出现。其中单核单倍体期时间较短，异核单倍体期时间较长，单核双倍体期仅出现在核配之后到减数分裂之前的短暂时期。

担子菌典型生活史从担孢子萌发形成初生菌丝开始。初生菌丝细胞中通常仅有 1 个单倍体核，偶尔含多个单倍体核（n），它们实质上是配子体菌丝。两个可亲和的初生菌丝之间发生交配反应，菌丝彼此细胞融合，完成质配过程，形成次生菌丝（secondary mycelium）。次生菌丝细胞中存在两个不同的单倍体细胞核，这个阶段在担子菌生活史中占据较长阶段。这种在质配以后长时间不发生核配的现象，是食用菌生活史较为典型的特征。多数担子菌次生菌丝具有锁状联合。有些种类次生菌丝会产生粉孢子、厚垣孢子等无性孢子，极少数种类初生菌丝会产生无性孢子。

次生菌丝不断地生长，并进行组织分化，达到生理成熟后形成具有结实性的三生菌丝（tertiary mycelium）。三生菌丝包括生殖菌丝、骨架菌丝和联络菌丝 3 种类型。三生菌丝相互扭结产生原基（primordium），原基进一步发育形成子实体。子实体菌褶表面或菌管内壁的异核菌丝顶端细胞膨大发育形成担子（basidium）。在担子中可亲和的两个单倍体核进行核配，形成一个暂时的双倍体核（$2n$）。双倍体核立刻进行减数分裂，遗传物质进行重组和分离，产生 4 个单倍体核（n）。每个单倍体核分别移入担子顶端的小梗细胞，在小梗顶端长出担孢子，通常每个担子上产生 4 个担孢子。

在异宗配合担子菌类食用菌生活史中，有单核体菌丝（monokaryon）和双核体菌丝（dikaryon）之分，其中双核体菌丝为异核体（heterokaryon）；在同宗配合担子菌类食用菌生活史中，担孢子及其萌发的菌丝有同核体（homokaryon）和异核体之分。几种常见担子菌类食用菌的生活史如下。

一、草菇

草菇生活史较复杂，早期普遍认为草菇交配系统属于初级同宗配合。近期研究发现草菇既存在初级同宗配合，也存在异宗配合。

成熟草菇子实体中约 30% 的担子上着生 2 个或 3 个担孢子，约 70% 的担子上着生 4 个担孢子。在草菇担孢子中，92.77% 为同核体，7.23% 为异核体。这些同核体担孢子中也是单倍体，它们的生活史与异宗配合担子菌类似，担孢子萌发后其菌丝需要交配，形成异核体之后才能出菇。在这些担孢子中，异核的担孢子可以直接萌发形成异核体菌丝，再进一步生长发育扭结形成原基。原基发育形成圆形或扁圆形幼菇，幼菇发育成熟后，又产生新一轮的担孢子（图 3–1）。

在草菇生长发育过程中，还存在无性生殖，即某些初生菌丝和次生菌丝能形成厚垣孢子。厚垣孢子是草菇生长发育到一定阶段的产物，环境适宜时厚垣孢子萌发形成菌丝（图 3–1）。

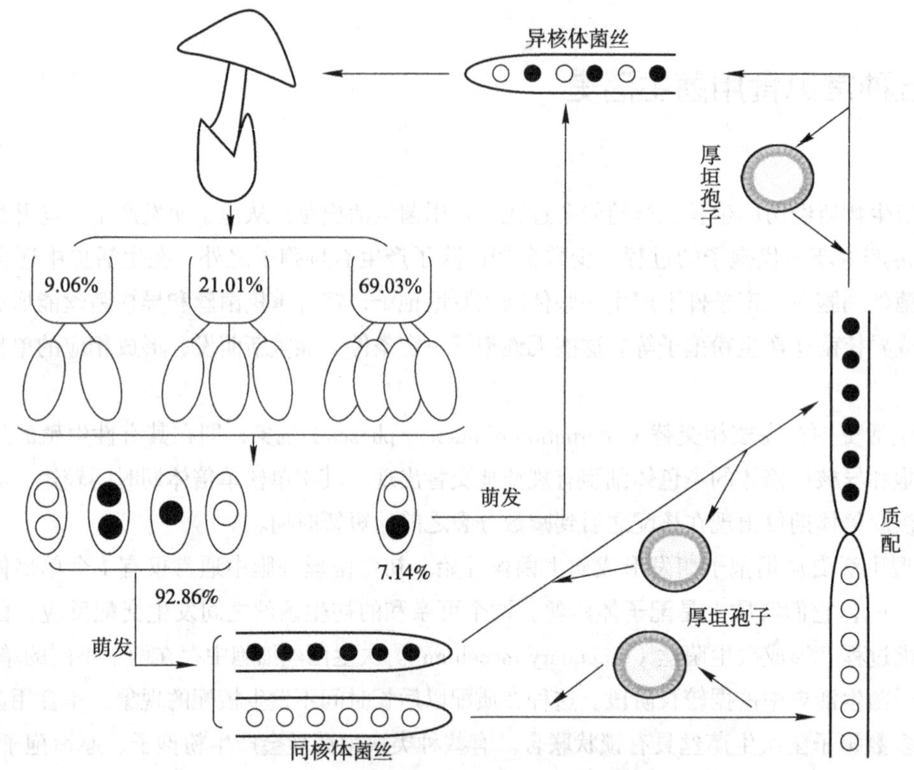

图 3–1 草菇有性生活史（边银丙，2017）

二、双孢蘑菇

双孢蘑菇存在同宗配合和异宗配合两种交配系统。在双孢蘑菇成熟担子中，两个不同交配型的细胞核在核配和减数分裂后，形成 4 个子核。4 个子核通常进入 2 个担孢子，每个担孢子中含有两种不同交配型的细胞核，担孢子萌发形成的异核体菌丝可以发育形成子实体。但有时 4 个子核分别进入 3 个或 4 个担孢子中，此时会出现单核的担孢子。不同交配型的担孢子萌发形成的同核体菌丝之间可以相互交配，从而形成异核体菌丝。异核体菌丝扭结形成原基，原基发育形成成熟的子实体。子实体中产生新一轮的担孢子，完成其生活史（图 3–2）。

双孢蘑菇存在 3 个变种，其中 *A. bisporus* var. *bisporus* 和 *A. bisporus* var. *burnettii* 变种属于同宗配合和异宗配合兼有的类型，担子上着生 2 个、3 个或 4 个担孢子，但它们所占比例不同。而 *A. bisporus* var. *eurotetasporus* 变种为初级同宗配合类型，每个担子上产生 4 个担孢子。

三、滑菇

滑菇成熟的担子上产生两种不同交配型的担孢子。担孢子萌发产生单核的初生菌丝，不同交配型的初生菌丝相互结合，进行质配后形成异核的次生菌丝，次生菌丝细胞之间有锁状联合。菌丝初期白色，绒毛状，

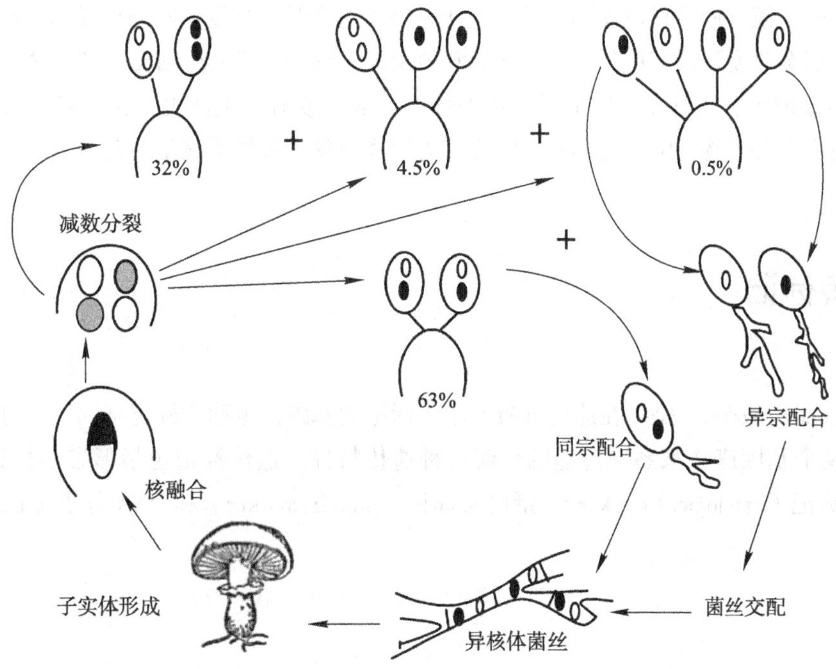

图 3-2　双孢蘑菇生活史（Ekliott，1985）

后期逐渐变成黄色。次生菌丝生长发育一段时间后，开始扭结形成近球形的原基。原基生长至约 0.3 cm 大小时，分化出带黏液的褐色外层。原基发育成成熟的子实体后，在其菌褶上又产生新的担孢子。

在滑菇生长发育过程中，单核菌丝、异核体菌丝都可以产生分生孢子，完成无性生殖。

四、香菇

香菇生活史从担孢子吸水膨大并萌发成单核菌丝开始，可亲和的单核菌丝相互结合，进行质配，形成异核的双核菌丝。异核体菌丝生长发育一段时间后，扭结形成原基。原基突破菌膜，形成小菇蕾，并逐渐发育成子实体。子实体发育成熟后，子实层顶端菌丝膨大形成担子。担子中两个核进行核配和减数分裂，形成 4 个子核。4 个子核分别进入担子顶端长出的小梗中，小梗顶端逐步发育形成 4 个担孢子，担孢子成熟后弹射。

五、银耳

银耳生活史包括 1 个有性世代和若干个无性世代。银耳的担子上产生 4 种不同交配型的担孢子。担孢子在适宜条件下萌发生成单核菌丝。相邻的可亲和的单核菌丝相互结合，质配形成具有锁状联合的双核的异核体菌丝，异核体菌丝逐渐发育成“白毛团”，并胶质化形成银耳原基。原基不断分化形成耳片，耳片在通风良好的条件下逐渐展开，并发育成熟，成熟的耳片上会再次形成担孢子，完成其生活史（图 3-3）。

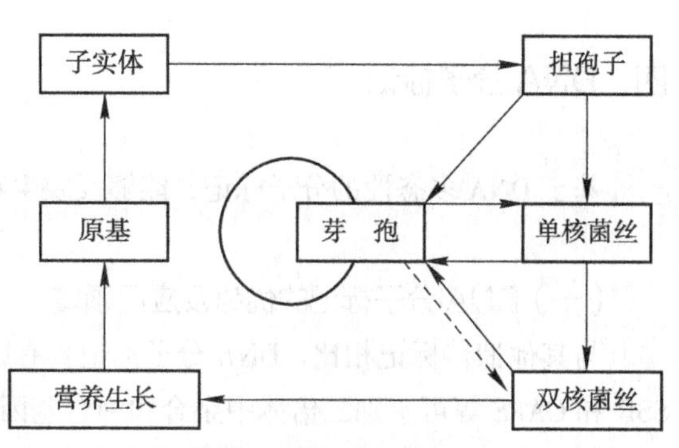

图 3-3　银耳的生活史（边银丙，2017）

银耳担孢子会反复以芽殖方式进行无性生殖，产生大量酵母状的芽孢子。条件适宜时，酵母状芽孢子萌发便会产生单核菌丝。此外，银耳的单核菌丝和双核菌丝在条件不适宜时，会发生断裂形成酵母状分生孢子。待培养条件较好时，它们会萌发形成相应的单核菌丝或双核菌丝，继续完成其生活史（图 3-3）。

在天然的栽培基质上，银耳菌丝需要香灰菌的伴生才能完成有性生活史。在香灰菌与银耳伴生的过程中，香灰菌将基质中大分子物质降解为小分子物质，为银耳菌丝生长提供充足的营养。

第三节 遗传标记

遗传标记（genetic marker）是指在遗传分析上用作标记的基因，也称为标记基因，它可追踪染色体、染色体某一片段或某个基因座在家系中传递的任何一种遗传特性。遗传标记包括形态学标记（morphological marker）、细胞学标记（cytological marker）、蛋白质标记（protein marker）和 DNA 分子标记（DNA molecular marker）4 种类型。

一、形态学标记

形态学标记是指肉眼可见的或仪器可测量的外部特征，如菌盖大小、单个子实体质量等，具有简便直观的特点。食用菌形态特征易受到外界环境条件的影响，导致因生长环境条件不同，同一物种或菌株在形态特征上表现出较大的差异。

二、细胞学标记

细胞学标记能明确显示遗传多态性的细胞学特征，主要包括染色体数目和形态，可通过脉冲场电泳技术分析食用菌染色体核型和带型。细胞学标记虽可克服形态学标记的某些不足，但需要大量人力和时间进行材料培养和人为选择。有些物种对染色体结构变异反应敏感，或适应此种变异的能力较差，难以获得标记材料。

三、蛋白质标记

蛋白质标记是以生物大分子或者生物化合物作为遗传标记，包括酶蛋白标记和非酶蛋白标记两类。同工酶标记是在食用菌研究中广泛应用的蛋白质标记方法，但是其标记数量有限，限制了其应用范围。

四、DNA 分子标记

基于 DNA 多态性的分子标记，能够反映生物个体间因遗传变异所引发的核苷酸序列差异。

（一）DNA 分子标记的优势及应用领域

与其他遗传标记相比，DNA 分子标记具有以下几个方面的优势：①具有较高的多态性；②共显性遗传，SSR 和 CAPS 等可鉴别二倍体中杂合和纯合基因型；③能明确辨别等位基因；④广泛性和均匀性，分子标记广泛均匀分布于整个基因组；⑤检测手段简单、快速，易于实现实验程序自动化；⑥开发成本和使用成本相对较低廉；⑦重复性较高，便于实验室间的数据交换。

1980 年 Botstein 等首次将 DNA 限制性片段长度多态性作为遗传标记，1985 年 PCR 技术诞生，至今已经发展起来的分子标记技术已达数十种，它们被广泛应用于杂交育种、遗传作图、基因克隆、基因定位、遗传多样性分析、系统发育分析、线粒体遗传分析等研究领域。

（二）DNA 分子标记的发展历程

DNA 分子标记技术大致经历了 3 个发展阶段，即以限制性片段长度多态性（restriction fragment length polymorphism，RFLP）为代表的第一代分子标记技术，以简单序列重复（simple sequence repeat，SSR）为代表的第二代分子标记技术，以及以单核苷酸多态性（single nucleotide polymorphism，SNP）为代表的第三代分子标记技术。

（三）分子标记的类型

根据分子标记技术的工作原理，可将 DNA 分子标记划分为四大类。

1. 基于分子杂交技术的分子标记　该技术主要包括限制性片段长度多态性和可变串联重复序列（variable number of tandem repeat，VNTR）标记。

2. 基于 PCR 技术的分子标记　根据所用引物的类型，该类标记可分为随机引物 PCR 标记和特异引物 PCR 标记。

常用的随机引物 PCR 标记主要可分为随机扩增多态性 DNA（random amplified polymorphic DNA，RAPD）、任意引物聚合酶链式反应（arbitrary primed PCR，AP-PCR）、DNA 扩增指纹分析（DNA amplification fingerprinting，DAF）、简单序列重复间区（inter simple sequence repeat，ISSR）等。

特异引物的 PCR 标记主要有简单序列重复、序列特征化扩增区域（sequence charactered amplified region，SCAR）、序列标记位点（sequence-tagged site，STS）等。

3. 限制性酶切和 PCR 结合的 DNA 标记　例如，扩增性片段长度多态性（amplified fragment length polymorphism，AFLP）标记和酶切扩增多态性序列（cleaved amplified polymorphic sequence，CAPS）标记。

4. 基于单个核苷酸多态性的 DNA 标记　即单核苷酸多态性标记。

（四）分子标记辅助选择育种

利用分子标记与目标性状基因紧密连锁的特点，通过检测分子标记，即可检测到目的基因的存在，达到快速准确选择目标性状，选育出优良品种的目的，称为分子标记辅助选择育种（molecular marker assistant selection breeding）。如果能够通过分子标记在杂交子菌丝生长阶段进行检测，淘汰劣质的杂交子，将极大地减少后期杂交子筛选的工作量。在食用菌种质资源群体中，如果能够通过分子标记筛选具有某种性状的亲本，也可以极大地提高杂交育种效率。早期利用同工酶作为分子标记，进行双孢蘑菇亲本选择和杂交子快速筛选，成功获得了优良品种‘As2796’。

分子标记辅助选择育种必须建立在分子遗传图谱构建和 QTL 定位基础上。只有根据分子遗传图谱和各性状分离群体的表现，确定分子标记与决定该性状的主效基因之间存在紧密连锁关系，才能对色泽、抗逆性、产量、品质等食用菌重要性状进行分子标记，并应用到亲本选择和优良杂交子快速筛选中。目前，在食用菌中定位的某农艺性状 QTL 位点多且效应小，DNA 分子标记尚未直接应用于育种工作中，而是多用于食用菌种质资源评价和杂交子鉴定中。

第四节 遗传作图与连锁分析

遗传作图（genetic mapping）是应用相关遗传学分析技术，在基因组或染色体上构建图谱显示基因以及其他特征序列的位置。连锁分析（liankage analysis）是研究某个目的基因与特定位点或遗传标记的关系的一种研究方法。

一、子囊菌遗传作图

（一）粗糙脉孢菌顺序排列四分体作图

粗糙脉孢菌有性杂交形成顺序排列四分体（tetrad）。对于顺序排列四分体可进行 3 个方面的遗传分析，即判断是第一次分裂分离还是第二次分裂分离，计算某一基因的着丝粒距离和两基因之间的遗传距离。

1. 第一次分裂分离和第二次分裂分离　通过接合型基因 *A*（*a*）分析子囊孢子排列顺序与分离规律之间的关系。用分属于 *A* 和 *a* 两个不同接合型的菌株进行有性杂交，形成子囊孢子后，将同一个子囊中的 8 个子囊孢子依照次序分离培养，可得到 8 个单孢菌株。在这 8 个单孢菌株的斜面上，均放置属于接合型 *A* 或 *a* 的分生孢子并进行测交，培养后可看到其中 4 个斜面上形成成熟的子囊果，表明这 4 个菌株的接合型属于 *a* 或 *A*，而另 4 个斜面上不出现子囊果，说明这 4 个菌株的接合型属于 *A* 或 *a*。采用这种方法可以测出每一个孢子的接合型基因，这样对每一个孢子进行遗传分析，测定每一种基因型按某种顺序出现的频率的过程，称为四分体分析（tetrad analysis）。

通过对粗糙脉孢菌子囊和子囊孢子接合型基因的分析，判断子囊孢子的排列方式有 6 种：① *AAAAaaaa*；② *aaaaAAAA*；③ *AAaaAAaa*；④ *aaAAAAaa*；⑤ *aaAAaaAA*；⑥ *AAaaaaAA*。

子囊孢子的 6 种排列方式与减数分裂时染色体行为有关。出现①和②这两种类型（非交换型）是因为接合型基因 *A*（*a*）与着丝粒之间没有发生染色体交换，*A* 和 *a* 基因在第一次分裂时就相互分离，称为第一次分裂分离（first division segregation）。而出现③④⑤⑥类型是由于 *A*（*a*）基因与着丝粒之间发生了染色体交换，*A* 和 *a* 基因是在第二次分裂时才相互分离，称为第二次分裂分离（second division segregation）（图 3-4）。

2. 着丝粒距离　着丝粒距离（centromere distance）是指染色体上某一基因与着丝粒之间的距离。已知出现第二次分裂分离的交换型子囊类型，是由于 *A*（*a*）基因与着丝粒之间发生了一次染色体交换，着丝粒距离的大小便是依据这一解释进行计算的。

遗传学研究已经证明，染色体上的基因位点呈直线排列，染色体上两个位点相距越远，这两位点发生交换的频率就越高。将着丝粒当作一个位点，可以通过第二次分裂分离形成的交换型子囊数来计算某一基因与着丝粒的重组率，从而估算这一基因的着丝粒距离，以这种方式进行基因定位的方法称为着丝粒作图（centromere mapping）。

第二次分裂分离形成的子囊在数值上是如何反映着丝粒距离的呢？某一基因和着丝粒之间发生一次交换，就会有一个第二次分裂分离的子囊形成。所以，可以根据第二次分裂分离的子囊数来计算重组率。

重组率可用交换型子囊孢子数与总的子囊孢子数的比值来表示。由于交换发生在粗线期同源染色体的非姐妹染色单体之间，每发生一次交换，在第二次分裂分离形成的一个交换型子囊中，只有一半的子囊孢子发生重组，另一半的子囊孢子未发生重组。因此，着丝粒距离的计算公式如下：

$$着丝粒距离=\frac{第二次分裂分离子囊数}{子囊总数}\times\frac{1}{2}\times100\quad 图距单位（cM）$$

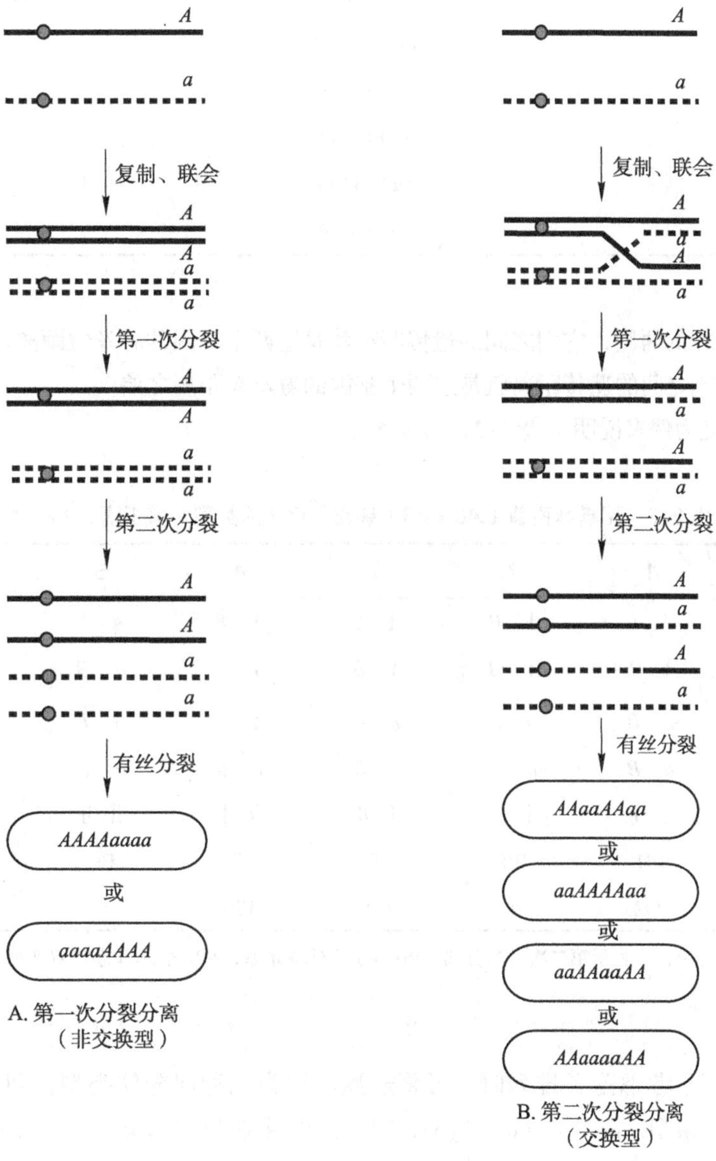

复制、联会
第一次分裂
第二次分裂
有丝分裂
AAAAaaaa
或
aaaaAAAA
A. 第一次分裂分离（非交换型）

AAaaAAaa
或
aaAAAAaa
或
aaAAaaAA
或
AAaaaaAA
B. 第二次分裂分离（交换型）

图 3-4　粗糙脉孢菌接合型基因的分离及染色体基础（李玉和刘淑艳，2014）

通过子囊类型的数据进行粗糙脉孢菌接合型基因的着丝粒距离测定。以表 3-1 中测定的子囊类型数据为例，接合型基因 *A*（*a*）与着丝粒之间的遗传距离为：

$$着丝粒距离=\frac{12+7+14+8}{116+138+12+7+14+8}\times\frac{1}{2}\times100=6.95\ cM$$

3. 重组率　着丝粒距离可用来表示一对基因与着丝粒之间的遗传距离，那么两对基因之间的遗传距离又如何进行计算呢？经典遗传学上，在动植物和微生物基因距离研究中，均已经证实杂交子代中用重组率来估计基因之间的距离是可靠的，因此可以根据顺序排列四分体子囊菌杂交子代的重组率来估算其染色体上两基因之间的遗传距离。如果利用第二次分裂分离的子囊数目计算的着丝粒距离是可靠的，由于基因在染色体上呈线性分布，就可以通过在同一条染色体上的两个基因的着丝粒距离来估算这两个基因之间的遗传距离。

表 3–1 粗糙脉胞菌接合型基因子囊类型测定数据（陈永清和王文华，1990）

	子囊类型	子囊数目
第一次分裂分离	*AAAAaaaa*	116
	aaaaAAAA	138
第二次分裂分离	*AAaaAAaa*	12
	aaAAaaAA	7
	aaAAAAaa	14
	AAaaaaAA	8

当这两个基因位于着丝粒的两侧，它们之间的遗传距离就是这两个基因的着丝粒距离之和。当这两个基因位于着丝粒的同一侧，它们之间的遗传距离就是这两个基因的着丝粒距离之差。

下面以 *Ab*×*aB* 杂交为例来说明（表 3–2，图 3–5）。

表 3–2 粗糙脉孢菌（*Ab*×*aB*）杂交子代子囊类型（盛祖嘉，2007）

子囊类型	1	2	3	4	5	6	7
	A b	*A B*	*A b*	*A B*	*A b*	*A B*	*A b*
	A b	*A B*	*A B*	*a B*	*a B*	*a b*	*a B*
	a B	*a b*	*a b*	*A b*	*A b*	*A B*	*A B*
	a B	*a b*	*a B*	*a b*	*a B*	*a b*	*a b*
分离类型	Ⅰ Ⅰ	Ⅰ Ⅰ	Ⅰ Ⅱ	Ⅱ Ⅰ	Ⅱ Ⅱ	Ⅱ Ⅱ	Ⅱ Ⅱ
四分体类型	PD	NPD	T	T	PD	NPD	T
子囊数目	902	4	118	120	9	3	15

注：Ⅰ表示第一次分裂分离，Ⅱ表示第二次分裂分离；PD 表示亲代双亲型，NPD 表示非亲代双亲型，T 表示四型；子囊总数为 1 171。

只考虑性状组合而不考虑孢子排列时，可将子囊归纳为三种四分体类型，即亲代双亲型（parental ditype，PD）、非亲代双亲型（non-parental ditype，NPD）和四型（tetratype，T）。各种四分体类型来源见图 3–5。

根据上面的着丝粒距离计算公式可得：

$$A（a）\text{的着丝粒距离} = \frac{120+9+3+15}{1\ 171} \times \frac{1}{2} \times 100 = 6.28\ \text{cM}$$

$$B（a）\text{的着丝粒距离} = \frac{118+9+3+15}{1\ 171} \times \frac{1}{2} \times 100 = 6.19\ \text{cM}$$

每一个子囊中的 8 个子囊孢子是四分体在有丝分裂后形成的，即为 4 对基因相同的孢子。因而可用一次减数分裂后形成的产物（4 个染色单体）来表示重组率。总的染色单体数为 4（T + PD + NPD）。发生交换的染色单体有两种，如图 3–5，在 T 型四分体中，只有 2 条（50%）染色单体发生了交换，在 NPD 型四分体中，4 条染色单体（100%）均发生了交换，总的发生交换的染色单体数为 2T + 4NPD。

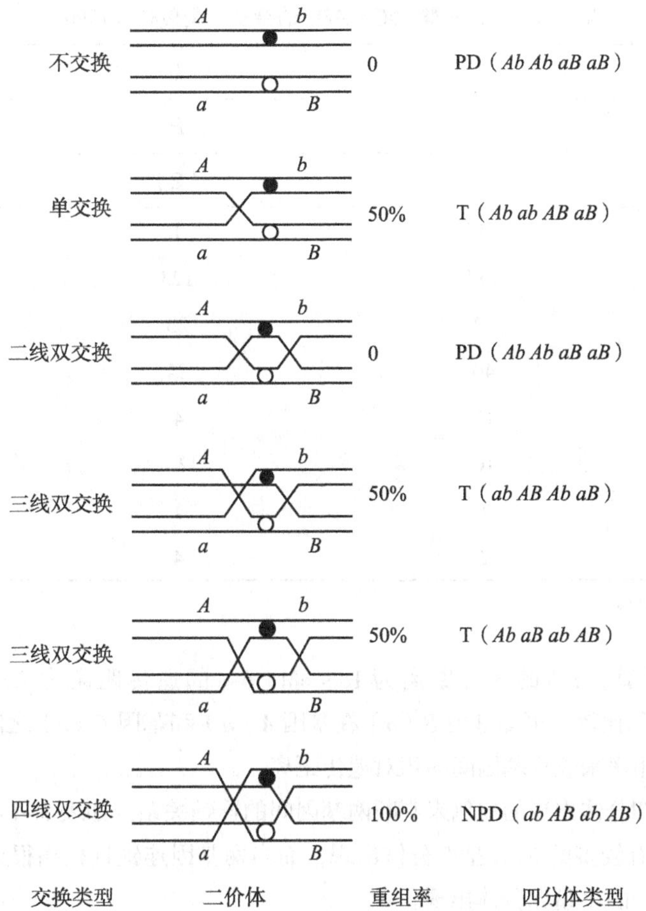

图 3–5　染色体交换及重组与四分体类型的关系（盛祖嘉，2007）

$$A\text{–}B\ 图距 = \frac{2T + 4NPD}{4（T + PD + NPD）} \times 100 = 11.40\ cM$$

通过比较这三个数值，可以得出 $A-a$ 和 $B-b$ 位于着丝粒的两侧。由重组率测得的 A–B 的遗传距离为 11.40 cM，但由着丝粒距离测得的遗传距离为 6.28 + 6.19 = 12.47 cM。两者基本相符，说明用着丝粒距离测定基因之间距离所依据的解释是可信的。但两种检测结果间不完全相等，是由于在着丝粒距离测定的方法中，是将着丝粒作为一个基因座来考虑；而在重组率测定的方法中，未将着丝粒作为一个基因座考虑。两种方法对发生的双交换处理方式不同，造成结果有所不同。

（二）构巢曲霉非顺序排列四分体分析

构巢曲霉减数分裂产生的是非顺序排列四分体，因此，不能用粗糙脉胞菌中计算着丝粒距离的方法来进行遗传分析。但将四分体分为 PD、NPD 和 T 三类时，只是从性状的组合来考虑，没有考虑子囊孢子的排列顺序，因此，仍可通过三类四分体的子囊数目来计算重组率，进行遗传分析。

下面以 $abC \times ABc$ 的杂交为例来说明。

重组率可表示为重组染色单体数目与染色单体总数目的比值。

$$重组率 = \frac{2T + 4NPD}{4（T + PD + NPD）} \times 100\%$$

表 3–3 构巢曲霉 $abC \times ABc$ 的杂交（周俊初，1996）

杂交基因型	a / A （1）	b / B （2）	C / c 总计
a b C	145	115	260
A B c	157	123	280
a B c	42	23	65
A b C	40	24	64
a b c	11	4	15
A B C	10	23	33
a B C	1	1	2
A b c	2	4	6

注：（1）（2）为所检的子囊果号。

根据表 3–3 中数据计算，*a–b* 的遗传距离为 18.9 cM，*b–c* 的遗传距离为 7.7 cM，*a–c* 的遗传距离为 24.4 cM。通过这三个数据的比较，可知基因 *B*（*b*）在基因 *A*（*a*）和基因 *C*（*c*）之间。非顺序排列四分体的分析就是通过基因间的重组率来表示基因间的相对遗传距离。

此外，还可利用三类四分体出现的比例来判断两基因间的连锁关系。如表 3–4 所示，当两个基因不连锁或连锁但相隔较远时，会有较多的 NPD 型四分体出现，而当两基因连锁且相隔很近时，或者不连锁但与着丝粒距离很近时，会有较少的 T 型四分体出现。

表 3–4 染色体交换与四分体类型的关系（盛祖嘉，2007）

基因连锁		基因不连锁	
交换类型	四分体类型	和着丝粒间的交换类型	四分体类型
不交换	PD	两条染色体均未发生交换	PD：NPD = 1：1
单交换	T	一条染色体发生交换	T
双交换	PD：T：NPD = 1：2：1	两条染色体均发生交换	PD：T：NPD = 1：2：1

以 p_1、p_2、p_3 分别表示 PD、NPD、T 出现的频率，在 p_1、p_2、p_3 三者之和为 1 时，将 $p_1 : p_2 : p_3$ 称为四分体分布（tetral distribution）。可将常见的四分体分布归为 N 型分布、F 型分布和 L 型分布三类。四分体的分布类型与两基因连锁的关系如表 3–5 所示。

非顺序排列四分体的遗传分析方法同样也适用于顺序排列四分体。

表 3–5 四分体分布类型与两基因连锁的关系（周俊初，1996）

四分体分布类型	四分体出现的频率比例	两基因间连锁关系
N 型分布	$p_1 : p_2 : p_3 = 1/6 : 1/6 : 4/6$	不连锁，独立存在
F 型分布	$p_1 = p_2 > 1/6$；$p_3 < 4/6$	不连锁，距各自着丝粒很近
L 型分布	$p_1 > p_2$；$p_3 < 4/6$	连锁

二、担子菌遗传作图

担子菌遗传作图的基本原理也是通过连锁分析计算重组率，重组率是衡量两个基因间遗传距离的单位。根据连锁交换规律，如果两个基因相距很远，交换发生的次数较多，重组率就高；反之，交换重组率就低。由此，通过计算连锁遗传标记之间的重组率或交换率来确定它们间的相对距离，就可把基因定位在一定的染色体上。

（一）担子菌遗传连锁图构建的步骤

1. 亲本的选择　从候选材料中筛选适合的亲本是十分重要的环节。合适的亲本对构建遗传连锁图和QTL定位至关重要，直接关系到构建连锁图的难易程度以及能否定位到大效应的遗传位点。首先，应考虑目标性状的差异，尽量选择差异大的亲本。值得注意的是，在食用菌遗传连锁图构建和QTL定位中，所采用的两个亲本一般为单核体（或同核体）菌株，来源于双核体（或异核体）菌株，只是携带了原始双核体（异核体）菌株中部分的遗传信息。因此，两个亲本间的差异不一定为原始双核体（异核体）菌株间所表现出来的差异。其次，要考虑亲本之间的交配型及亲缘关系。亲本之间能够亲和并可育是构建群体的前提，而亲本之间的DNA多态性受其亲缘关系的影响，亲缘关系较远的菌株间，DNA多态性越高。可在保证育性的条件下适当选择亲缘关系较远的杂交亲本。

2. 作图群体的类型及大小　在食用菌中构建遗传连锁图一般采用单孢分离群体（single spore isolate，SSI）。作图群体的大小影响遗传图谱的分辨率和精度，大群体有利于提高作图精度。但对于有些食用菌，构建较大群体，往往费时费力。有些种类也较难获得较大群体，例如同宗配合的双孢蘑菇中，担孢子多数为异核体，仅有少量的同核体，获得用于分析子代重组率的同核体较为困难。目前食用菌中作图群体一般不超过150个单孢菌株，就能够满足构建框架连锁图的要求。

3. 遗传连锁图构建　构建连锁图需要对作图群体中的菌株进行基因分型，早期食用菌遗传连锁图构建中常用RAPD、AFLP等标记。这些标记的稳定性和重复性较差，标记片段夹杂在众多的扩增片段中，较难检测与判别标记片段，并且这些标记难以均匀分布于基因组中。随着第二代测序技术的发展，一些食用菌全基因组序列已经公布或即将公布，基因组序列信息的解析将极大地促进序列特异性分子标记的开发，如SSR、InDel、SNP等。使用这些已知序列信息的分子标记，可明确连锁图和基因组间的对应关系。目前仅在双孢蘑菇、糙皮侧耳、香菇等少数几个食用菌中构建了遗传连锁图，高密度的遗传图谱还非常少。缺乏高质量的遗传图谱，限制了食用菌QTL定位及分子标记辅助选择育种的应用。

作图时通常采用似然比检验的方法来推断连锁是否存在，它用来反映重组率估值的可靠性程度或作为连锁是否真实存在的一种判断尺度。即比较假设两座位间存在连锁（$r<0.5$）的概率，与假设没有连锁（$r=0.5$）的概率。这两种概率之比可以用似然比统计量来表示，即$L(r)/L(0.5)$，其中$L(r)$为似然函数。为了计算方便，常将$L(r)/L(0.5)$取以10为底的对数，称为LOD值。为了确定两对基因之间存在连锁，一般要求似然比大于1 000：1，即$LOD>3$；而要否定连锁的存在，则要求似然比小于100：1，即$LOD<2$。

构建遗传连锁图谱时的计算量巨大，必须借助一些计算机分析软件，例如MapMaker、JoinMap和MSTmap等。

（二）香菇遗传作图

香菇属于四极性异宗配合担子菌，其早期的遗传图谱是基于形态标记和生化标记而构建的。Hasebe用7个菌丝突变标记、11个营养缺陷型标记、2个交配型位点、1个致死因子等标记构建了一张有5个连锁群的遗传图谱。Bowden 和 Royse 用 12 个同工酶标记作图，检测到 3 个连锁群。

第一张香菇分子遗传连锁图谱以菌株 L-54 的 32 个孢子单核体作为作图群体，基于 65 个 RAPD 标记和 4 个基因位点构建，总长 622.4 cM，平均图距 9 cM，包含 14 个连锁群。

Terashima 等构建了香菇的一张中等密度遗传连锁图，该图包含 203 个 AFLP 标记和 2 个交配型因子，作图群体为 95 个孢子单核体菌株，共鉴定了 11 个连锁群，包括 8 个大连锁群和 3 个小连锁群。遗传图谱总长度为 1 956.7 cM，1 cM 平均对应 18.4 kb 的物理距离。

Miyazaki 等利用 23 个四分体的 92 个孢子作为作图群体，构建了一个含有 11 个连锁群、覆盖 908.8 cM 的遗传连锁图。该图包括 264 个 RAPD 标记，14 个结构基因标记，1 个 EST 标记，2 个交配型因子和 8 个 SCAR 标记。

Gong 等引入 SRAP、TRAP、InDel 标记和交配型位点构建了一张包含 13 个连锁群的遗传图谱。该图覆盖 1 006.1 cM，平均图距为 2.0 cM。随后，Gong 等对其构建的遗传图谱进行加密，引入了 82 个基于基因组测序的 InDel 标记，构建了一张总长度为 983.7 cM，包含 12 个连锁群的香菇分子遗传图。

（三）双孢蘑菇遗传作图

双孢蘑菇属于次级同宗配合担子菌。1993 年 Kerrigan 等构建了双孢蘑菇的第一张遗传图谱，该图的作图群体共有 52 个菌株，包括 48 个同核体和 4 个异核体，共使用了 64 个遗传标记，包括同工酶标记、RAPD 标记、RFLP 标记和 rDNA 标记。图谱包含 11 个连锁群，其中 9 个连锁群通过核型电泳和点杂交可以与对应的染色体相吻合。该图总长度有 543.8 cM，1 cM 平均对应 48.5 kb 的物理距离，覆盖了基因组的大部分。

Callac 等利用 103 个同核体构建了双孢蘑菇染色体 I 的连锁图。该图跨度 28 cM，有 4 个源自 RFLP 的 SCAR 标记、一个异型酶羧肽酶位点 PEP2、一个交配型位点 MAT 以及担孢子数量位点 BSN。染色体 I 的遗传图谱是对 Kerrigan 遗传图谱的进一步丰富和补充，同时也说明由不同作图群体构建的遗传图谱可以在遗传标记的定位上找到切入点以及对比研究和使用。

Foulongne-Oriol 等用双孢蘑菇异宗配合菌株 *A. bisporus* var. *burnettii* 和次级同宗配合菌株 *A. bisporus* var. *bisporus* 种内杂交子获得 118 个同核体。基于 31 个 AFLP、21 个 SSR、68 个 CAPS 标记和 *MAT*、*BSN*、*PPC1*、*ADH* 等基因标记，构建了一张总长度为 1 156 cM 的连锁图，这是双孢蘑菇第一张详尽的分子遗传连锁图。该图包含 13 个连锁群，平均图距为 3.9 cM，其中 1 cM 平均对应 33.05 kb 的物理距离。

三、基因定位

基因定位（gene mapping）是指确定不同基因在染色体上相对位置和排列顺序的过程。

（一）两点测验与三点测验

1. 两点测验　两点测验（two-point testcross）是基因定位最基本的一种方法，它首先通过双显性纯合子和双隐性纯合子杂交获得双因子杂合子，之后将双因子杂合子与双隐性纯合子测交，具体过程如图 3-6 所示。由于在减数分裂过程中，同源染色体非姐妹染色单体之间会发生交换，在这个过程中非连锁基因或连锁不紧密的基因间可能也会发生交换，并且基因间的距离越远，重组率越高。重组率（*Rf*）可以根据测交后代中各基因型出现的频率来计算，重组率的大小直接反映基因间的连锁关系和连锁程度。

例如，假设现在存在两对等位基因 *A*/*a* 和 *B*/*b*，它们分别控制着两个不同的明显表型性状，可以通过观察其表型性状来获知它的基因型。将基因型分别为 *AABB* 和 *aabb* 的个体进行杂交，之后再将杂交后代与基因型为 *aabb* 的个体进行测交，获得的结果见表 3-6。

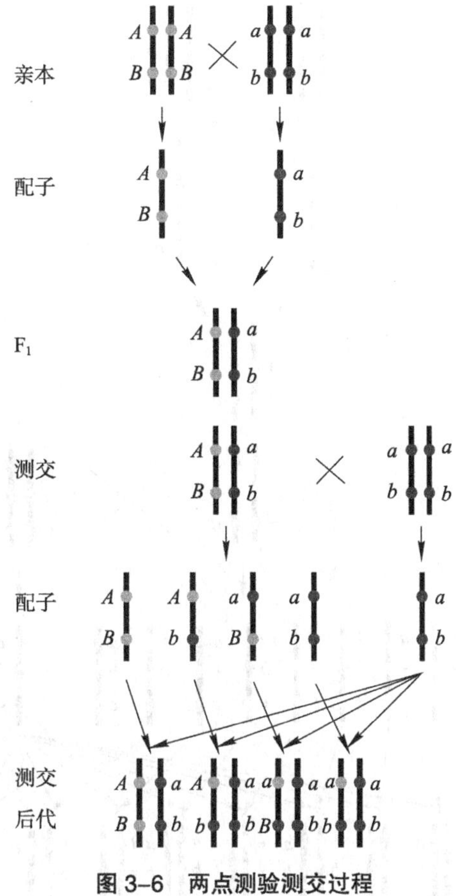

图 3-6 两点测验测交过程

表 3-6 两点测验测交后代基因类型

基因型类型	后代个数
AaBb	450
Aabb	425
Aabb	65
aaBb	60
总计	1 000

由表 3-6 可知，测交获得的后代两对基因的比例不符合孟德尔遗传规律，因此这两对基因是连锁遗传的。在这些后代中重组型总共有 125 个，其重组率为：

$$重组率\ Rf = \frac{65+60}{1\ 000} \times 100\% = 12.5\%$$

在基因定位中规定 1% 的重组率为 1 个遗传图距单位，即 1 cM，所以在上例中基因 *A* 和 *B* 之间距离为 12.5 cM。

2. 三点测验 三点测验（three-point testcross）是基因定位最常用的方法。它是通过一次三因子显性纯合子和三因子隐性纯合子杂交，获得三因子杂合子。之后再将杂合子和隐性亲本测交，以确定三对基因在染色体上的位置，具体过程见图 3-7。采用三点测验可以达到两个目的：一是能够发现基因间的双交换，使计算出的交换值更加准确；二是通过一次试验同时对三对连锁基因的位置进行定位。

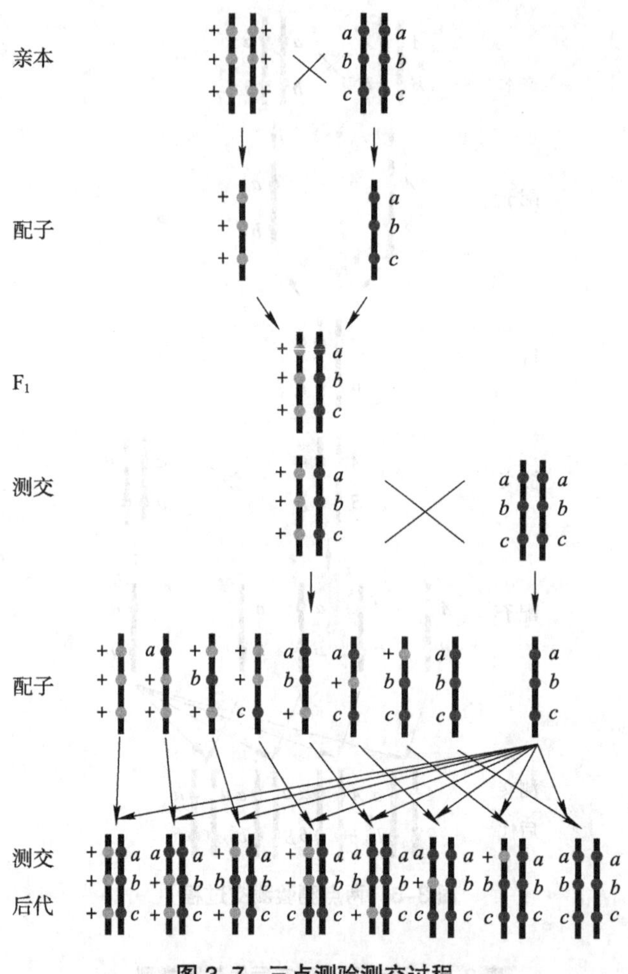

图 3–7 三点测验测交过程

表 3–7 三因子杂合体测交后代的类型和数目

类型	基因型	数目
①	+++	350
②	*abc*	356
③	+*b*+	109
④	*a*+*c*	112
⑤	+*bc*	80
⑥	*a*++	75
⑦	++*c*	21
⑧	*ab*+	22
总数		1 144

例如，某一物种基因 a、b、c 的三因子杂合体测交后代的资料如表 3–7 所示。通过测交可以获得杂合体所产生配子的所有 8 种基因型。分析数据可知，每对基因间的四种基因型明显偏离 1∶1∶1∶1 的比例关系，因此说明这 3 对基因间存在基因连锁。

基因 a 和 b 之间的重组类型有③④⑤⑥。

$$重组率 Rf = \frac{109 + 112 + 80 + 75}{1\,144} \times 100\% = 32.9\%$$

基因 b 和 c 之间的重组类型有③④⑦⑧。

$$重组率 Rf = \frac{109 + 112 + 21 + 22}{1\,144} \times 100\% = 23.1\%$$

基因 a 和 c 之间的重组类型有⑤⑥⑦⑧。

$$重组率 Rf = \frac{80 + 75 + 21 + 22}{1\,144} \times 100\% = 17.3\%$$

a 和 b 之间的重组率最高，所以这两个基因之间的遗传距离应该是最远的，从而判断 c 基因在 a 和 b 基因之间，因此这 3 个基因的排列顺序应为 a–c–b。

从上述计算结果可以发现，a 和 b 之间的遗传距离小于 a 和 c 之间的遗传距离与 b 和 c 之间的遗传距离之和。导致这种情况出现的原因是这 3 个基因中存在双交换。双交换类型发生频率很低，是数量最少的一类。

在上述的测交结果中，类型⑦和⑧数量最少。这是由于类型⑦和⑧中基因 a 和 b 分别交换一次。这种在一段染色体上同时发生两次交换的现象，称为双交换。在未考虑双交换的情况下，计算得到基因 a 和 b 之间的遗传距离偏低，正确的计算方法如下：

$$重组率 Rf = \frac{109 + 112 + 80 + 75 + 21 \times 2 + 22 \times 2}{1\,144} \times 100\% = 40.4\%$$

此时测定的基因 a 和 b 之间的遗传距离等于 a 和 c 遗传距离与 b 和 c 遗传距离之和。

（二）基因克隆与 Southern 印迹

1. 基因克隆　基因克隆（gene cloning）有两种基本的策略，分别是功能克隆和定位克隆。

（1）功能克隆　利用某个异常表型的功能信息，纯化出造成这种异常表型相对应的蛋白质后，对蛋白质进行测序，并推测其编码 DNA 序列，以此来合成简并寡核苷酸引物，从 cDNA 文库或基因组文库中筛选 cDNA 或目的基因。或者制成相应抗体在对应的表达文库中筛选目标克隆，最后克隆并定位这种编码异常蛋白的基因。

（2）定位克隆　根据基因在染色体上的位置对基因进行克隆。原理是利用功能基因在基因组中具有相对稳定的基因座的规律，以及依据分子标记技术对目的基因进行精确定位的基础，使用与目的基因连锁关系十分紧密的分子标记筛选 DNA 文库，从而构建物理图谱。而后利用此图谱做染色体步移（chromosome walking），进一步确定目的基因位置，或者通过染色体着陆（chromosome landing）的方法找到包含目的基因的克隆，最后通过遗传转化进行功能互补验证，确定目的基因的功能。

2. Southern 印迹

Southern 印迹是进行基因组 DNA 特定序列定位的通用方法，其原理是具有一定同源性的两条核酸链在一定条件下可以互补形成双链，并且杂交过程具有高度特异性。

Southern 印迹的主要步骤如下：首先要制备和酶切待测的 DNA 样品，然后对 DNA 样品进行琼脂糖凝胶电泳；DNA 片段经过电泳分离后，在凝胶中变性，将其从凝胶中转移到固相支持物上，如硝酸纤维素滤膜等；之后再与探针进行杂交，最后对杂交信号结果进行检测。通过检测 Southern 印迹的结果即可对基因组特定 DNA 序列进行定位以及 DNA 图谱研究。

（三）染色体 DNA 电泳与原位杂交

1. 染色体 DNA 电泳　染色体 DNA 电泳一般采用的是脉冲场凝胶电泳的方法，通过定时改变凝胶电泳过程中电流方向分离不同大小的 DNA 分子。由于电流方向发生改变，凝胶中 DNA 分子的移动方向会随之发生改变，分子越大，其改变方向所需的时间越长。根据这一原理来选择适当的脉冲时间，对不同大小的 DNA 分子进行分离。一般脉冲场凝胶电泳可分离 10 kb ~ 10 Mb 的 DNA 分子，可用于分离高分子量的染色体 DNA，从而测定染色体数目以及结合 DNA 杂交技术测定基因连锁关系等。

2. 原位杂交　在基因定位中最直接的方法是分子杂交中的原位杂交。原位杂交根据碱基互补配对的原则，利用放射性或非放射性物质标记的 DNA、RNA 或与 mRNA 互补的 cDNA 作为探针，检测基因组中同源部分，以此将基因定位到具体某条染色体上的某个位置。

原位杂交时，一般需要先制备有丝分裂中期染色体，之后使 DNA 原位变性，再利用放射性或非放射性物质标记的已知核酸探针在载玻片上与其进行杂交。洗膜后，通过放射自显影技术来检测染色体上的特异 DNA 序列或 RNA 序列，根据放射性最强的位置来确定探针的位置，以此来获得精准的基因定位。

四、数量性状遗传分析

（一）数量性状的遗传基础

食用菌表现出来的多数农艺性状不仅受到基因型的调控，还受到环境的影响。农艺性状可以分为质量性状（qualitative trait）和数量性状（quantitative trait）。

在分离群体中，表现为不连续性变异，能够明确表现为性状分离的性状称为质量性状。质量性状通常受一个或少数主效基因控制，不易受环境的影响。在食用菌中，质量性状并不多，如交配型、无孢性状等。交配型表现为典型的质量性状遗传特征，双孢蘑菇、滑菇等的交配型受单一交配型位点控制，糙皮侧耳、香菇等受位于不同染色体上的两个交配型基因控制。

与质量性状不同，数量性状表现为连续变异，遗传背景复杂，受多基因控制，且易受到环境的影响。食用菌的大多数重要农艺性状均属于数量性状，如菌丝生长速度、生育期、子实体形态、酶活性、单菇质量以及产量等。

（二）数量性状遗传分析方法

受多基因控制的数量性状，虽然单个基因符合孟德尔遗传规律，但多个基因作用的累加及环境因素的影响，使得数量性状的遗传不再符合孟德尔遗传规律。必须利用数理统计的方法来研究，数量性状遗传常通过一些统计学参数来体现。

1. 平均数　平均数又称均值（mean），是某一性状所有观察值总和与样本所有观察值总数的商，表示该样本性状观察值的集中程度。

2. 方差、标准差和变异系数　方差（variance）用来度量随机变量和均值之间的偏离程度。方差越大，数据的波动越大；方差越小，数据的波动就越小。例如两个平均生长速度相同的香菇菌株，方差小的菌株，其生长速度稳定；方差较大的菌株，其生长速度波动大，受环境条件的影响较大。

标准差（standard deviation）是方差的算术平方根，反映个体与均值的离散程度。标准差较大，表明大部分数值和其平均值之间差异较大；标准差较小，表明这些数值较接近平均值。

变异系数（coefficient of variation）用来比较两组数据离散程度的大小。如果两组数据的测量尺度相差太大，或数据量纲不同，直接使用标准差来进行比较不合适，此时就应当消除测量尺度和量纲的影响，使用原始数据标准差与原始数据平均数的百分比，即变异系数来表示。例如，香菇菌丝生长速度的变异系数为

14.8%，菌盖厚度的变异系数为 33.1%，表明菌盖厚度受环境影响较大，菌丝生长速度受环境影响较小。

3. 相关系数 相关系数（correlation coefficient）是研究变量之间线性相关程度的量，一般用字母 r 表示，较为常用的是简单相关系数。r 取值范围为 $-1 \sim +1$。$r = 0$ 为不相关，$r > 0$ 为正相关，$r < 0$ 为负相关。r 绝对值越大，则相关性越高。

在食用菌育种实践中，相关系数有利于确定适宜的选择指标。例如，香菇单袋菇产量（*Y*）由单袋菇数（*NF*）与单菇质量（*WF*）构成，两个测交群体的相关性分析表明，*NF* 与 *Y* 均呈极显著正相关，*WF* 与 *Y* 均呈极显著负相关，*WF* 与 *NF* 均呈极显著负相关。在产量构成因素中，菇数与单菇质量相互制约，难以同时改良。

4. 遗传力 遗传力（heritability）又称遗传率，指遗传方差在表型方差或总方差中所占的比值，可作为对杂交后代进行选择的指标之一。遗传力分为广义遗传力和狭义遗传力。环境因素对数量性状的影响很大，因此表型的变异可能有遗传因素，也有环境因素，甚至还有环境和遗传相互作用的因素。遗传力取值介于 0 和 +1，数值为 0 表示变异完全由环境因素决定，数值为 +1 表示变异完全由遗传因素决定。

（三）数量性状的基因位点分析

食用菌大多数重要性状都是受多基因控制的复杂数量性状。以往借助统计学手段，用平均值和方差从整体上反映数量性状的遗传特征，但无法分析单个基因的效应及其所在的位置，对这些性状的遗传改良十分困难。随着数量遗传学和分子标记技术的发展，为鉴定与数量性状位点（quantitative trait loci，QTL）紧密连锁的分子标记提供了可能。因此进行重要 QTL 定位研究，鉴定与 QTL 连锁的分子标记，将为食用菌数量性状的遗传改良奠定坚实的基础。

当分子标记与某个 QTL 连锁时，不同标记基因型菌株的表型值间将存在显著差异，分析此差异就可以推断与分子标记连锁 QTL 的位置，这是利用分子标记进行 QTL 定位的遗传学基础。

基于遗传连锁图的连锁分析是进行重要 QTL 定位研究的基本方法。食用菌 QTL 定位过程与作物相同，即在构建遗传连锁图后，结合性状表型数据，利用统计学方法扫描控制数量性状的位点。

构建表型分离群体和获得性状表型值后，进行 QTL 定位可将性状与标记联系起来。在食用菌中构建遗传连锁图，一般采用单核体或同核体材料，然而大多数重要农艺性状只在双核或者异核阶段表现。目前采用较多的是测交双核体群体，即引入可亲和的单核测交菌株与作图群体中的各菌株配对，获得双核体群体。获得表型数据后，基于统计学方法估算出数量性状位点在遗传图谱上的相对位置及其遗传效应。

食用菌 QTL 研究起步较晚，采用的方法主要是区间作图法（interval mapping，IM）和复合区间作图法（composite interval mapping，CIM）。在测交群体中，测交双核体农艺性状表型是作图单核体菌株与测交单核体菌株间互作的结果，使用的测交单核体不同，互作效应也不同。此外，基于测交双核体群体进行 QTL 定位，无法估计位点的显性和超显性效应。因此，在食用菌中进行准确的 QTL 定位及其遗传效应分析有一定的难度。

可通过食用菌孢子单核体间的全同胞配对获得双核体群体，相当于高等动植物的 F_2 群体，而食用菌具有无性生殖特性，可保证该群体成为稳定遗传的永久性群体。在香菇中开展了基于 F_2 群体的遗传图谱构建和 QTL 定位研究，表明 F_2 群体能够提高作图效率，且避免了作图群体与表型分离群体不一致的问题，并可获得 QTL 加性效应、显性效应和超显性效应。但应用 F_2 群体时不能定位交配型位点，且存在自交衰退的问题。因此，测交群体和 F_2 群体有机结合将更有利于解析食用菌数量性状的遗传基础。

（四）香菇重要农艺性状 QTL 定位

香菇是异宗配合担子菌，进行农艺性状的 QTL 定位需要构建双核体群体来实现，因此较为复杂。

Miyazaki 等将双核菌丝在 PDA 培养基上的生长速度作为目标性状进行 QTL 定位，通过区间作图法在第 2 号连锁群上鉴定到 1 个控制该性状的数量性状位点 *Legrpda1*。后来，Miyazaki 等利用同一测交双核体群体，初步定位到 12 个参与子实体发育的基因。

对香菇子实体阶段的 13 个农艺性状和双核菌丝体的 7 个性状，采用复合区间作图法进行 QTL 定位，检测到与发育期、单菇性状、产量、双核菌丝生长速度等性状相关的 QTL 共 11 个。Gong 等检测到 2 个和 13 个分别与香菇单核体和测交双核体的菌丝生长速度相关的候选 QTL，分布于 7 个连锁群，大部分呈簇分布在 LG4 和 LG6 上。对 7 个子实体相关性状进行遗传剖析，采用两个测交分离群体，利用复合区间作图法和完备复合区间作图法（ICIM），共检测到 62 个 QTL，单个 QTL 解释了 5.5% ~ 30.2% 的表型变异。

（执笔：第一节和第二节　孙淑静；第三节和第四节　肖扬；
本章由鲍大鹏修改，边银丙统稿）

本章思考题

1. 解释下列名词和术语。

   同核体　有性生殖　同宗配合　异宗配合　食用菌生活史

   遗传标记　着丝粒距离　重组率　基因定位　质量性状
2. 担子菌有性生殖和无性生殖的主要方式有哪些？
3. 试述食用菌交配系统在育种和栽培生产中的意义。
4. 简述典型的异宗配合担子菌的生活史。
5. 常见 DNA 分子标记有哪些类型？食用菌分子标记辅助育种的难点是什么？
6. 食用菌的遗传标记类型有哪些？各有什么特点？
7. 简述担子菌遗传连锁图构建步骤及其应用价值。
8. 基因定位的方法有哪些？数量性状遗传分析方法有哪些？

数字课程网上资源

教学课件　　本章思考题参考答案

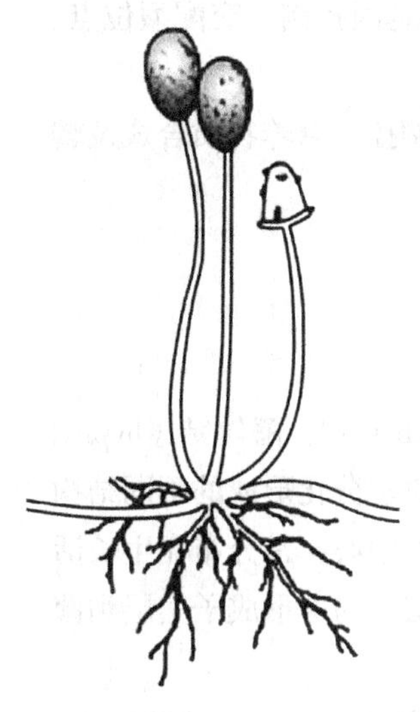

第四章　食用菌子实体生长发育

食用菌子实体生长发育是指菌丝体在栽培基质中生长一段时期后，菌丝扭结形成原基，并进一步发育为成熟子实体的过程。开展食用菌子实体生长发育研究，有利于从遗传学、细胞生物学、营养生理、环境控制等方面，充分了解食用菌从营养生长向生殖生长、从原基形成到子实体成熟的过程，对食用菌人工驯化或高效栽培具有重要的指导意义。

本章介绍了担子菌子实体生长发育过程中相关基因，阐述了担子菌和子囊菌交配型基因组成及其对结实的调控作用，重点介绍了食用菌单核体结实的遗传控制机制和环境因子对子实体生长发育的调控作用，系统阐述了食用菌子实体生长发育的分子机制，列举了部分研究案例。

通过本章学习能基本掌握大型真菌结实多基因控制的原理，了解交配型基因在结实的遗传控制中所起的主导作用。

第一节 子实体生长发育的多基因控制

从20世纪中叶开始，子实体生长发育机制一直是食用菌研究的重要方向之一。食用菌子实体发育不仅需要适宜的环境条件，也离不开自身一系列调控生长发育的遗传物质。关于大型真菌结实遗传控制的基础性研究，多数是以灰盖鬼伞和裂褶菌两种模式真菌为材料进行。目前在香菇、双孢蘑菇、金针菇、茶薪菇、草菇等常见食用菌中也已开展了相关研究。本章以两种模式真菌物种为主，分别从多基因控制、交配型位点、单核体结实、营养生理和环境因素等方面，阐述食用菌子实体生长发育的机制。

真菌生长发育是一个复杂的生命过程，不同生长发育阶段涉及新陈代谢、激素调控、营养物质合成及转运、细胞分裂及分化、信号转导、转录调控等诸多途径的协同调控。

一、担子菌子实体生长发育过程

大型真菌在子实体发育初期存在特有的组织，如基部密丝组织（basal plectenchyma）、菌丝结（hyphal knot）和拟分生组织（meristemoid）。基部密丝组织菌丝多为弯曲、环状或螺旋状，原基分化形成的不同结构常起源于基部密丝组织；菌丝结是菌丝交织而成的菌丝束。拟分生组织是原基分化的中心，常分布在生长活跃或形态分化的区域，菌丝平行生长，排列紧密，生长较一致，向上形成菌幕和皮层，向下形成子实层和菌柄上部结构。

灰盖鬼伞和裂褶菌的生活史较短，且易于在合成培养基上完成子实体发育，并具备较成熟的遗传转化、插入突变、基因定位等分子生物学研究基础，已经完成基因组测序，因而成为担子菌子实体发育研究的模式物种。在细胞学和形态学水平上，灰盖鬼伞子实体发育过程已经被细致地描述。灰盖鬼伞子实体发育需要进行光周期处理，首先菌丝扭结逐步形成原基，然后依次出现菌盖原基、菌柄原基、内外菌幕原基和子实层原基，随后逐步发育成菌盖（pileus）、菌柄（stipe）、子实层（hymenium）、内外菌幕（veil）、菌褶（gill）和担子（basidium），直至发育为成熟的子实体，最后菌幕破裂弹射担孢子（basidiospore）。

早期有关子实体发育研究侧重于分析营养生理和环境条件对出菇的影响。目前主要栽培食用菌结实所需的营养条件和环境条件已基本明确，其中营养条件包括碳源、氮源、碳氮比、矿质元素、维生素等，环境条件包括温度、湿度、光照、酸碱度和氧气及二氧化碳浓度等多个方面。

德国真菌学家Klebs对环境因素与生长、繁殖的关系做出了理论概括，即Klebs原理。Klebs认为生长和繁殖是一个生命过程，所有生物的生长和繁殖都有赖于不同的条件。对于真菌等低等生物而言，外界条件是决定其生长或繁殖的主要因素；低等生物只要外界环境条件适于营养生长，就不会进行繁殖，而利于繁殖的条件通常不利于生长；生长和繁殖是两个不同的过程，但营养生长是繁殖必须具备的前提。真菌持续吸收外界营养物质，为繁殖创造一个适宜的内部环境，前期营养生长积累的物质和能量对繁殖行为发生起决定性作用。

二、担子菌子实体生长发育相关基因

早期采用经典遗传学方法，以所有可能的组合将裂褶菌不同来源的80个同核体菌株进行交配，共获得3 100个双核体菌株。在标准的营养和环境条件下，统计了接种后6周内结实的表型，发现多数双核体在6

周内可结实。但结实时间和子实体形态在菌株之间存在较大差异，有些结实多且结实早，有些则反之，同时还发现了诸多子实体形态突变，如扭结型、菜花型、水母型、珊瑚型、畸耳型等。进一步分析每种突变表型的遗传分化，发现有些突变是由单一的显性或隐性基因控制的，有些突变则由多基因控制。

绝大多数食用菌都是异宗配合类型，形成异核体是发育形成正常子实体的前提条件，这个过程受到交配型位点的调控。随着分子生物学技术的发展，通过突变体基因克隆、子实体不同发育阶段表达模式分析等手段，还发现了一系列除交配型位点之外的子实体发育相关基因。

利用香菇不同发育阶段的 cDNA 文库，先后成功地克隆了 *PriA*、*PriB* 和 *mfbAc* 等基因。*PriA* 和 *PriB* 在原基中表达水平最高，而在营养菌丝和成熟子实体中表达量均较低，推测这两个基因参与了子实体发生的调控；而 *mfbAc* 在营养菌丝和发育早期不表达，之后表达量逐渐升高，在成熟子实体中非常丰富，菌盖较菌柄中表达量高，但在菌褶中表达量偏低，它们的功能尚不明确。PRIA 和 PRIB 蛋白的氨基酸序列分析发现，PRIA 富含多种类型的锌指 DNA 结合模体（motif），PRIB 则包含了 Zn_2Cys_6 类的 DNA 结合模体，能与 PRIB 蛋白结合的 DNA 片段还包括了该基因本身的上游序列，这两个蛋白均可能是转录因子。

尽管某些通量较高的分子生物学技术已经被应用于香菇基因表达模式研究，如 cDNA 代表性差异分析（cDNA-RDA）、表达序列标签（EST）、基因表达系列分析（SAGE）等，但仍然不足以揭示香菇整个生活史中基因表达的变化。

三、担子菌子实体发育的组学分析

采用 454 焦磷酸测序获得的转录组序列作为参考序列，结合 Long-SAGE 技术，对香菇成熟子实体孢子产生前后转录组进行分析，推测出香菇成熟子实体基因表达全貌。未产孢子的子实体中高表达基因与子实体后期菌褶发育及孢子早期发育有关，而产孢子实体中表达水平升高的基因主要与染色质组装、细胞壁降解或基质降解有关，这些蛋白大量积累可能为孢子萌发做准备。

利用基因芯片或高通量测序技术，对香菇、裂褶菌、双孢蘑菇、灵芝、蛹虫草、茶薪菇、冬虫夏草、毛木耳等的不同发育时期进行全基因组差异表达分析，获得了大量与子实体发育相关的基因。此外，外界环境条件变化或营养物质改变也会影响子实体发生或发育。采用正向遗传学或反向遗传学等研究方法，发现了大量响应营养物质变化或外界光照、温度、通气量、重力等环境变化的基因。

从原基分化至子实体成熟是一个复杂基因表达调控和生理生化代谢过程，也受到诸多内外因素的影响，食用菌结实性受到多个基因的控制。

第二节 交配型基因与子实体发育

一、子囊菌交配型基因与子实体发育

（一）子囊菌交配型基因

子囊菌有性生殖受交配型位点控制，其交配型位点有 *MAT1-1* 和 *MAT1-2* 两个同位异源基因。异宗配合子囊菌单倍体细胞核中仅携带 1 种交配型基因，表现为自交不孕，需要与携带互补交配型基因的单倍体细胞核进行融合，才能完成有性生殖，称之为典型的异型杂交（outcrossing）。与之相反，同宗配合真菌单倍体细胞核携带两种可亲和的交配型基因，位于相同或不同的染色体上，表现为自交可孕。

交配型位点*MAT1-1*和*MAT1-2*是控制子囊菌交配的关键调控因子，通常*MAT1-1*位点包括3个紧密相连的基因，即编码α-box蛋白的*MAT1-1-1*、含HPG结构域的*MAT1-1-2*及含HMG结构域的*MAT1-1-3*。而*MAT1-2*位点通常仅编码带有HMG DNA结合区域的*MAT1-2-1*蛋白基因，在少数物种中存在*MAT1-2-2*。

研究表明，冬虫夏草为同宗配合真菌，*MAT1-1-3*、*MAT1-1-2*、*MAT1-1-1*和*MAT1-2-1*并列排列。蛹虫草为异宗配合真菌，*MAT1-1*仅含有*MAT1-1-1*和*MAT1-1-2*（图4-1）；羊肚菌和块菌有性生殖多为异宗配合，目前已知*MAT1-1*含有*MAT1-1-1*。*MAT1-1*和*MAT1-2*位点在基因组上相对应的位置，但缺少同源性，而两者的旁侧序列却高度同源，因此它们不被称为等位基因（allele），而被称为同位异源（idiomorph）。

*MAT*基因侧翼序列为保守的*SLA2*（cytoskeleton assembly control）和DNA裂解酶（DNA lyase，*APN2*）基因。交配型基因具有转录因子活性，其功能包括调控交配时的细胞识别、细胞融合、异核体形成、核融合以及减数分裂等。交配型位点的数目与位置常与其有性发育相关，如异位表达*MAT*基因可导致粗糙脉孢菌不育。蛹虫草交配型基因*MAT1-1-1*或*MAT1-2-1*是子座形成所必需的，而*MAT1-1-2*是子囊孢子形成所必需的，*MAT1-1-1*、*MAT1-1-2*和*MAT1-2-1*是完整有性生殖周期所必需的。交配型基因可以作为分子标记辅助进行亲和性分析，也可用于杂交子鉴定辅助人工驯化和优良品种选育。

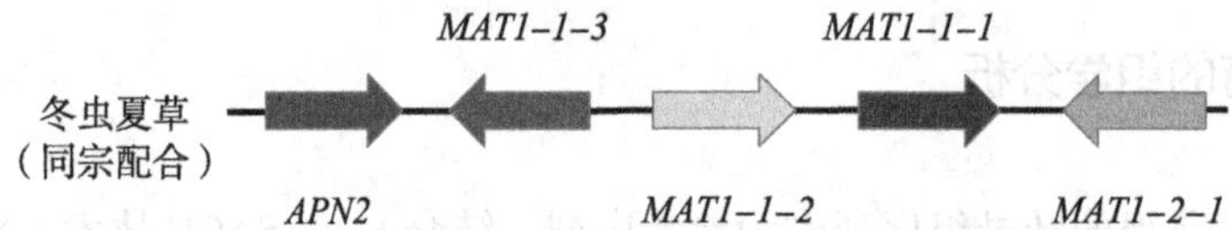

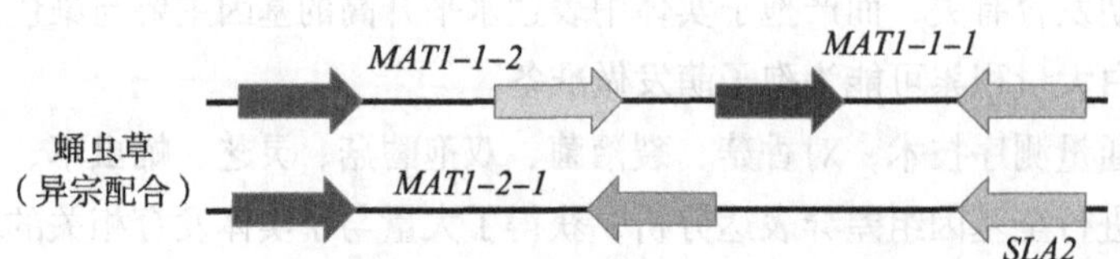

图4-1 冬虫夏草和蛹虫草交配型基因结构示意图

（Xia et al.，2017；Zheng et al.，2011）

（二）子囊菌子实体生长发育的调控

异宗配合子囊菌真菌有性生殖过程必须由互补交配型的菌丝体相对生长，再通过配子囊配合（gametangial copulation）或体细胞融合（somatogamy）分别实现质配和核融合（图4-2），在此过程中信息素正常合成及其对其受体的特异性识别至关重要。粗糙脉孢菌信息素受体编码基因*PRE1*（*pheromone receptor 1*）缺失，可导致A菌株受精丝（trichogyne）对互补交配型细胞的识别能力丧失。

真菌对外源信号的感知主要依赖于细胞表面的跨膜蛋白G蛋白偶联受体（G protein-coupled receptor，GPCR）。膜外信号与GPCR结合后，促进GPCR膜内部分与G蛋白相互结合，通过cAMP依赖的蛋白激酶A（protein kinase A，PKA）信号途径和分裂素激活的蛋白激酶（mitogen-activated protein kinase，MAPK）信号途径，将膜外信号向胞质传递，诱导下游靶标基因表达，启动有性生殖过程（图4-3）。蛹虫草MAPK途径在其信号传递过程中可能起主导作用。与G蛋白类似，RAS（小GTP酶）蛋白同样参与介导细胞内信号的传递。激活状态的RAS蛋白与G蛋白活性亚基类似，通过PKA通路激活下游效应蛋白表达，也可以激活MAPKK（mitogen-activated protein kinase kinase），从而启动MAPK信号途径传递。粗糙脉孢菌中组成型表达RAS样蛋白可导致初生子囊壳无法正常发育形成子囊壳。

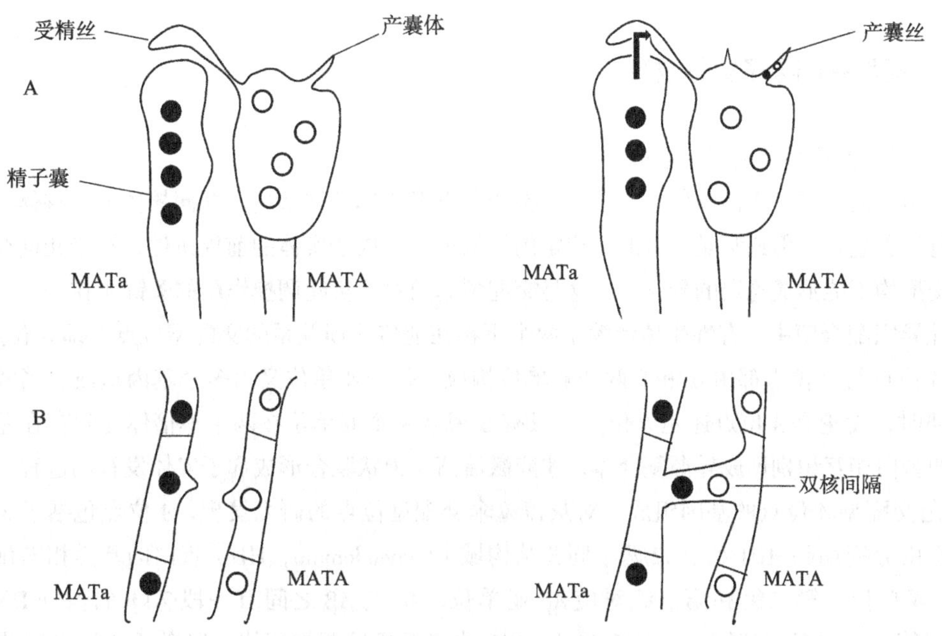

图 4-2　异宗配合子囊菌的交配形式（郑鹏和王成树，2013）

A. 配子囊接触交配　B. 体细胞融合交配

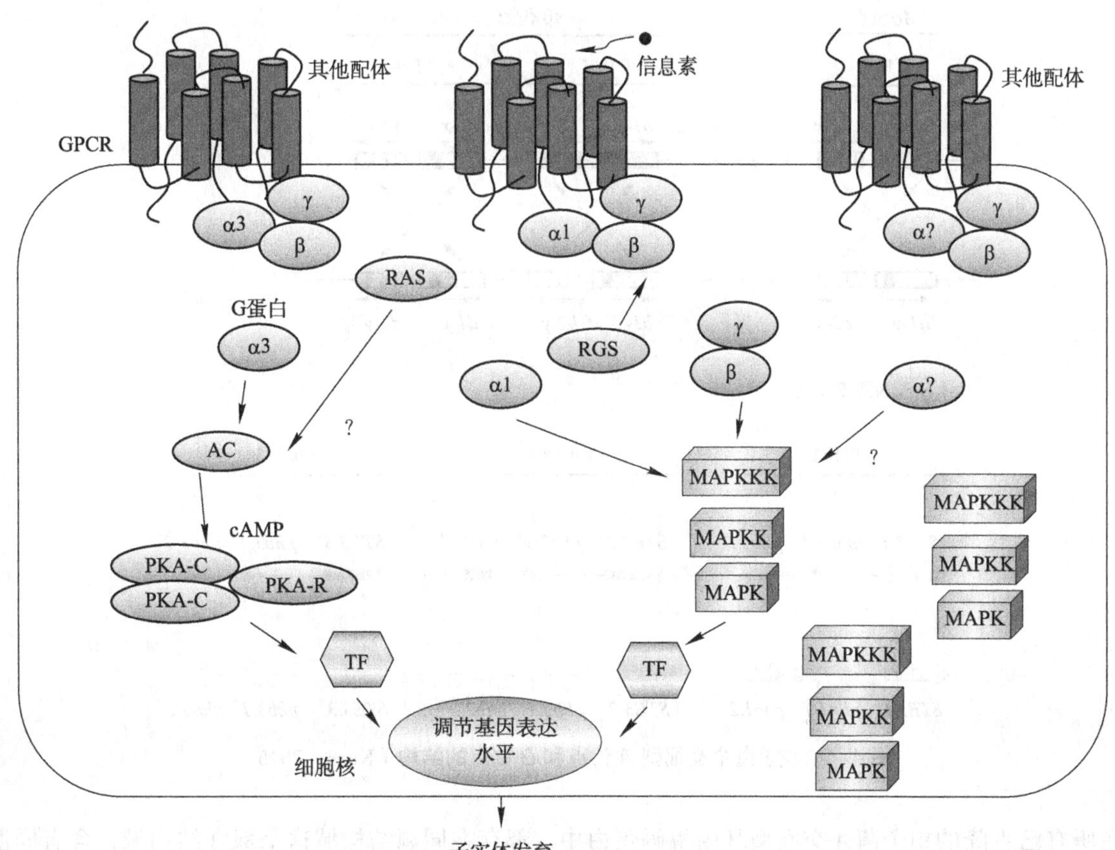

图 4-3　子囊菌中子实体发育信号转导途径（Pöggeler et al.，2006）

注：RGS为G蛋白信号调节因子，TF为转录因子

二、担子菌交配型基因与子实体发育

（一）担子菌交配型位点的基因组成

异宗配合担子菌成熟子实体弹射担孢子，担孢子萌发形成单倍体菌丝，即同核体或单核体。同核体或单核体能够进行营养生长，但通常是不育的。稳定的异核体是形成子实体的前提条件，携带相同交配型基因的同核体相互交配均不能形成稳定的异核体，这是交配型基因对结实起调控作用的关键所在。

在四极性异宗配合菌中，有性生殖依赖于两个不存在遗传连锁关系的交配型位点，即 *A* 位点和 *B* 位点。通常交配型 *A* 位点与 *B* 位点都由 α 和 β 两个亚单位构成，每个亚单位又由多个基因组成。当两个不同的单倍体菌丝相遇时，无论是 *A* 位点还是 *B* 位点，只有 α 或 β 两个亚单位在两个单倍体之间存在差异，来自不同等位位点的蛋白相互识别形成异源复合体，才能激活菌丝锁状联合形成和子实体发育的进程。

1. 担子菌交配型 *A* 位点的基因组成　对灰盖鬼伞交配型位点的研究发现，*A* 位点包括了 3 组旁系同源基因，每组都由分别编码 HD1 和 HD2 两个同源结构域（homeodomain，HD）蛋白的基因相向排列而成。第一组对应 *A*α 亚单位，第二组和第三组对应 *A*β 亚单位，*A*α 与 *A*β 之间有一段 7 kb 的保守 DNA 序列分隔开。来自不同等位位点且属于同一组的 HD1 和 HD2 才能形成异源二聚体，以激活 *A* 位点调节的发育途径（图 4–4）。

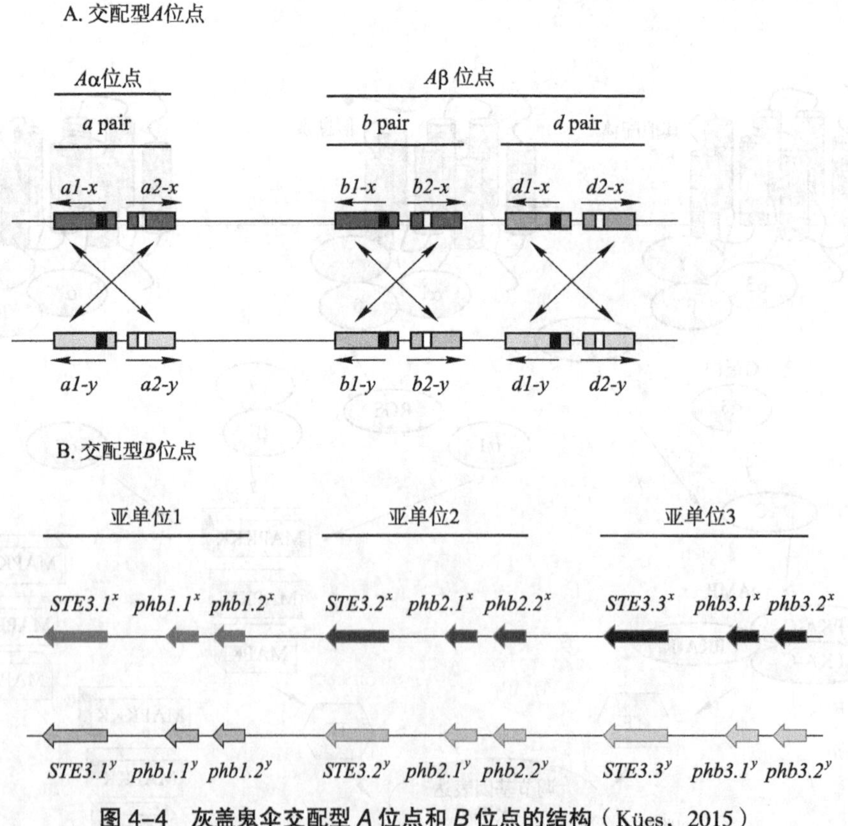

图 4–4　灰盖鬼伞交配型 *A* 位点和 *B* 位点的结构（Kües，2015）

在所有已克隆的担子菌 *A* 交配型基因编码蛋白中，都存在同源结构域这个保守结构域，含有同源结构域的蛋白质通常是转录因子。同源结构域是一段由 60 个左右的氨基酸组成的多肽，呈螺旋 – 转角 – 螺旋（helix-turn-helix）基序。典型的同源结构域包括 3 个螺旋结构，第 3 个螺旋为 DNA 识别模体。灰盖鬼伞

HD1 和 HD2 同源结构域分别属于两种不同的类型，与 HD2 不同，HD1 在螺旋Ⅰ和螺旋Ⅱ之间的间隔区有 3 个额外的氨基酸。

2. 担子菌交配型 *B* 位点的基因组成　交配型 *B* 位点由信息素前体和信息素受体编码基因组成，在裂褶菌中已分离到了 *B*α 与 *B*β 两个亚单元，灰盖鬼伞中存在 3 个亚单元，它们结构相似，都由 1 个信息素受体基因（pheromone receptor gene）和若干信息素前体基因（pheromone precursor gene）组成。

真菌信息素受体基因编码的蛋白一级结构同源性较低，但二级结构比较相似，都具有 7 个疏水的跨膜结构，为 GPCR，它属于真菌信息素受体 Ste3 亚家族。信息素受体 C 端区域在锁状细胞与次顶端细胞融合过程中具有重要作用。

信息素前体基因编码的蛋白质长度为 43 ~ 85 个氨基酸，成熟的信息素只保留 C 端的 11 ~ 15 个残基。信息素前体和信息素高度变异，仅存在少数保守结构域，其中 C 端的 CaaX 结构是其特征结构，C 代表半胱氨酸 Cys，a 表示脂肪族氨基酸，X 表示任意一种氨基酸。在信息素成熟过程中，通常在 CaaX 半胱氨酸残基上进行法尼基化（farnesylation）。蛋白水解酶裂解 CaaX，并进一步羧甲基化 C 端的半胱氨酸残基。这种信息素 C^{FAR}–OCH_3 修饰，使之更具有疏水性和亲脂性，从而在细胞膜上与信息素受体识别。

（二）担子菌交配型位点对结实的调控

1. *A* 位点和 *B* 位点对锁状联合形成的调控作用　在异宗配合担子菌中，当两个单核体的 *A* 位点和 *B* 位点可亲和时，菌丝融合后异核体上形成特有的锁状联合，启动有性生殖。当两个单核体菌丝之间 *A* 位点不同 *B* 位点相同（*A*≠*B*=）时，在菌丝融合区会存在两个细胞核，且产生钩状细胞，但并不形成真正的锁状联合，仅形成假锁状联合（pseudoclamp connection）。

A 位点调控细胞中两个单倍体核同步有丝分裂，形成锁状细胞。无论是靠近菌丝顶端的细胞核，还是远离菌丝顶端的细胞核，它们在锁状细胞中和锁状细胞下方都分别各自有丝分裂成为 2 个细胞核，最后形成了顶端细胞、次顶端细胞及位于两者之间的锁状细胞。*B* 位点促进了锁状细胞与次顶端细胞融合，使锁状细胞中细胞核进入次顶端细胞，产生了锁状联合和异核次顶端细胞，使菌丝每个细胞中都携带两个不同的细胞核（图 4–5）。

2. 不同交配型位点之间基因的相互作用　当担子菌两个单核体之间交配型位点 *A*、*B* 均不相同时，它们之间可以发生菌丝交配。菌丝交配是从各自的信息素和信息素受体相互识别开始的，两个单核体菌株需要携带不同的信息素和信息素受体等位基因。信息素与信息素受体之间的相互识别非常专一，信息素氨基酸的微小变化就可决定识别特异性，信息素受体的专一性取决于其二级结构或三级结构。参考酿酒酵母（*Saccharomyces cerevisiae*）、玉米黑粉菌（*Ustilago maydis*）等真菌的研究，结合信息素受体蛋白特征及下游同源蛋白分析，推测担子菌信息素受体反应及下游信号传导途径均与酿酒酵母类似。

在担子菌四极性交配系统中，当一个单核体表达的信息素被另一个可亲和单核体膜表面的信息素受体识别后，将启动 G 蛋白偶联的丝裂原活化蛋白激酶 MAPK 信号转导途径。裂褶菌存在 4 个 G_{α} 蛋白，具有保守的 GTP 结合域和 GTPase 结构域。至少有 1 个 G_{α} 亚基能从异源三聚体 G 蛋白中解离出来，并释放 $G_{\beta\gamma}$ 复合体，诱导信息素结合 MAPK，启动级联信号、Ras 信号转导途径和 cAMP 信号途径，从多个方面调节子实体生长发育。*B* 位点促进菌丝之间细胞核交换和迁移，由一方产生的信息素激活对方锚定在细胞膜上的信息素受体，激活 Ras 信号转导途径，以及锁状细胞与次顶端细胞融合，使核移动至对方细胞中，完成质配，形成异核菌丝。

交配型 *A* 位点 HD2 的第 3 个识别螺旋结构域影响菌丝形成锁状联合的能力，而 HD1 则不能影响。通常 HD1 和 HD2 在细胞质中形成异源二聚体后，可在核定位信号（NLS）引导下进入细胞核，行使转录因子功能。HD1 的 N 端是由疏水性的七肽重复序列形成的亮氨酸拉链类卷曲螺旋结构，N 端的两个螺旋结构之间

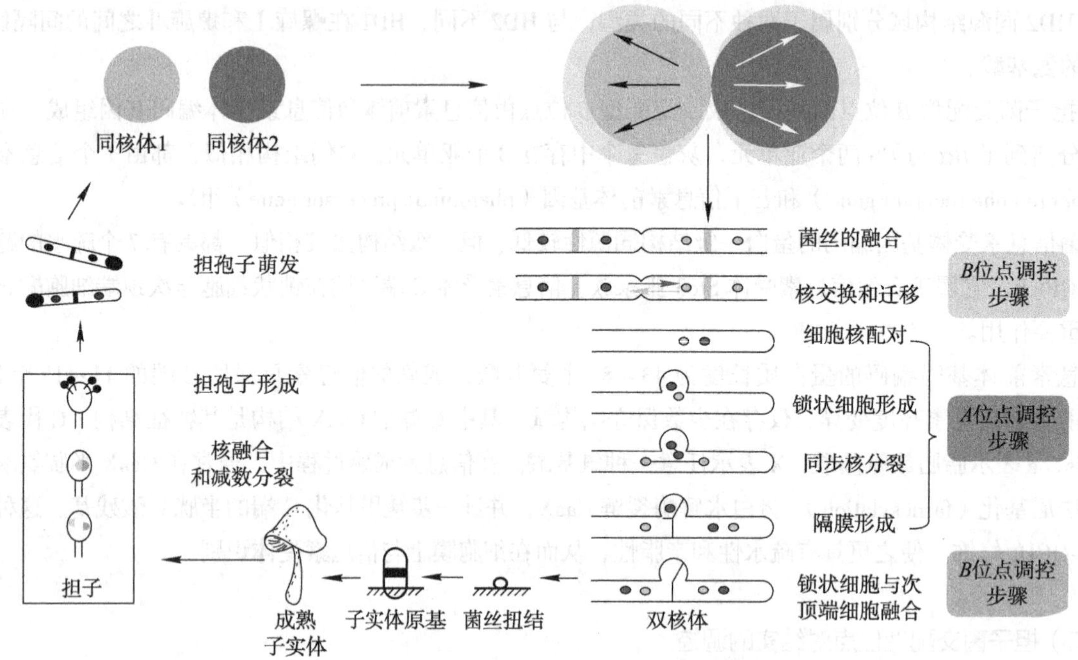

图 4-5 四极性异宗配合菌灰盖鬼伞的生活史（Kamada，2002）

以及二聚化结构域与同源结构域之间的连接肽在 HD1 复等位基因之间高度变异。这些间隔区的存在能保证 HD1 螺旋区与可亲和的 HD2 蛋白螺旋区稳定结合，而不亲和的两个蛋白之间二聚化区域会发生错位。因此，异源二聚体只发生在相容的 HD1 和 HD2 蛋白之间。

3. 交配型基因对结实的调控作用 对交配型基因中发生的组成型突变体（constitutive mutant）进行研究，清晰揭示了交配型基因对结实的调控作用。

以模式物种灰盖鬼伞和裂褶菌为材料，分别经诱变获得了 *A* 位点和 *B* 位点的组成型突变体。*A* 位点和 *B* 位点的突变使得同核单核体转变成同核双核体，且这类突变体表型与处于异质状态的异核体表型完全相同，*A*mut*B*mut 类似于 *A*≠*B*≠，即 *A*mut*B*mut 同核体与异核双核体类似，菌丝体可形成锁状联合，拥有形成子实体的能力，通过减数分裂产生特异性的单一的 *A*mut*B*mut 担孢子。

从某种意义上而言，这类组成型突变使异宗配合型变成了同宗配合型。不仅可以通过紫外诱变或限制性内切酶介导的插入突变产生各种子实体发育异常的突变体，还可以与野生型同核体正常交配产生异核体，这为子实体发育相关的遗传学研究提供了便利。

采用正向遗传学的方法，利用 *A*mut*B*mut 菌株构建突变体库，克隆了一系列调控子实体发育的基因，包括调控菌丝体扭结的 *pkn* 和 *skn1*，调控原基成熟和子实体成熟的 *prm* 和 *mat*，调控菌柄伸长的 *eln*，与菌盖展开有关的 *exp*，影响担孢子形成的 *bad*，以及与子实体光形态建成相关的 *dst1* 等。

（三）与交配型位点相关的子实体发育调控基因

1. 交配型 *A* 位点和 *B* 位点调控途径及相互关系 裂褶菌受交配型 *A* 位点影响的基因主要与细胞周期相关，受交配型 *B* 位点影响的基因主要参与了细胞壁和膜代谢、应激反应和细胞氧化还原反应。HD1 和 HD2 蛋白组成的异源二聚体为转录因子，通过转录调控诱导子实体发育。目前对高等担子菌与 HD1/HD2 异源二聚体结合的顺式作用元件研究较少。

分别将灰盖鬼伞单核体（*A43B43*）与 *A43*mut*B43*（*A* 位点组成型突变，*Aon*）、*A43B43*mut（*B* 位点组成

型突变，*Bon*）和 *A43*mut*B43*mut（*AonBon*）进行比较转录组分析，发现 *A* 位点和 *B* 位点各自激活了两条不同的反应途径，但两条途径之间又存在交集。多数情况下仅激活单个位点或同时激活两个位点后，基因表达就会出现差异。

灰盖鬼伞 *Cc.ubc2* 基因突变可抑制丝裂原活化蛋白激酶 MAPK 的磷酸化，导致单核体菌丝交配时细胞核进入另一细胞配对的过程受阻，从而触发菌丝尖端生长，抑制锁状细胞与次顶端细胞的融合，还可抑制菌丝扭结，最终导致子实体发育受阻。这些结果表明，*Cc.ubc2* 是 *A* 位点和 *B* 位点调控途径的一个交结点。

2. 受交配型位点调控的疏水蛋白和凝集素类编码基因　疏水蛋白基因受交配型位点控制。疏水蛋白是一类富含半胱氨酸的疏水性细胞壁蛋白，可作用于子实体发育，在气生菌丝形成和子实体内菌丝间黏附过程中起重要作用。灰盖鬼伞半乳糖凝集素类物质与菌丝细胞间相互作用有关，其基因受交配型 *A* 位点的调控。

3. G 蛋白信号转导调控因子 Thn1 抑制 G 蛋白 α 亚基调节 *B* 位点信号转导　裂褶菌 *Thn1* 编码一个 G 蛋白信号转导调控因子，通过激活 GTPase 激活蛋白（GTPase-activating protein，GAP）的功能负调控 G 蛋白 α 亚基，影响信息素与信息素受体（*B* 位点）的信号转导，影响菌丝形态和单核菌丝之间的交配。在 *thn1* 功能缺失突变体中，表现出气生菌丝变稀疏，深层菌丝呈波浪形或螺旋形，菌丝细胞双核化现象受阻。Thn1 蛋白在倍半萜合成、信息素应答和有性生殖中起关键作用，其转录水平可影响锁状细胞发育和疏水蛋白基因转录，同时负调控 cAMP 信号转导和次生代谢。*thn1* 功能缺失突变体通过减少锁状细胞融合，产生大量假锁状联合，从而影响双核化过程。PKA 是 cAMP 依赖信号转导途径中的蛋白激酶，在 *thn1* 突变体中 PKA 活性增强，表明 Thn1 抑制 G 蛋白 α 亚基，从而调节信息素信号转导。

4. 与异核体结实相关的基因　裂褶菌 FRT1（fruiting bodies in recipient transformant）蛋白编码 192 个氨基酸，具有 1 个 P-loop 环核苷酸结合域及外切核酸酶Ⅲ结构域。采用遗传转化将 *FRT1* 基因导入不结实的单核体中，使单核体可结实，且这些转化子的双核体结实能力提高。若通过强制杂交将 *FRT1* 基因转移至单核体菌株，则该单核体不结实，推测 *FRT1* 是对结实基因起激活作用的基因，在其所在的单核细胞中常伴随着一种阻遏因子。在正常情况下，该阻遏因子会阻碍该基因在单核体中正常表达。在异核体（*A*≠*B*≠）或同核体（*A*mut*B*mut）中，交配型基因抑制该阻遏因子的作用，使 FRT1 的功能得以体现。克隆获得的 *FRT1* 基因不含阻遏因子，故 *FRT1* 在单核体中得以表达。*frt1* 缺失突变双核体可以正常结实，表明该基因与子实体产生无关。在同核体中 *frt1* 缺失突变导致气生菌丝生长旺盛，在双核体中稳定表达的结实基因在 *frt1* 突变的同核体中高水平表达，推测该基因负调控双核体子实体发育相关基因在同核体细胞中的表达水平，但 FRT1 基因影响子实体形成的机制仍不清楚。

在裂褶菌中常发现某些自发突变体在菌落中出现扇变区域。在 *A*mut*B*mut 菌株的菌落上，10% 新生菌丝体变为富含气生菌丝的不孕菌丝体，该突变基因被命名为子实体形成基因（fruiting-body formation，*fbf*）。当 *fbf* 基因纯合突变时，菌丝生长速度较亲本略快。在异核体（*A*≠*B*≠）中，单个 *fbf* 等位基因发生突变时，菌丝体上可同时观察到真正的锁状联合和假锁状联合，结实能力下降。当 *fbf* 基因纯合突变时，仅存在假锁状联合，且不结实。只有 *fbf* 基因纯合突变时，才能阻止异核体（*A*≠*B*≠）结实。

在裂褶菌异核体（*A*≠*B*≠）菌株中，还发现了 *dik*（dikaryon）基因突变体。在单核菌丝配对形成异核体时，*dik* 基因纯合突变导致异核体细胞核过早融合，使异核体成为二倍体菌丝，这种突变体菌丝不形成锁状联合，但能形成子实体，并通过正常的减数分裂形成担子和担孢子。

5. 与子实体发育相关的转录因子　转录因子是一类可以结合特定 DNA 序列的蛋白，主要调控 DNA 转录成 mRNA 的过程，通过调控基因在转录水平上的表达丰度，从而调控细胞分裂、新陈代谢及抗逆反应等生物学过程，子实体发育同样受转录因子的调控。在裂褶菌全基因组测序基础上，对单核菌丝体、双核菌丝体扭结、原基和成熟子实体等 4 个阶段转录组比较分析发现，在 471 个转录因子中，311 个转录因子在 4 个阶段的基因表达水平上存在差异。通过基因敲除敲除其中7个转录因子，不同基因的缺失突变体在子实体发育过程中出现了不同的突变表型，由此推测出裂褶菌生长发育的调节模式图（图4-6），但这些转录因子是否受交配型因子调控还有待研究。

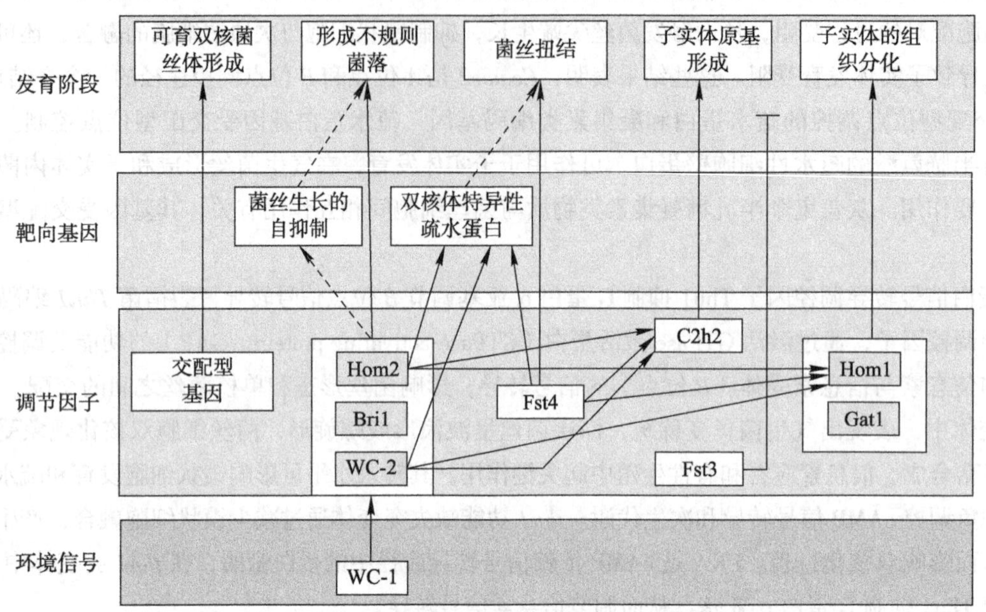

图4-6 裂褶菌生长发育的调节模式图（Ohm et al.，2013）

第三节 单核体结实

大型真菌不经过异核化过程，而是由同一种单核菌丝体直接结实的现象，称为单核体结实（monokaryotic fruiting）。食用菌单核菌丝体通常为单倍体，所以单核体结实也被称为单倍体结实（haploid fruiting）或同核体结实（homokaryotic fruiting）。某些具有正常结实能力的双核或多核的异核体也属于单倍体，而在某些食用菌中也发现了一些具有结实能力的单核双倍体（$2n$，如*dik*突变体）。上述不经过正常的异核化过程，都是由单核菌丝体直接结实的现象，称为单核体结实，这较称为单倍体结实更为确切一些。

除了具有结实能力的单核双倍体之外，还发现*AmutBmut*突变体结实的现象。这类能结实的菌丝体都是同核体，交配型位点在结实过程中起关键作用，而单核体结实是不受交配型基因控制的。因此，有必要注意同核体结实与单核体结实之间的区别。

单核体结实形成的子实体数量较少，个体较小或畸形，不产孢或产孢量少，孢子萌发能力较低。当培养基中营养缺乏或菌丝体受到损伤，或者用子实体形成诱导物处理时，单核体结实较易出现。某些大型真菌大量单核体子代中，或多或少能发现一些具有结实能力的单核体。在营养和环境条件完全正常的情况下，单核体结实现象也可以出现。裂褶菌、茶薪菇、纤毛多孔菌（*Polyporus ciliatus*）等大型真菌常作为单核体结实现象的研究材料，特别是茶薪菇可结实的单核体比例较高，有时结实率达60%。由于单核体是单倍体，单核体结实是食用菌遗传学研究的极好材料。

一、单核体结实的遗传控制

（一）纤毛多孔菌的单核体结实

纤毛多孔菌单核体结实形态分为 6 种类型。

Ⅰ型：基座型（stromatic proliferation，SP），表现为菌丝体在培养基表面大量堆积，但不形成子实层和担子；

Ⅱ型：原基型（primordia，PR），具有细微的菌柄和菌盖分化，但不形成子实层和担子；

Ⅲ型：菌柄型（stipe，ST），菌柄长度可以长达 3 cm，在顶部可以分化出类似于菌盖的结构，在菌柄顶部或菌盖部位可以形成一些带有 2 个孢子的担子；

Ⅳ型：子实层型，既不形成菌柄，也没有菌盖，但具有子实层，子实层包含大量裸露的孔洞，在这些孔洞中着生双孢担子，称为子实层裸露型（resupinate hymenia，RH）；

Ⅴ型：微小子实体型（small fruitbody，SF），与异核体形成的子实体非常相像，但个体略小些，担子上多着生 2 个孢子，少量担子上着生 1 个、3 个或 4 个孢子；

Ⅵ型：不结实型（non-fruiter，NF），仅形成黄色的菌丝体。

将Ⅲ型、Ⅳ型和Ⅴ型 3 种单核体结实菌株中产生的孢子进行单孢分离，并观察这些孢子的表型，发现这些孢子萌发率低于异核体所产生的担孢子，且所有子代孢子的结实表型与亲代相似，交配型也不分离。对孢子形成过程进行光学观察，发现单核体产生的孢子是有丝分裂的产物，不经过减数分裂，不发生基因重组，不产生正常的担孢子。

将 3 种类型单核体（Ⅰ、Ⅲ、Ⅴ）与Ⅵ型杂交，对杂交子产生的担孢子进行表型观察，发现所有组合都表现出明显的表型分离（表 4-1）。Ⅵ型与Ⅲ型杂交产生的后代表型仅表现出亲本型，两种表型按照 1∶1 分离，表明菌柄产生是单核体结实的启动过程，由结实启动基因单基因控制。分别用等位基因 fi^{+}/fi（fruiting initiation）表示，fi^{+} 代表结实，fi 代表不结实。

在Ⅵ型与Ⅴ型杂交产生的后代中，产生了两种结实表型的单核体，即Ⅲ型和Ⅴ型。根据菌丝体颜色，可以将不结实的后代单核体分成黄色菌丝体（Ⅵ型）和褐色菌丝体（重组型不结实类型），4 种表型分离比为 1∶1∶1∶1，表明产生正常子实体的这一性状由另一对等位基因控制，用 fb^{+}/fb 表示，fb^{+} 表示子实体形状正常，fb 表示子实体形状不正常。结实启动与否（fi^{+}/fi）和子实体形态（fb^{+}/fb）两个性状是非连锁的；fb^{+} 仅在 fi^{+} 存在时起作用，在结实启动基因 fi^{+} 存在时，子实体形态基因起作用（fb^{+}）而产生小子实体，若子实体形态基因异常（fb）则产生菌柄型，即亲本型不结实的基因型为 $fi\,fb$，小子实体的基因型为 $fi^{+}fb^{+}$，菌柄型的基因型为 $fi^{+}fb$，而重组型不结实的基因型为 $fi\,fb^{+}$。

Ⅵ型与Ⅰ型杂交后产生的后代也出现了性状分离，这一组合出现了 3 种结实类型（Ⅰ、Ⅲ、Ⅴ）和 3 种

表 4-1　不结实单核体与 3 种结实单核体杂交后代表型分离结果（Stahl and Esser，1976）

组合	表型		孢子		子代表型						分离比
					结实			不结实			
	亲本Ⅰ	亲本Ⅱ	数量	萌发率 /%	SP	ST	SF	NF	bNF	wNF	
1	NF	ST	49	96	–	23	–	24	–	–	1∶1
2		SF	85	82	–	17	15	20	18	–	1∶1∶1∶1
3		SP	394	94	88	47	53	46	38	98	2∶1∶1∶1∶1∶2

菌落颜色不同的不结实类型。由此推测存在另一基因在单核体结实过程中起作用，将该基因称为修饰基因（modifier gene）。修饰基因与 fi^+ 和 fb^+ 不连锁，具有协调作用。Ⅰ型的亲本基因型为 $fi^+fb^+mod^+$，Ⅵ型的亲本基因型为 $fi\,fb\,mod$，Ⅲ型的基因型为 $fi^+fb\,mod$，Ⅴ型的基因型为 $fi^+fb^+\,mod$，Ⅰ型的基因型为 $fi^+fb\,mod^+$，棕色菌丝不产子实体型的基因型为 $fi\,fb^+\,mod$，白色菌丝不产子实体的基因型为 $fi\,fb^+\,mod^+$ 或 $fi\,fb^+\,mod$。

总之，纤毛多孔菌单核体结实启动受 fi^+ 控制；当结实启动基因为 fi^+ 时，fb^+ 存在能导致小子实体产生；而 fb 存在时仅形成菌柄，而无菌盖的非正常子实体，但子实体可育（图 4-7A）。

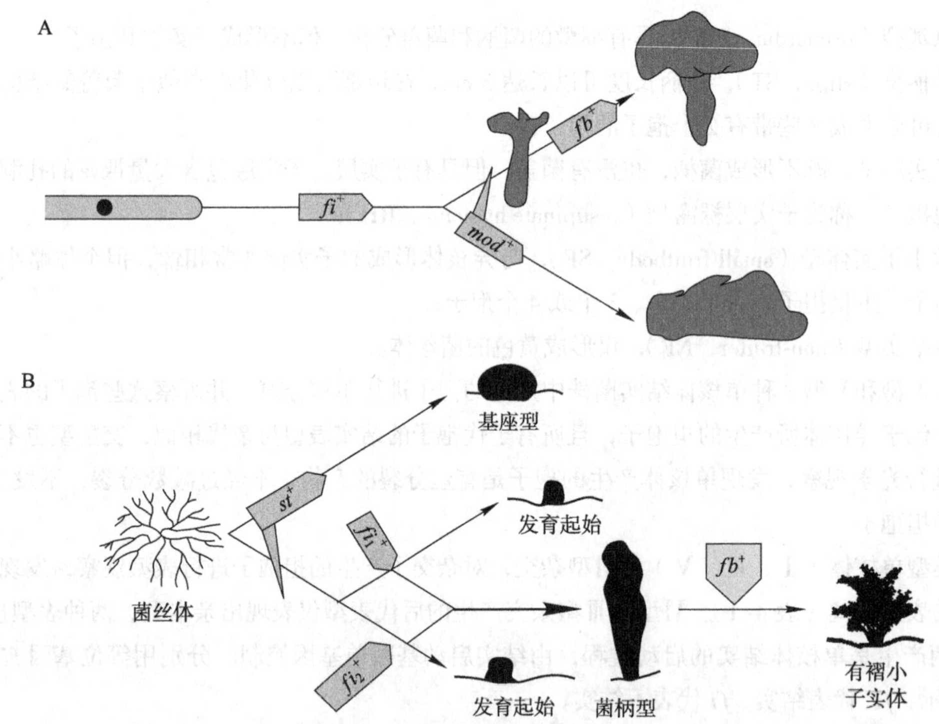

图 4-7 纤毛多孔菌和裂褶菌单核体结实模式图

A. 纤毛多孔菌单核体结实模式（Stahl and Esser，1976）

B. 裂褶菌单核体结实模式（Esser et al.，1979）

（二）裂褶菌单核体结实

裂褶菌单核体结实的遗传控制与纤毛多孔菌存在较大差异。单核体结实表型分类和杂交后代表型分离统计发现，裂褶菌单核体结实至少由 4 个不连锁的基因控制，包括两个结实启动基因 fi_1^+ 和 fi_2^+、1 个 fb^+ 基因，还有 1 个 st^+ 基因。在两个结实启动基因 fi_1^+ 或 fi_2^+ 中，任意一个基因存在都可以启动单核体结实，形成菌柄型表型（initial，2 ~ 3 mm 短菌柄）。当 fi_1^+ 和 fi_2^+ 同时存在时，可形成无孢的菌柄（6 ~ 8 mm 的菌柄）；当 fi_1^+ 和 fi_2^+ 存在，且具有子实体形态控制基因 fb^+ 时，可以形成有褶子实体，子实层"担子"上着生 2 个孢子；但当 st^+ 存在时，不管 fi_1^+、fi_2^+ 和 fb^+ 是否存在，都仅出现基座型表型（stromata）（图 4-7B）。除此之外，裂褶菌单核体结实还受一组 *hap*（haploid fruiting）基因调控，其中 *hap-5* 和 *hap-6* 依次启动单核体结实发生；当 *hap-5* 和 *hap-6* 不存在时，对菌丝体进行机械损伤处理后，发现另有 4 个 *hap* 基因与单核体结实有关；当菌丝体中添加子实体诱导物时，在 6 个 *hap* 基因都不存在的条件下，还有两个 *hap* 基因能影响单核体结实。单核体结实等位基因 *HFA*（haploid fruit body allele）也可以引起单核体结实，但所有单核体结实基因均还没有进行基因功能验证。

（三）茶薪菇单核体结实

茶薪菇是研究单核体结实现象的良好材料之一。早期将其单核体结实表型分为起始型、菌柄型和子实体型3种类型。后来将其单核体结实分成AHF、THF和PHF 3种类型，其中AHF为不产孢的败育结实（abortive homokaryotic fruiting）类型，THF是产生少量双孢担子的单核体结实（true homokaryotic fruiting）类型，而PHF是产生大量四孢担子的假性单核体结实（pseudo-homokaryotic fruiting）类型。在所有单核体中，还存在大量不同结实类型两两组合的表型。PHF型菌丝体上存在锁状联合，表明交配型*A*位点和*B*位点已被激活，且功能正常，这种单核体结实型等同于正常的双核体结实，但没有经过同核体之间的质配。

单核体结实的遗传背景因物种而异，也因菌株而异；在单核体结实过程中不产生受精卵，没有细胞质融合、核融合和减数分裂；单核体结实是避开交配型基因控制的结实支路，不受交配型基因控制，而是由次级调节基因调控的结实支路，但单核体结实常形成畸形的子实体。

二、单核体结实与异核体结实的关系

在不同物种或不同菌株中，单核体结实与异核体结实之间的关系也不尽相同。裂褶菌结实启动基因fi_1、fi_2或fb 3个隐性基因单独存在时，并不妨碍异核体结实（$A{\neq}B{\neq}$），但单核体结实基因fi_1^+、fi_2^+及fb^+存在可缩短异核体（$A{\neq}B{\neq}$）出菇时间。对裂褶菌单核体中可结实菌株进行近交，获得的异核体具有较强的结实能力，这些单核体结实基因存在对异核菌丝结实具有促进作用。

单核体结实与异核体结实之间存在诸多联系。纤毛多孔菌单核体结实不仅与fi^+、fb^+和mod^+的相互作用有关，还受交配型位点*A*和*B*影响。在$A{\neq}B{\neq}$的异核体中，仅有正常的双核子实体产生，单核体起始结实基因fi^+表达被抑制；在$A{\neq}B{=}$的两个含有fi^+的单核体配对后，两侧都能够产生单核体结实型的子实体，表明fi^+基因可以正常表达，这与对照（$A{=}B{=}$）的表型类似，交配型*A*位点似乎没有发挥作用；当$A{=}B{\neq}$且均含有fi^+基因的两个单核体配对后，单核体结实受到抑制，表明纤毛多孔菌交配型*B*位点激活可抑制单核体结实相关基因表达，从而抑制单核体结实现象发生。

三、单核体结实的意义

糙皮侧耳单核体结实基因与异核体高产有关，裂褶菌单核体结实基因对异核菌丝结实具有促进作用。因此，这些单核体结实基因可作为预测异核体出菇能力的标记基因，在培育高产菌株时作为标记使用，有利于提高育种效率，省时省力。

如果食用菌单核子实体在口感、质地及产量等商品性状方面较好，那么将其应用于杂交育种研究中可以缩短育种周期，且在诱变育种中可以简化筛选程序。有些食用菌在出菇过程中产生大量孢子，特别是糙皮侧耳，可以利用单核体菌株不产孢或产孢量少的特点，开展无孢品种或少孢品种选育。

第四节 子实体生长发育的环境调控

外界环境变化对食用菌子实体形成具有非常重要的作用，通常只有经过明显的环境变化才能诱导子实体形成。光照、温度、湿度和二氧化碳浓度等环境因子对子实体分化和生长发育具有较大影响（图4-8），但不同的食用菌对环境条件的要求存在显著差异。

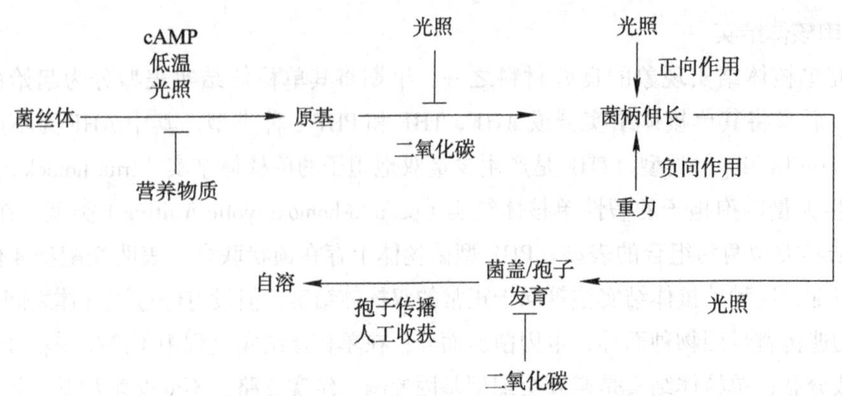

图 4–8 环境因素影响食用菌子实体发育（Sakamoto，2018）

一、影响子实体生长发育的环境因子

（一）光照

光照是食用菌子实体生长发育不可或缺的重要因素。对于多数食用菌而言，无论是从营养生长到生殖生长的转变，还是在子实体生长发育时期，都需要散射光诱导（图 4–8），但少数食用菌对光照不敏感。

光照主要影响原基形成、菌盖分化、菌褶发育、菌柄伸长等。灰盖鬼伞受到光照处理时，会抑制菌核形成，诱导菌丝体扭结形成原基，并逐步发育成子实体。在这个过程中，光照抑制菌柄伸长，诱导菌褶正常发育，还能促进担子中细胞核融合。虽然灰盖鬼伞可在黑暗条件下形成子实体，但其菌柄较长，且几乎没有菌盖或仅能形成幼小的菌盖，菌盖不能发育成熟。

对多数食用菌而言，菌盖发育与光照条件密切相关。金针菇在变温处理后，即使在完全黑暗的条件下也可以形成子实体，但菌盖发育会受阻。此外，光照还可以加深金针菇菌丝体或子实体的颜色。在黑暗培养条件下，金针菇子实体较光照条件下色泽更洁白。

光照还可以调控真菌多糖、色素等代谢产物合成及代谢。光照是蛹虫草类胡萝卜素合成的必要条件，在光照条件下菌落呈橙黄色，菌丝体积累高含量的类胡萝卜素。在完全黑暗的情况下菌丝体为白色，几乎没有类胡萝卜素的产生。蓝光处理菌丝体时，可以提高类胡萝卜素含量，但对不同菌株虫草素及粗多糖含量的影响存在差异。

除了光照有或无之外，光照对子实体发育形态的调控还与光质、光照强度、光周期等相关。只有适宜的光照强度才能促进原基形成，过强或过弱的光照强度对子实体发生均会产生不利影响。不同波长可见光对食用菌菌丝生长、原基形成、子实体形态和色泽等均有影响。

真菌在长期进化过程中，形成了极其精细完善的光感受系统，可以感受光的有无、光照方向、光照强度和光波长度，以便更好地适应生存环境。光受体蛋白可以感受光信号，不仅可以调控食用菌生理周期和形态变化，还能够影响原基分化和子实体继续生长发育。

目前已发现了 3 种真菌光受体蛋白，包括含有 LOV 结构域的蓝光受体、以光敏素为代表的红光受体和视紫红质。香菇等食用菌的光受体研究多局限于 WC–1 和 WC–2 同源蛋白。当灰盖鬼伞蓝光受体蛋白基因 *dst1* 突变后，可以诱导原基发生，但子实体发育异常。裂褶菌的两个蓝光受体蛋白基因突变后，可以抑制其原基发生。

（二）温度

多数食用菌子实体分化需要较低的温度刺激，温度过高或过低都不利于子实体分化和发育。只有当菌丝体经过充分的营养生长，达到生理成熟，才能在一定的温度等环境条件刺激下，开始进入生殖生长阶段（图 4-8）。

低温及温差刺激诱导子实体发生的机制仍不十分清楚。金针菇子实体原基发生受温度和光照等环境因素共同影响，但对温度的单因素影响研究较少。通过双向蛋白电泳分析发现，子实体在低温处理后出现 22 个新的蛋白点，其中 4 个蛋白被鉴定为 Pf1、Pf3、Pfd3 和 Pf6，它们都是金针菇子实体形成过程中特异性表达的蛋白 FDS（*Flammulina velutipes* differentiation specific）。金针菇参与能量代谢和氨基酸代谢的蛋白受低温诱导表达，几丁质酶 ChiB1 受低温刺激时上调表达。

（三）二氧化碳浓度

适宜的二氧化碳浓度是促使食用菌从菌丝生长阶段向子实体生长发育转变的必要因素，与子实体形态密切相关。多数食用菌是好氧性真菌，过高的二氧化碳浓度不仅抑制子实体原基形成，还能抑制菌盖展开，促进菌柄伸长，导致菌柄过长，菌盖生长受到抑制，影响子实体正常发育。在二氧化碳浓度偏高条件下，食用菌子实体与黑暗条件下子实体形态类似。食用菌子实体原基发生阶段呼吸作用增强，较菌丝阶段需要更多的氧气，对二氧化碳浓度尤为敏感（图 4-8）。

二、基质营养对子实体生长发育的影响

营养缺乏是食用菌从营养生长转向生殖生长的重要信号，栽培基质中碳源和氮源浓度均影响子实体的生长发育。在低葡萄糖含量（0.2%）的培养基中，对灰盖鬼伞菌丝进行光照培养，可以促进原基发生。低浓度的碳源和氮源可诱导灰盖鬼伞凝集素基因 *cgl1* 和 *cgl2* 表达，这两个基因与子实体发生均密切相关。在与 FRT1 互作的蛋白中，发现灰盖鬼伞存在 1 个 cDNA 编码的具有跨膜结构域的糖转运蛋白，而 FRT1 亚细胞定位结果显示该蛋白位于细胞外围，表明 FRT1 蛋白可能与糖转运蛋白存在互作。在糖转运蛋白超家族中，某些成员是葡萄糖等单糖的转运蛋白，而其他成员是各种营养信号的传感器，因此 FRT1 可能通过糖转运蛋白感知碳源浓度变化，从而调控子实体发生。

糖转运蛋白或营养信号感受器在食用菌子实体发育中具有重要作用，这与碳饥饿信号诱发担子菌子实体发育有关。将灰盖鬼伞菌丝在低浓度葡萄糖培养基上培养，同时进行蓝光刺激，则菌丝扭结更容易发生；灰盖鬼伞在葡萄糖含量有限的培养基中，凝集素基因 *cgl1-3*、细胞核蛋白 *ich1*、漆酶 *lcc1*、信息素和信息素修饰酶类基因均上调表达，这些基因可能参与了菌丝扭结过程或子实体发育过程中的信号转导。

此外，维生素、矿质元素、植物激素等也影响食用菌子实体生长发育，但作用机制尚不十分明确。

三、其他因子对子实体生长发育的影响

（一）小分子化合物

灰盖鬼伞中抑制 cAMP 合成不仅延缓了质配发生，还延缓了子实体原基发生、菌盖形成、担孢子梗形成和担孢子生成，但菌柄伸长、子实体成熟、担孢子着色与释放则不受 cAMP 合成受阻的影响，外源添加 cAMP 并不影响双核菌丝及子实体生长发育。

裂褶菌中也发现 cAMP 可影响子实体形成，光照处理可促进 cAMP 积累，并促进子实体形成，外源添加咖啡因可抑制 cAMP 降解磷酸二酯酶的活性，从而引起 cAMP 积累。

（二）蛋白质

1. 疏水蛋白（hydrophobin） 裂褶菌气生菌丝及子实体形成时，某些基因可以编码约含100个氨基酸的疏水蛋白，其疏水性氨基酸含量较高，且与细胞壁疏水性有关。疏水蛋白是真菌中广泛存在的参与子实体发育的蛋白质。

疏水蛋白可分为Ⅰ型和Ⅱ型，其中疏水蛋白Ⅰ存在于子囊菌和担子菌中，疏水蛋白Ⅱ仅存在于子囊菌中。裂褶菌疏水蛋白Ⅰ可自组装成微纤结构，形成丝状真菌小棒状孢子壁。疏水蛋白Ⅱ形成缺乏小棒层的聚合物，较疏水蛋白Ⅰ易溶解于有机溶剂及SDS中。

在裂褶菌4个疏水蛋白编码基因中，*SC1*、*SC4*和*SC6*基因仅在双核体中表达，它们的表达受到交配型位点、*fbf*基因和*thn*基因共同调控；*SC3*基因在单核体和双核体中都有所表达，且仅受*thn*基因调控。单核体SC3主要在气生菌丝上富集，极少分泌到培养基内部；在双核体中SC3不仅覆盖在气生菌丝和子实体表面菌丝上，还可以降低水的表面张力，促进气生菌丝生长。在子实体内部存在很多空气通道，SC4存在于这些空气通道上。SC4疏水蛋白有助于确保子实体在潮湿环境中进行气体交换。在双孢蘑菇、糙皮侧耳、灰盖鬼伞等大型真菌中都发现了大量疏水蛋白，且与裂褶菌SC3或SC4在系统发育上聚为一类，它们具有相似的功能。

2. 凝集素（lectin） 凝集素广泛存在于动植物和微生物中，是一类非免疫源和非酶性蛋白质。已有多种真菌凝集素被分离纯化，它们在抗病毒、抗增生、抗肿瘤和调节免疫功能等方面具有重要作用。

从灰盖鬼伞中分离到两个凝集素CGL1和CGL2，它们的编码基因*cgl1*和*cgl2*对子实体形成具有调节作用。其中*cgl2*在菌丝扭结时大量表达，而*cgl1*在原基形成及后期子实体发育过程中均有表达，这两个基因的表达都受光照和营养因子调节。

金针菇凝集素基因*Fv-mJRL1*在菌丝生长期、菌柄伸长期和成熟期的表达量较低，在菌丝扭结期和原基形成期表达量较高，它们可能参与了冷胁迫信号传递。

3. 漆酶（laccase） 漆酶属于多酚氧化酶，是多铜氧化酶家族中的一种，通常含有4个铜原子。漆酶生物学功能多样，也与食用菌子实体发育有关。

双孢蘑菇子实体发育中漆酶活性呈周期性变化，而不能形成子实体的突变体在菌丝阶段始终维持较高的漆酶活性；草菇漆酶基因*Lcc1*和*Lcc4*表达量在子实体发育的针头期最高，推测它们与子实体形成和发育有关。漆酶通过影响菌丝细胞间的黏附性，或改变细胞壁上酚类物质的氧化沉积，增加表面疏水性，或改变色素类物质的积累，促进气生菌丝或表面突出结构形成，改变子实体色泽。

4. 细胞色素P450 灰盖鬼伞*eln2*编码细胞色素P450，而P450蛋白参与许多次生代谢产物的合成过程。*eln2-1*突变体的原基细胞形态和组织结构发生改变，原基比野生型更矮，成熟子实体菌柄也很短。灰盖鬼伞eln2蛋白C端18个氨基酸缺失，导致原基纵向生长受阻。在其他食用菌中，同样发现细胞色素P450基因参与子实体发育，香菇*Le.cyp1*和*Le.cyp2*都在原基期和成熟子实体菌柄中高水平表达，这两个基因可能与灰盖鬼伞*eln2*有类似的功能。

（执笔：周雁，董彩虹；本章由边银丙修改和统稿）

本章思考题

1. 担子菌交配型因子*A*与*B*位点内基因排列有何特征？
2. 从四极性异宗配合担子菌交配型位点的功能出发，解释为什么只有$A\neq B\neq$的两个单核体才能配对成为异核体？

3. 子囊菌交配型位点有哪些特征？举例说明交配型位点的“同位异源”特性。
4. 一个交配型基因处于异质状态的双核体（$A\neq B=$或$A\neq B\neq$）是否仍然有可能不结实？为什么？请举例说明。
5. 食用菌子实体生长发育受哪些环境因子调控？以光照为例，试说明环境因子如何调控食用菌子实体生长发育。
6. 担子菌单核体结实、异核体正常结实和 *A*mut*B*mut 组成型突变体结实之间存在哪些区别？
7. 结合普通遗传学中高等植物多基因控制遗传性状表现的论述，谈谈你对担子菌结实属于多基因控制的理解。

数字课程网上资源

教学课件　　本章思考题参考答案

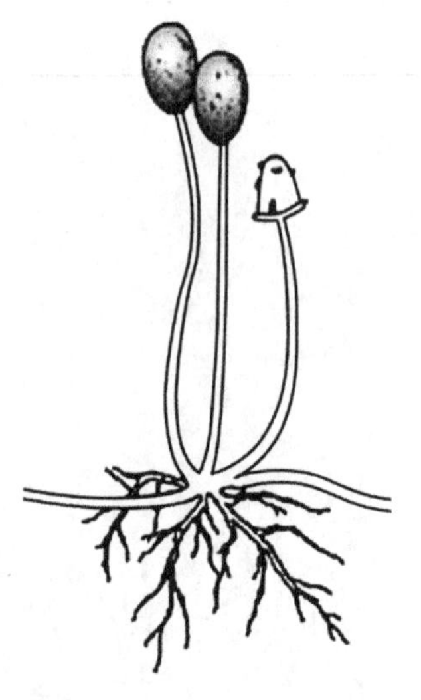

第五章　食用菌生物信息学基础

生物信息学（bioinformatics）是生命科学和计算机科学相结合而形成的新兴学科，研究重点是基因组学（genomics）、转录组学（transcriptomics）、蛋白质组学（proteomics）和代谢组学（metabolomics/metabonomics）等方面，主要从核酸和蛋白质序列出发，分析序列表达的结构、代谢和功能等生物信息。本章介绍了基因组序列分析和遗传分析方法，以及比较基因组学、蛋白质组学和代谢组学的基本概念和研究方法，概述了食用菌领域生物信息学技术应用概况。

目前越来越多的食用菌已经完成了全基因组测序，采用生物信息学分析技术对食用菌主要生物学特性进行解析。蛋白质组学在食用菌中也已经得到广泛应用，其中以环境胁迫和子实体发育分子机制受到更多关注。代谢处于生命活动调控的终端，相比基因组学和蛋白质组学，代谢更接近生物表型。近年来，代谢组学研究技术日渐成熟和完善，在食用菌遗传育种研究中发挥了越来越重要的作用。食用菌代谢产物种类丰富，且含有多种生理活性物质，这些代谢产物是功能性食品和药品的重要来源，对人类营养和健康具有重要意义。通过代谢组学方法系统挖掘食用菌的代谢产物，并结合其他组学方法研究代谢途径及调控机制，对食用菌遗传育种实践具有重大促进作用。

第一节　食用菌基因组序列分析

食用菌是异养生物，不能进行光合作用，其细胞器中没有叶绿体。因此，食用菌基因组包括细胞核全部DNA分子和细胞质线粒体基因组序列。基因组学的概念最早由美国科学家Thomas Roderick提出，是有关基因组作图、核苷酸序列分析、基因定位和基因功能分析的学科。基因组学主要包括结构基因组学（structural genomics）和功能基因组学（functional genomics）两个方面。

基因组（genome）是指一个生物体所携带的完整的单倍体序列，包括单倍体细胞核内全部DNA分子和细胞质中一个线粒体基因组序列。基因组测序发现，基因编码序列只是占整个基因组序列的一部分。因此，基因组包括含单倍体细胞中编码序列与非编码序列在内的全部DNA分子。

一、基因组与基因组学

根据食用菌遗传物质在细胞中的位置，基因组分为核基因组、线粒体基因组。

结构基因组学以全基因组测序为目标，以建立生物体基因组的遗传图谱、物理图谱及转录图谱为主要内容，从而确定基因组的组织结构、基因组成和基因定位，研究蛋白质组成和结构。结构基因组学是基因组学的一个分支，结构基因组分析代表了基因组分析的早期阶段。

遗传图谱、物理图谱及转录图谱制作是结构基因组学研究的主要内容。其中，遗传图谱（genetic map）也称为连锁图谱，是反映基因组内基因或遗传标记在染色体中相对位置的图谱，图距用cM表示。遗传图谱是通过遗传重组手段推算出来的，是QTL研究的基础，具体方法参考第二章第四节。物理图谱（physical map）是指DNA上可以被识别的遗传标记的位置，以及相互之间距离的图谱，图距是物理长度单位（bp）。这些遗传标记包括限制性内切酶的酶切位点、特定的基因等。转录图谱是利用表达序列标签（EST）作为标记所构建的分子遗传图谱。

功能基因组学又被称为后基因组学（post-genomics），是以基因功能鉴定为目标，根据基因组序列所提供的信息，利用各种组学技术和生物技术手段，在基因组或系统水平上全面分析基因功能的一门学科。功能基因组学研究的内容主要包括基因功能发现、基因表达分析及其突变检测。

二、基因组测序与组装

自1977年以来基因测序技术经历了几十年快速发展，并先后涌现出第一代、第二代和第三代测序技术。以Illumina GA/HiSeq为主要代表的第二代测序技术的出现，使得基因组测序通量快速增加，测序成本极大降低，使大部分实验室快速获得一个食用菌基因组的全部信息成为可能。以PacBio和NanoPore为代表的第三代测序技术的出现，结合Hi-C技术、BioNano光学图谱进行辅助组装，使得大部分食用菌基因组组装至染色体水平成为可能。

第一代测序技术主要是指由Fredrick Sanger于1977年建立的双脱氧链终止法，也被称为Sanger测序法。凭借其较长的序列片段和较高的准确率，Sanger测序法成为DNA测序技术的金标准，在食用菌DNA片段测序中得到使用。由于测序成本高昂，且难以胜任微量DNA样品及大规模高通量测序要求，Sanger测序法在食用菌基因组测序中应用不多，主要用于后期gap填补。

第二代测序技术（next-generation sequencing，NGS）于2005年之后发展起来，技术平台主要有Illumina/

Solexa Genome Analyzer，Roche/454 FLX 和 Applied Biosystems SOLID system，技术核心是边合成边测序，即通过捕捉新合成的末端标记来确定 DNA 序列。Illumina 测序成本不足 454 焦磷酸测序的十分之一，是近年来基因组二代测序的主流技术，广泛应用于食用菌基因组测序分析中。Illumina 测序的基本原理是用不同颜色的荧光，标记四种不同的 dNTP。当 DNA 聚合酶合成互补链时，每添加一种 dNTP 就会释放出不同的荧光。根据捕捉到的荧光信号，经过特定的计算机软件处理，从而获得待测 DNA 序列信息。

第三代测序技术是指单分子测序技术，即对每一条 DNA 分子进行单独测序。第三代测序技术主要包括以 Pacific Bioscience 为代表的单分子实时测序（single molecule real-time，SMRT）和以 Oxford NanoPore 为代表的纳米孔测序技术，PacBio SMRT 测序也采用边合成边测序的方式。NanoPore 测序采用电泳技术，DNA 分子在电场作用下向正极游动，逐一进入仅允许单分子通过的纳米孔中，由于 ATCG 单个碱基带电性质不一样，根据电信号差异检测出通过纳米孔的碱基种类，从而达到测序的目标。

第二代测序技术和第三代测序技术获得的原始数据是数量巨大的短片段（pair-end reads），需要利用生物信息学软件将它们拼接和组装成基因组序列。第二代测序数据用于新物种基因组的从头组装，其拼接软件按照原理分成两类，一类是基于 overlap graph 的组装软件，例如 CABOG、Arachne、RePS、phrap 及 newbler 等；另外一类是基于 de bruijn graph 的组装软件，例如 SPAdes、SOAPdenovo、Velvet、ALLPATHS-LG、ABySS 等。基于 de bruijn graph 原理组装的软件 SPAdes 和 Velvet 等在食用菌基因组组装中广泛应用。

第二代测序技术也在基因组重测序中广泛应用，它将原始数据比对到参考基因组中，用于后续分析，使用的比对软件主要有 Maq、Bowtie、BWA、SOAP2 等。第三代测序技术主要用于基因组从头组装，常见拼接软件包括 Falcon、Canu、HGAP、Celera Assembler、Sprai 和 PacBioToCA 等。

基于第二代测序技术的基因组组装一般分为重叠群（contig）、序列支架（scaffold）和染色体（chromosome）3 个层次。重叠群表示从大规模测序得到的短片段中找到的一致性序列，组装的第一步就是从短片段文库中组装出重叠群。基于不同长度的大片段（mate-pair reads）文库中大片段之间的关系，将原本孤立的重叠群按序列前后连接，得到可能会存在开口的序列支架。最后基于遗传图谱或光学图谱，将序列支架合并调整，形成染色体级别的组装。

基于第三代测序技术的基因组组装分为重叠群、染色体和序列纠错等 3 个层次。首先是从测序获得的短片段文库中组装出重叠群；其次根据遗传图谱、光学图谱或 Hi-C 数据，将重叠群合并调整，形成染色体级别的组装；最后采用二代测序数据，对组装的序列进行纠错。

三、食用菌基因组的组装

随着测序技术的快速发展，食用菌基因组测序与组装也在不断变化，大部分食用菌基因组组装可以达到染色体水平。测序组装流程包括：

1. 用于全基因组测序的菌株应为同核（单核）单倍体菌株，即同核（单核）担孢子或子囊孢子萌发菌株，或者原生质体单核化菌株。

2. 采用 PacBio 测序平台或 NanoPore 测序平台，对同核（单核）单倍体菌株进行测序。对于约 40 Mb 大小的食用菌基因组，通过 100× 的三代短片段可以组装到重叠群少于 100 个的水平。

3. 染色体数量估计。染色体两端含有端粒，端粒是一段短的多重复的非转录序列，重复单元多为 TTAGGG。通过统计重叠群两端端粒的数量，从而估计出基因组中染色体的数量。如果某个重叠群两末端都包含端粒序列，则将其视为一条完整的染色体。

4. 组装获得的重叠群包括核基因组和线粒体基因组序列。利用本地 BLAST，将这些重叠群比对到同一物种或相近物种的线粒体基因组上，从而将与线粒体基因组相关序列挑出来，单独组装。

5. 核糖体 DNA（ribosomal DNA，rDNA）区域的组装，该区域是食用菌基因组最复杂的区域之一。从目前已获得的真菌基因组中可以推断，rDNA 区域仅出现在食用菌基因组的某一个位置，可能在染色体末端，也有可能在染色体中间。rDNA 区域是由一个大片段重复单元串联重复而成，这个重复单元包含了 5S 和 18S、5.8S、28S 两个转录单元的四个核糖体基因，以及转录单元 18S、5.8S 和 28S 之间的内转录间隔区 ITS1 和 ITS2。利用本地 BLAST 将重叠群比对到该物种的 ITS 序列上，从而将与 rDNA 相关的序列挑出来，单独组装。

6. Hi-C 辅助基因组组装。利用 Hi-C 测序数据，将筛选后的重叠群进行染色体群组划分，并确定各序列在染色体上的顺序和方向，将组装提升到染色体水平。

7. 利用 Illumina reads 对组装后的基因组进行纠错。鉴于第三代测序技术获得的基因组数据错误率较高，可以利用准确性较高的 Illumina reads 对基因组序列进行纠错。

四、食用菌基因组序列解读

近年来单个基因组测序成本迅速下降，越来越多的食用菌基因组已经得以测序。以美国能源部联合基因组研究所（JGI）数据库为例，该数据库 2019 年 1 月之前共收集伞菌亚门基因组 348 个，其中多数为大型真菌基因组。已发表或者在 JGI 数据库上释放的重要食用菌基因组信息见表 5–1，此外还有许多已经释放的基因组未收录在该数据库中。

在 28 个食用菌基因组中，21 个基因组大小为 30 ~ 50 Mb；银耳基因组小于 30 Mb，而黑孢块菌基因组达到 125 Mb。从预测的基因数量上看，24 个基因组包含的基因数量在 1 万 ~ 2 万个；黑孢块菌、银耳和蛹虫草的基因数量小于 1 万个，而双色蜡蘑包含的基因数量达到 23 132 个。JGI 数据库来源的基因平均长度都为 1 300 ~ 2 000 bp，而文献来源的基因长度平均在 2 000 bp 以上，这种差异可能是由不同基因预测软件及参数设置引起的。除黑孢块菌之外，其他基因组蛋白编码区（coding sequence，CDS）平均长度为 1 100 ~ 1 600 bp，这些基因组基因所包含的外显子数量集中在 4 ~ 7 个。

重复序列是食用菌基因组一个重要的组成部分。根据物种的不同，重复序列在食用菌核基因组中所占比例差异很大，其中在与银耳伴生的香灰菌中，重复序列仅占全基因组的 3%。常见食用菌基因组重复序列所占比例通常为 5% ~ 20%，其中草菇占 6.18%、灵芝占 8.15%、双孢蘑菇占 11.17%、香菇占 16.24%。

此外，黑孢块菌转座子序列高达 71.31 Mb，占全基因组的 58%。

rDNA 序列由一个大片段重复单元串联重复而成；重复单元包含了 ITS 区域（18S–ITS1–5.8S–ITS2–28S），被称为 ITS 重复单元。不同食用菌基因组的 ITS 重复单元大小不一，银耳基因组 ITS 重复单元为 8 394 bp，而香灰菌基因组 ITS 重复单元则为 11 514 bp。

端粒序列是短的多重复的非转录序列，含 50 ~ 200 个核苷酸。这段序列与某些蛋白相结合，组成特殊的结构，称为端粒。端粒在染色体定位、复制、保护、控制细胞生长及寿命等方面具有重要作用，并与细胞凋亡、细胞转化和细胞永生化密切相关。

着丝粒是连接一对姐妹染色单体的特化 DNA 序列。尽管着丝粒具有重要且保守的功能，但它是真核生物基因组中进化最快的 DNA 位点之一。真菌着丝粒 DNA 长度变化很大，可分为点着丝粒（<400 bp）、短片段着丝粒（>400 bp，<20 kb）和长片段着丝粒（>20 kb）三类。包括酿酒酵母在内的一些半子囊菌的着丝粒是点着丝粒，白色念珠菌每条染色体上都有一个 3 ~ 5 kb 长的短片段着丝粒，而粗糙脉孢菌着丝粒 DNA 是包含在一个 300 kb 区域内的长片段着丝粒。

表 5-1 一些常见食用菌的基因组信息表

序号	名称	学名	菌株号	大小 /Mb	序列支架	基因数	基因长度	编码序列长度 /bp	外显子数	释放时间
1	香菇	*Lentinula edodes*	W1–26	41.8	340	14 889	2 217	1 440	6.4	2016
2	金针菇	*Flammulina filiformis*	KACC42780	35.6	11	12 218	2 294	1 425	5.8	2014
3	草菇	*Volvariella volvacea*	V23–1	35.7	62	11 084	2 087	1 572	7	2013
4	灵芝	*Ganoderma lingzhi*	260125–1	43.3	13	16 113	1 556	1 188	4.7	2012
5	双孢蘑菇	*Agaricus bisporus*	H97	30.2	29	10 438	1 764	1 278	6.1	2010
6	黑木耳	*Auricularia heimuer*	Dai 13782	49.7	103	16 244	1 355	—	5.4	2017
7	杏鲍菇	*Pleurotus eryngii*	IJFM A732	45.0	609	15 960	1 621	1 318	6	2016
8	银耳	*Tremella fuciformis*	Tr26	28.1	12	8 253	2 368	1 544	6.4	2019
9	蛹虫草	*Cordyceps militaris*	CM01	32.2	32	9 651	1 743	1 517	3	2011
10	糙皮侧耳	*Pleurotus ostreatus*	PC15	34.3	19	11 603	1 772	1 377	6.4	2010
11	紫丁香蘑	*Lepista nuda*	CBS 247.69	43.5	822	14 880	1 700	1 391	6.1	2016
12	美味牛肝菌	*Boletus edulis*	BED1	66.5	594	18 722	1 499	1 220	5.3	2019
13	蜜环菌	*Armillaria mellea*	DSM 3731	58.3	4377	14 473	1 575	1 228	4.7	2013
14	茯苓	*Wolfiporia cocos*	MD–104 SS10	50.5	348	12 746	2 035	1 529	6.3	2010
15	裂褶菌	*Schizophyllum commune*	H4–8	38.7	25	16 319	1 772	1 453	5.3	2013
16	桑黄	*Phellinus igniarius*	CCBS 575	49.5	485	11 210	1 926	1 561	6.4	2018
17	平田头菇	*Agrocybe pediades*	AH 40210	45.1	1384	17 281	1 692	1 381	5.5	2016
18	珊瑚菌	*Clavicorona pyxidata*	HHB10654	38.0	477	15 130	1 692	1 390	5.7	2014
19	云芝	*Trametes versicolor*	—	44.8	283	14 296	1 790	1 400	5.8	2011
20	干巴菌	*Thelephora ganbajun*	P2	36.3	1241	12 643	1 631	1 342	5.2	2015
21	褐环乳牛肝菌	*Suillus luteus*	UH–Slu–Lm8–n1	44.5	67	16 588	1 602	1 310	5.6	2017
22	短柄红菇	*Russula brevipes*	BPL707	48.5	1320	14 000	1 588	1 290	5.3	2016
23	少鳞黄鳞伞	*Pholiota alnicola*	AH 47727	75.0	976	18 795	1 662	1 325	5.8	2016
24	虎皮香菇	*Lentinus tigrinus*	ALCF2SS1–6	39.9	286	15 581	1 772	1 427	5.6	2013
25	双色蜡蘑	*Laccaria bicolor*	—	60.7	55	23 132	1 549	1 163	5.3	2008
26	珊瑚喇叭真菌	*Hericium coralloides*	FP–101451	35.3	125	12 369	1 870	1 541	6.1	2018
27	牛舌菌	*Fistulina hepatica*	—	33.9	588	11 244	1 601	1 231	5.7	2013
28	黑孢块菌	*Tuber melanosporum*	Mel28	125.0	398	7 496	–	2 073	4.5	2010

注：表中数据及相关信息来自美国国家生物技术信息中心（NCBI）官网。

第二节　基因组遗传分析与比较基因组

一、食用菌基因组遗传分析

（一）单核苷酸多态性

单核苷酸多态性（SNP）是指在基因组水平上由单个核苷酸的变异而导致的 DNA 序列多态性。变异的形式包括转换和颠换，变异频率比例为 1∶2。统计发现，SNP 在 CG 序列上出现最为频繁，而多数是由 C 转换成 T。SNP 在人类基因组中广泛存在，平均每 500～1 000 个碱基对中就有 1 个；在香菇‘L135’菌株的两个单孢菌株中广泛存在 SNP，每 1 000 个碱基对中大约有 3 个，共检测到 124 591 个。

基因组中 SNP 位点具有以下几个特点：① SNP 数量多，分布广泛。SNP 在基因组中的数量为每 1 000 bp 中就含有 1 个，甚至更多。SNP 遍布二倍体物种的整个基因组中，可以在基因编码区、内含子区域或基因间隔区等出现。② SNP 适于快速规模化筛查。虽然 DNA 组成包括 A、T、C 和 G 四种，但是 SNP 位点上碱基一般由两个碱基组成，即二型态位点。SNP 二型态有利于发展自动化技术筛选或检测技术。③ SNP 等位基因频率比较容易估计。④易于基因分型。SNP 二态性特征有利于对其进行基因分型。

SNP 遗传分析在遗传标记、全基因组关联分析、分子标记辅助育种、高密度遗传连锁图谱构建、EST 图谱绘制 5 个方面应用广泛。

（二）插入缺失多态性

插入缺失（insertion-deletion，InDel）是指在近缘种或同一物种不同个体，以及同一个体不同倍体之间，基因组同一位点的序列发生了核苷酸片段的插入或缺失。换言之，InDel 是在一个序列上某一个位点与其同源的另外一个位点相比，插入或者缺失了一个或数个碱基。在同源序列比对时检测到一个空位（gap）现象，在多数情况下无法知道哪个序列是祖先序列，无法判定该空位是由插入引起，还是由缺失引起，因而统称为插入缺失突变。

InDel 在基因组中分布广泛，密度大，数量多。在人类基因组中，每 7.2 kb 的碱基对就包含 1 个 InDel。水稻 InDel 密度更大，大约每 1 000 个碱基对就有 1 个。InDel 在基因组中分布不均匀，表现在不同染色体上分布不均匀，或同一染色体上存在分布偏倚性，或者同一基因不同位置有一定差异等。此外，InDel 长度变化较大。

InDel 标记是以同源序列插入或缺失位点为基础开发的一种标记，也是一种高通量分子标记，适用于在全基因组水平上进行标记开发。此外，InDel 标记也具备 SSR、RAPD 等遗传标记的优点。随着高通量测序技术的发展，InDel 标记应用也越来越广泛。

（三）简单序列重复

简单序列重复（simple repeat sequence，SSR）是指基因组串联重复序列中的微卫星 DNA，是由多个 1～6 个核苷酸组成的首尾相连、成串排列而成的一段 DNA 重复单元。在大型真菌基因组中，微卫星 DNA 数量非常丰富，在各个区域中都存在。灵芝、灰盖鬼伞、双色蜡蘑、黄孢原毛平革菌（*Phanerochaete chrysosporium*）等 6 种大型真菌基因组中 SSR 数量为 1 206～6 104 个不等，占全基因组的 0.04%～0.15%。SSR 分布在灵芝基因组各个区域，内含子区域密度最高；双孢蘑菇 H97 和 JB137-S8 两个菌株 SSR 数量分别为 4 062 个和 3 972 个，主要是由 1 ~ 3 个核苷酸为重复单元组成的串联重复序列，占总数的 98% 以上。

SSR 变异包括微卫星数目的整倍性变异或重复单位序列中序列不一致，从而造成了多个位点的多态性。采用 PCR 检测方法将这些变异展现出来，通过 SSR 多态性反映不同物种或同一物种不同个体的技术，称为 SSR 标记技术。SSR 标记又称为序列标签微卫星位点，是目前最常用的微卫星标记之一。

SSR 标记具有以下优点：①在基因组中数量丰富，相对均匀分布在整个基因组，多态性高；②具有多等位基因的特性，信息量大；③以孟德尔遗传方式遗传，呈共显性；④每个位点均由设计的引物顺序决定，便于不同的实验室相互交流，合作开发引物。SSR 标记现已广泛应用于指纹图谱绘制、遗传图谱构建及目的基因定位。

二、食用菌全基因组关联分析

全基因组关联分析（GWAS）是对某个物种多个个体在全基因组范围的遗传多态性进行检测而获得基因型，将基因型与可观测的性状表型进行群体水平的统计学分析，筛选出最有可能影响该性状的遗传标记，从而挖掘与性状变异相关的基因。

关联分析（association analysis）又称连锁不平衡作图（linkage disequilibrium mapping）或关联作图（association mapping），是一种以连锁不平衡为基础，鉴定某一群体内目标性状与遗传标记或候选基因关系的分析方法。

与连锁分析相比，关联分析有以下 3 个方面的优势。第一，不需要构建专门的作图群体，自然群体即可满足要求；第二，检测范围大，关联分析可以对同一基因座的不同等位基因同时进行检测；第三，鉴定精度高，关联分析可以将性状特征定位于单个标记位点。

数量性状是指由基因组内多个基因协同表达控制的一类性状。由于数量性状单个基因的效力值很低，以及基因在多变环境中选择性表达，遗传表型极易被环境效应覆盖，所得到的表型并不能完全反映其基因型，运用传统的质量性状研究方法难以解析数量性状。

与大多数动植物一样，食用菌的许多表型属于数量性状，例如产量性状、品质性状、抗逆性等。利用均匀分布于全基因组范围内的分子标记，与表型变异进行关联分析，以及开展特殊分离群体的连锁分析，是研究数量性状遗传规律的有效方法。

（一）关联分析的基础

关联分析的基础是连锁不平衡（linkage disequilibrium，LD），连锁不平衡与独立分离定律和自由组合定律不同。当位于某一座位的特定等位基因与另一座位的某一等位基因同时出现的概率，大于群体中因随机分布两个等位基因同时出现的概率时，就称这两个座位处于连锁不平衡状态。在同一群体中，这种连锁不平衡状态包括标记间的非随机关联、基因或 QTL 与标记间的非随机关联，通常由基因连锁引起。连锁不平衡实际检测的是统计的位点间单倍型频率与期望单倍型频率两者之间的差异。

（二）关联分析的方法与策略

关联分析包括候选基因关联分析和全基因组关联分析两种途径。候选基因关联分析基于前人的研究结果，选定目标性状的候选基因，然后在群体中检测基因序列水平的遗传变异，挖掘与表型相关联的序列突变位点。全基因组关联分析以基因组中数量巨大的核苷酸多态性为遗传标记，在全基因水平上对目标性状进行关联，挖掘控制目标性状的基因或片段序列。

关联分析通常分为 4 个部分：①关联材料的构建。优良的关联材料是后期挖掘优异位点的保证。理想的群体材料应包含本物种全部的遗传变异和表型变异，现实研究中在大小受限的群体中，应尽可能选取遗传背景及表型差异丰富的个体去组成群体材料。例如生长地域不同的栽培菌株或遗传背景差异较大的野生菌株，或者核心种质群体。②群体基因组分析。采用质量好、密度高的分子标记，对基因组差异扫描、基因分型和群体结构分析，检测并矫正关联群体的亚群所带来的假阳性关联。③目标性状的选择及其鉴定。目标性状选择需要综合考虑性状的生物学价值、性状考察难易程度、数据获得难易程度及试验可重复性。对关联群体的表型进行多年多点多重复的考察鉴定，非常必要。④关联分析。关联群体中亚群的存在是导致关联假阳性的重要因素。在关联分析之前，对亚群的检测及修正非常必要，通常应用 SA（structure association）来检测亚群的存在。随后的关联分析通常采用线性回归、*t* 检验、卡方检验、方差分析等基本统计学方法及合适的模型。

（三）全基因组关联分析的优势和不足

全基因组关联分析多应用于自然群体，由于检测的群体在历史上发生了遗传重组，在选择群体时应尽可能包含遗传变异相对广泛的群体，以增强检测效率。全基因组关联分析无须假定候选基因，检测能力强，精度高。但全基因组关联分析不能检测稀有等位基因位点，对一些稀有等位基因位点的检测应人为选择合适的群体，提高稀有等位基因位点频率。目前全基因组关联分析主要采用群体水平设计，受群体材料来源因素影响，这种关联分析面临着群体分层等混杂因素导致的高假阳性的挑战。

（四）全基因组关联分析在真菌中的应用

全基因组关联分析最初主要应用于人类重大疾病研究。随着技术发展及测序成本下降，使之得以运用于其他物种中。尽管全基因组关联分析策略越来越有效，真菌基因组也远小于动植物基因组，同核体或单倍型材料也较容易获得，但在真菌中应用依然缓慢。近年来，全基因组关联分析开始应用于酿酒酵母、粗糙脉孢菌及禾谷镰刀菌（*Fusarium graminearum*）等真菌中，在食用菌中仅香菇和金针菇已有研究报道。

三、食用菌比较基因组学分析

比较基因组学（comparative genomics）以基因组图谱和序列为基础，对已知基因组和基因组结构进行比较，分析基因功能、表达机制和物种进化。根据比较基因组学研究内容，分为种间比较基因组学与种内比较基因组学两类。

（一）种间比较

种间比较是指通过比较不同物种的基因组序列，鉴定出编码序列、非编码调控序列与特有序列。基因组序列比对可了解不同物种在核苷酸组成、共线性关系等方面的异同，获得与基因预测、基因定位及生物进化等方面有关的信息。

比较基因组学以相关生物基因组的相似性为基础。两个具有共同祖先的生物，它们之间具有种属差别的基因组由祖先基因组进化而来。如果物种间亲缘关系很近，它们的基因组就会有明显的共线性（synteny），即基因序列的部分或全部保守，以及具有基因位置的一致性。可以利用基因组之间编码顺序及结构同源性，借助已知基因组的图谱，定位其他基因组中的基因，从而揭示基因潜在的功能、物种进化关系和未知基因组的内在结构。

比较基因组学以进化为理论基石，研究结果丰富和发展了进化理论。生物基因组中有 1.5%～14.5% 的基因可以在种群间迁移，导致与进化无关的序列差异形成。因此，需要建立较完整的生物进化模型，避免因基因转移或欠缺合适的多物种共有保守序列，从而对系统发生分析产生不利影响。

（二）种内比较

大量变异和多态性存在于同一种群内不同个体间的基因组序列中。这种基因组序列差异构成了不同个体与种群性状差异的遗传学基础，目前研究较多的是基因组单核苷酸多态性和基因拷贝数多态性。

根据 SNP 在基因中的位置，可分为基因编码 SNP（coding-region SNP，cSNP）、基因周边 SNP（perigenic SNP，pSNP）以及基因间 SNP（intergenic SNP，iSNP）等 3 类。依据基因连锁不平衡原理，2005 年发表了第一份人类基因多态性图谱，利用基因芯片鉴别出 158 万个单一核苷酸变异的 DNA 位点。这个图谱有助于预测人体某些疾病发生的可能性，以及实施最佳治疗方案，促进基因个体化医疗目标的实现。

在全基因组测序和基因芯片技术发明前，人们对全基因组范围内的拷贝数多态性（copy number polymorphism，CNP）的数量和分布了解较少。数个“人类基因组计划”研究意外发现，在表型正常的人群中，不同个体间在某些基因的拷贝数上具有差异。一些个体的基因组内丢失了大量的基因拷贝，而另一些人则拥有额外的基因拷贝，这种现象被称为基因拷贝数多态性。平均两个个体间存在 11 个基因拷贝数差异，CNP 平均长度为 465 kb，其中超过 50% 的 CNP 在多个个体中出现，并定位于其他类型的染色体重排附近。CNP 可能造成不同个体在食欲和药效等方面的差异。

第三节 食用菌蛋白质组学

蛋白质组（proteome）指一个基因组所表达的全部蛋白质，或一类细胞、组织或生物在某一环境条件下所表达的全部蛋白质。

一、蛋白质组学及研究内容

（一）蛋白质组学

基因芯片（gene chip）、基因表达序列分析（serial analysis of gene expression）和大规模并行信号测序系统（massively parallel signature sequencing）等广泛应用，使人们对细胞内 mRNA 水平变化有了较清晰的认识。仅通过 mRNA 水平检测，是无法研究转录后水平调控（post-transcriptional control）、翻译水平调控（translational control）以及翻译后水平调控（post-translational control）的。

大量研究证明，在某些条件下细胞 mRNA 丰度与蛋白质丰度的相关性较弱。尤其对于低丰度蛋白质而言，相关性更弱。生命现象发生涉及细胞内全套蛋白质的变化，蛋白质是表现生物生理状态的载体。蛋白质翻译后修饰作用是许多重要的生理现象发生的原因。基因组学被称为生命的蓝图，蛋白质组学方法给基因组序列带来了“生命”。

随着后基因组时代兴起，蛋白质组学实验仪器迅速普及。2010 年欧洲蛋白质组学协会（EuPA）旗下拥有 9 个与蛋白质组学相关的国际知名期刊。蛋白质组学研究作为功能基因组学的重要支柱，是当今生命科学领域的前沿。蛋白质组研究可实现与基因组对接和确认，揭示生命活动的规律和本质，发现人类重大疾病与病原体致病的物质基础，以及疾病发生发展的病理机制，还可广泛推动生命科学基础学科及信息、材料等应用科学发展。

（二）蛋白质组学研究内容

按照研究内容，蛋白质组学可以分为两类。

1. 全蛋白质组学 即分离并鉴定生物体内尽可能多的蛋白质，乃至接近所有的蛋白质，使之更符合蛋白质组学的本质。由于蛋白质表达与生物所处的环境和生理状态有关，通常难以分析一种生物基因组表达的全部蛋白质。

2. 比较蛋白质组学（comparative proteomics） 即研究不同生理状况下样品内蛋白质组成的变化，从而发现差异蛋白。比较蛋白质组学通过寻找生物体不同生理状态下蛋白质表达变化，研究与生物生理变化相关的蛋白质功能。

二、蛋白质组学研究方法

（一）双向电泳技术

双向电泳（two-dimensional electrophoresis，2-DE）具有简便、快速和高分辨率等优点，极大地提高了蛋白质分离的分辨率。经历了 30 多年的发展，双向电泳技术已较为成熟。但双向电泳重复性差，费时费力，对分子量过大或过小的蛋白质、低丰度蛋白质（＜1 000 个拷贝）、难溶蛋白质等分离困难。

双相荧光差异凝胶电泳（2D differential in-gel electrophoresis，2D-DIGE）技术使 2D-PAGE 重现性提高。一些新的蛋白质分离技术也开始出现，如多维色谱技术、亲和色谱技术和毛细管电泳等。目前蛋白质凝胶电泳技术可与质谱联用，对蛋白质进行鉴定。

（二）生物质谱技术

质谱技术（mass spectrometry，MS）常与双向电泳等蛋白质分离技术联用，具有灵敏度、准确度和自动化程度高等特点，是蛋白质鉴定的核心技术。20 世纪 80 年代中期，出现了以电喷雾电离（ESI）和基质辅助激光解析电离（MALDI）为代表的软电离技术。通过肽质量指纹谱（peptide mass fingerprinting）、肽序列标签（peptide sequence tag）和肽阶梯序列（peptide ladder sequencing）等方法，结合蛋白质数据库的检索功能，可实现对蛋白质的快速鉴定和高通量筛选，拓展了质谱的应用范围，形成了生物质谱技术。

由于离子源和质量分析器的不同，生物质谱产生了电喷雾电离飞行时间质谱（ESI-TOF-MS）技术和基质辅助激光解析电离飞行时间质谱（MALDI-TOF-MS）技术等多种生物质谱技术。MALDI-TOF-MS 测定肽指纹图谱是当前蛋白质组研究常用的鉴定方法，无须纯化蛋白，可同时鉴定多个蛋白质，具有灵敏度高、准确度高和易自动化的特点。

（三）蛋白芯片

蛋白芯片（protein chip）又称蛋白微阵列芯片（protein microarray），凭借其高通量、高特异性和高灵敏度等优点，在蛋白组学中受到广泛关注，被越来越多地应用于蛋白质表达谱和蛋白质生物活性测定。蛋白芯片在蛋白质组功能研究、疾病诊断及药物开发中显示出巨大的潜力。

蛋白质芯片和基因芯片都属于生物芯片范畴，是随着人类基因组计划实施而诞生的新技术新方法。随着基因芯片技术不断成熟及成功运用，蛋白芯片技术的研究应运而生。蛋白质芯片具有快速、高效、平行、高通量的优点，但蛋白质芯片载体材料表面的化学修饰方法及蛋白固定化技术还需要改进，信号检测方法的灵敏度有待提高。

（四）生物信息学

生物信息学（bioinformatics）是一门交叉科学，包含了生物信息的获取、加工、存储、分配、分析、解释等多个方面，它综合运用数学、计算机科学和生物学的各种工具，阐明和解释大量数据所包含的生物学意义。

蛋白质组研究提供的数据量巨大，蛋白质组较基因组更加复杂，蛋白质组信息学更具有挑战性。生物信息学在蛋白质组学中应用非常广泛，通过双向凝胶电泳、生物质谱等方法获得的大量数据，必须依赖生物信息学方法和手段，对蛋白质种类、数量、结构和功能进行分析，在蛋白质结构和功能预测上也起到了重要作用。

三、蛋白质组学在食用菌中的应用

人们已逐渐开始利用蛋白质组学技术对食用菌进行研究，目前研究已涉及香菇、美味牛肝菌、虎奶菇（*Pleurotus tuberregium*）、双孢蘑菇、真姬菇、草菇、金针菇和冬虫夏草等多种食用菌。食用菌蛋白组学研究主要是有关非生物胁迫下或不同生长发育阶段的蛋白质组学。

在蛋白质分离技术方面，食用菌菌丝体与子实体全细胞蛋白的双向电泳分离技术已经得到建立和应用。Matis 等（2005）首次采用 1-DE 与同位素标记结合一维液相电喷雾串联质谱（LC ESI-MS/MS）技术，分离糙皮侧耳细胞内蛋白质组。蛋白质数据库建立有助于未完成基因组测序的真菌部分种类蛋白的快速鉴定。

双色蜡蘑作为一种植物根部共生真菌，已经采用 2-DE 和鸟枪法蛋白质组学（shotgun proteomics）方法对 224 种分泌蛋白进行了鉴定。细胞壁相关蛋白酶表达变化分析表明，双色蜡蘑菌丝生长变化是真菌细胞壁结构模式变化的结果。

（一）与环境胁迫相关的比较蛋白质组学

金针菇在暗培养和低温刺激的培养条件下菌丝和子实体中检测到 22 个差异蛋白点，而在光照和无低温刺激处理中未能检测到差异蛋白点，表明光照和低温刺激能诱导金针菇部分蛋白表达。

（二）与子实体发育相关的比较蛋白质组学

金针菇双核可孕菌丝和不可孕单核菌丝间检测到了 300 多个差异蛋白点，其中在双核菌丝中特异表达的蛋白点有 19 个，而在单核菌丝中特异表达的蛋白点有 9 个。光照与金针菇子实层分化关系密切，光诱导下菌盖特异表达细胞壁关联蛋白 PSH，Pf1、Pf2 和 Pf3 等 3 个蛋白与子实体发育相关。比较蛋白质分析发现，草菇不同核的菌丝表达蛋白具有功能互补性，不同生长发育时期则有大量差异表达蛋白。

（三）与真菌降解木质纤维素相关的分泌蛋白质组学

分泌蛋白质组分析是揭示真菌木质纤维素降解酶系统作用机制的有效手段。木腐类和草腐类真菌响应木质纤维素碳源的胞外分泌蛋白酶组分是近年来的研究重点，主要目标是揭示真菌木质纤维素降解酶在不同碳源诱导下的表达模式。

白腐菌对植物木质纤维素的降解具有时序性，即优先降解木质素，后降解纤维素。射脉侧菌（*Phlebia radiata*）在杉木屑培养基上的生长早期（7 d），与木质素降解相关的 2 个锰过氧化物酶 MnP、3 个木质素过氧化物酶 LiP 和 1 个乙二醛氧化酶 GLOX 大量表达，而 7 d 以后纤维素水解酶 GH6 和 GH7 蛋白表达量升高。双孢蘑菇退化菌株 2796-3 和 2796-5 菌丝基质降解能力的蛋白质组学研究发现，两个与退化特性一致的差异显著蛋白经质谱鉴定，上调差异蛋白为肌动蛋白，下调差异蛋白为 NADH 脱氢酶铁硫蛋白。

第四节　食用菌代谢组学

代谢组学是定量研究生命体对外界刺激、生理病理变化及本身基因突变而产生的体内代谢物水平多元动态反应的学科。代谢组学是继基因组学、转录组学和蛋白质组学之后，系统生物学（system biology）中一个重要的组学平台。各种组学数据之间既相互关联又各有侧重，综合比较分析多组学数据，对于从全局性和系统性角度认识生命现象，揭示生命奥秘具有重要意义。近年来代谢组学发展迅速，已经广泛应用于药学、医学、微生物学、动植物学、食品科学和环境科学等领域。

相对于基因组学和蛋白质组学，代谢处于生命活动调控的终端，代谢组学更接近于表型。随着代谢组学研究技术的不断成熟和完善，其在食用菌遗传育种研究中必将发挥越来越重要的作用。

一、代谢组学研究内容

代谢组（metabolome）是指参与新陈代谢和维持生长发育的所有小分子化合物的集合，主要是分子量小于 1 000 的内源性小分子。代谢组学主要研究细胞、组织或生物体受刺激或扰动后代谢组的变化情况。

代谢组学通过检测细胞内外或组织中各种小分子代谢物，包括有机酸、糖类、脂质、氨基酸、维生素等，分析外界刺激引起的代谢物变化，揭示生物体对环境变化的响应。因此，代谢组学是研究代谢物浓度变化的理想手段，通过研究代谢物浓度变化从而揭示胞内代谢系统对环境的响应。

代谢组学研究主要具有以下特点：①基因和蛋白质表达的微小变化会在代谢物上得到放大，使检测更加容易。②给定的代谢产物在各个生物体系中都是类似的，研究技术更加通用。③不需要针对专门物种建立大规模数据库，例如全基因组测序及大量表达序列标签（EST）数据库。④代谢物种类远少于基因和蛋白质的数目。每个组织的代谢物约为 10^3 数量级，而细菌基因组中至少也有几千个基因。⑤代谢物浓度的动态范围较宽，复杂程度较高，很难实现高通量全范围准确检测。

代谢组学研究内容包含四个方面：①代谢物靶标分析（metabolite target analysis），目标是定量分析某个或几个特定组分。②代谢轮廓分析（metabolic profiling analysis）。采用针对性的分析技术，对特定代谢过程中结构或性质相关的预设代谢物进行定量测定。③代谢指纹分析（metabolic fingerprinting analysis）。不具体鉴定单一组分，而是定性并半定量分析细胞外与细胞内全部代谢物的差异，对样品进行快速分类。④代谢组学分析。定性和定量分析一个生物系统全部内源性代谢组分。代谢组学涉及的数据量非常大，需要有对数据进行解析的化学计量学技术。

二、代谢组学研究方法

在代谢组学研究中，目前主要使用的分析方法包括核磁共振波谱（nuclear magnetic resonance，NMR）、质谱（mass spectrum，MS）、气相色谱（gas chromatography，GC）、高效液相色谱（high performance liquid chromatography，HPLC）、红外光谱、毛细管电泳、紫外吸收、电化学检测等。这些检测技术和方法各有优势，经常被联合起来使用。

NMR 能够对样品实现无创性、无偏向性检测，具有良好的客观性和重现性，样品处理不烦琐，具有较高通量和较低的单位样品检测成本。但 NMR 灵敏度低，检测的化合物数量有限，检测动态范围有限，难以同时检测一个样品中含量差异较大的物质。

MS 通常与 GC 或液相色谱（LC）联用。GC-MS 是用载气推动复杂分析物，经过气相色谱分离，对进入高真空质谱系统的离子源进行离子化。GC-MS 可检测有机酸、氨基酸、糖类等初级代谢产物和一些非极性代谢物。GC-MS 样品处理过程较烦琐，检测物质有偏向性，主要分析检测挥发性物质和可衍生化具有活性氢基团的物质。

LC-MS 分析样品在色谱部分和流动相分离，并被离子化，然后经 MS 的质量分析器，将子母离子碎片按质量数分开，经过检测器得到化合物质谱信息，从而得到代谢物定性和定量的分析结果。LC-MS 样本前处理简单，重现性好，检测物质没有偏向性，可检测极性化合物、热不稳定化合物和一些高分子化合物。但 LC-MS 缺乏成熟的商业数据库，可鉴定的化合物种类有限。GC-MS 和 LC-MS 相互补充，联合应用，可更加全面地分析多种性质的代谢物。

（一）样品采集与制备

代谢组学对实验设计要求非常严格，样品采集与制备是代谢组学研究非常重要的环节之一。首先需要采集足够数量的代表性样本，减少生物样品个体差异对分析结果的影响。在实验设计中，对样品收集时间、种类、部位、样本群体等应给予充分考虑。在分析过程中应有严格的质量控制，需要考察空白对照、样本重复性和分析精度等。

根据研究对象、研究目的和分析技术的不同，样品提取和预处理方法各异。采用 NMR 技术平台，仅需对样品做较少的预处理即可。采用 MS 进行全成分分析时，样品处理相对简单，但不存在一种普遍适用的标准处理方法。主要还是依据相似相溶原则，通常用水或有机溶剂分别提取脱蛋白后的代谢产物，得到水提取物和有机溶剂提取物，从而将非极性相和极性相分开。

对于代谢轮廓分析，则需要做较为复杂的预处理，常采用固相微萃取、固相萃取和亲和色谱等预处理方法。采用 GS 或 GS-MS 联用时，常需要进行衍生化，增加样品的挥发性。代谢组学分析一次样品较多，而样品准备很难同一天采集完成，因此样品保存十分重要，最好是保存在 -80℃冰箱中。

（二）基于代谢组学的数据分析方法及数据库

对代谢组学数据进行分析，首要目标是从鉴定的大量代谢物中，筛选一部分具有统计学和生物学意义的代谢物，并以此为基础阐明生物体代谢过程和变化机制。通常情况下，鉴定的代谢物之间表达量和表达模式具有一定的相关性，例如处于同一代谢途径上下游的代谢物。

常用于代谢组学研究的统计方法分为监督式（supervised）模式识别和非监督式（unsupervised）模式识别两大类。其中监督式模式识别以大样本为训练数据，从而建立数学模型，并利用后续检测数据优化模型，从而提高样本类别判断和生物标志物识别的准确性及可靠性，但前提是对样本分类已有初步判断。而非监督式模式识别是在不具备任何相关知识背景的情况下，对生物样本进行类别归属和生物标志物识别，从而考察其代谢途径。

代谢组学分析主要依靠各种代谢途径和生物化学数据库，但目前代谢组学研究还没有功能完备的数据库。一些生化数据库可用于未知代谢物的结构鉴定，或用于已知代谢物的生物功能解释。在可用的数据库中，广泛应用 NIST 数据库、Dictionary of Natural Products、PubChem 和 CAS 数据库，其他数据库还有京都基因与基因组百科全书（Kyoto Encyclopedia Genes and Genomes，KEGG）、METLIN、生物化学途径（ExPASy）、互联网主要代谢途径（Main Metabolic Pathways on Internet，MMP）。此外，关于有机化合物波谱的数据库有 SDBS、Madison Metaboloics Consortium Database、LIPID MAPS 等。Meta-Cyc 是有关微生物和植物代谢物的数据库，包含了从大量文献和网上资源中获得的代谢途径、反应、酶和底物的资料。

三、食用菌代谢组学研究

食用菌代谢产物种类丰富，且多是生物活性物质，具有重要的食用和药用价值，代谢组学研究方法在食用菌研究中具有广泛的应用前景。目前 GC-MS 和 LC-MS 已广泛应用于糙皮侧耳、双孢蘑菇、香菇等食用菌代谢产物检测。食用菌中检测的代谢产物主要包括以下 6 类。

（一）抗生素

抗生素是一类在微量时就能抑制或杀死其他生物细胞的生理活性物质。过去主要依靠放线菌生产抗生素，目前已报道 60 多种食用菌能产生抗生素，抑制多种细菌和丝状真菌等。

（二）抗肿瘤活性物质

食用菌某些代谢产物如多糖、多肽类或糖类化合物等具有抗肿瘤活性。这些物质多数是从食用菌子实体浸出液中提取出来的，有些是从深层发酵菌丝体中获得的，例如香菇多糖、金针菇多糖、侧耳多糖蛋白、灰树花多糖等。

（三）抗氧化物质

许多食用菌具有清除羟自由基的能力，不同食用菌清除羟自由基的物质各不相同。香菇、糙皮侧耳、金针菇、杏鲍菇、草菇和茶树菇等 6 种常见食用菌中的多酚均具有较强的抗氧化能力，其中香菇、草菇和茶树菇的抗氧化活性优于其他食用菌。

（四）降低胆固醇物质

食用菌中存在降低胆固醇的有效成分，例如糙皮侧耳中微量的牛磺酸，它们对降血压、防治动脉粥样硬化等引起的心血管病具有很好的疗效。

（五）特殊呈味物质

食用菌中非挥发性成分是一类可溶的分子量较小的化合物，如一些游离氨基酸、核苷酸及糖类等。此外，特殊呈味物质还与普遍存在的不饱和脂肪酸及某些维生素、无机离子（Na^+、K^+）、有机酸等有着密切联系。它们相互发挥作用，呈现出食用菌独特的鲜美味道。食用菌挥发性成分种类繁多，主要包括挥发性的八碳化合物、含硫化合物以及醛酸酮酯类等。食用菌不同品种、不同生长部位及不同发育阶段所含的风味成分存在差异。

（六）维生素和矿质元素

食用菌富含多种矿质元素，除了含有人体必需的大量元素 K、Ca、Mg、S、P 外，还含有人体必需的微量元素 Zn、Cu、Fe、Ba、Sr、Al、Cr、Ni、Na、Se 等，矿质元素总含量 2.4%～4.5%，不同食用菌或不同部位中矿质元素含量存在一定的差异。食用菌中维生素包括维生素 B_1、维生素 B_2、烟酸、维生素 C、维生素 D 等，另外还含有少量维生素 A。

食用菌中许多代谢物是功能性食品和药品的重要组成成分。采用代谢组学方法，系统挖掘食用菌代谢产物，并结合其他组学方法，研究其代谢途径及调控机制，对食用菌遗传育种实践具有重要的指导作用。

利用 GC-MS 技术，在新鲜和干制的糙皮侧耳中发现了 107 种代谢物，主要是有机酸类、氨基酸类、酚类、生物碱类、酯类等；其中56种仅能在新鲜糙皮侧耳子实体中检测到，37种仅在干制的糙皮侧耳子实体中检测到，还有14种在两种样品中都能检测到。采用NMR、GC/MS和LC/MS等3种代谢组学检测手段，从糙皮侧耳菌丝深层发酵液中鉴定到了19种已知的生物活性物质，主要是一些不饱和脂肪酸、酚类、生物碱类等。采用GC-MS技术，在糙皮侧耳子实体中还检测到挥发性的芳香类物质，主要包含棕榈酸、亚油酸、9-十八碳烯酸、3-甲基环戊酮、亚油酸乙酯和十五烷酸等。

包括生物活性物质在内的食用菌代谢产物是评价食用菌品种品质的重要指标，以代谢产物为研究对象的代谢组学将在食用菌品质评价、栽培技术创新和优良品种选育中发挥重要作用，必将有力地推动食用菌产业健康发展。

（执笔：第一节和第二节 邓优锦；第三节 龚钰华；第四节 康恒；
本章由赵明文、边银丙修改，边银丙统稿）

本章思考题

1. 试述食用菌基因组的定义。
2. 简述食用菌基因组完成图的组装流程。
3. 简述食用菌基因组序列的特征。
4. 食用菌全基因组关联分析主要包括哪些内容？
5. 简述种内比较基因组和种间比较基因组研究的异同点。
6. 简述蛋白质组学主要研究方法。
7. 简述比较蛋白质组学的主要研究内容。
8. 什么是代谢组学？代谢组学的研究内容和研究方法有哪些？
9. 食用菌代谢产物主要有哪些类型？
10. 如何利用代谢组学方法对代谢物进行研究？

数字课程网上资源

教学课件　　本章思考题参考答案

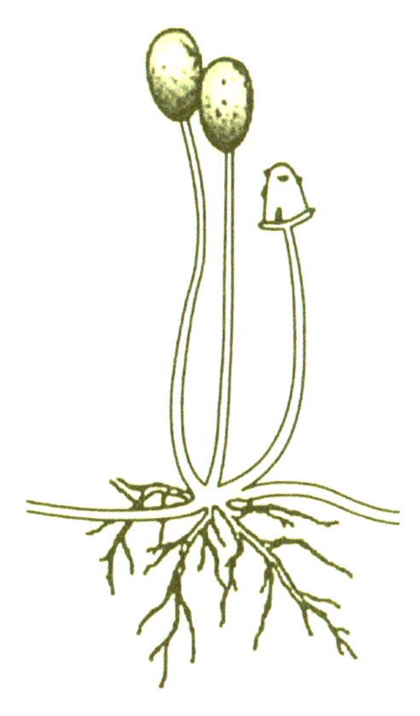

第六章　食用菌种质资源评价

食用菌种质资源是携带食用菌所有遗传信息的生物材料，包括野生种质和栽培种质。食用菌野生种质资源是长期自然变异和选择的结果，不同地域来源的野生种质具有独特的基因和性状，是研究物种多样性的基础材料，也是人工系统选育的出发菌株，某些野生菌株还可以作为杂交育种亲本材料。栽培种质是人工系统选择或杂交培育的栽培菌株，通常具有高产、优质、抗逆或富含生理活性成分等优良性状，是人们开展食用菌栽培的种质材料，也是进一步开展育种工作的出发菌株。

建立食用菌种质资源库，开展种质资源收集、鉴定和保藏是种质资源评价的基础。菌株鉴定是指评价种质资源新颖性和特异性，通常不仅需要采用形态学方法，还需要结合体细胞不亲和反应、同工酶分析和DNA分子标记等方法。种质资源评价内容包括营养生长特性、结实性状、环境适应性、商品性状等性状评价。食用菌种质总是在不断地累积变异，导致某些优良品种失去原有的优良性状，一方面需要采取措施进行种性维护，另一方面需要进行种质资源创新，不断满足生产需要。我国食用菌种质资源较为丰富，食用菌种类达到千余种，仅人工商业化栽培的种类超过50种，为开展种质资源创新和利用奠定了良好的基础。

第一节 种质资源库建设

种质资源是食用菌育种工作的基础，是食用菌优良性状的基因库。对于食用菌科学研究和产业发展而言，种质资源收集、鉴定、评价和种性维护是重要的基础性工作。食用菌种质资源库建设和种质资源评价对于培育高产、优质、抗逆性强的新品种，开展食用菌生物学理论研究具有重要意义。

种质（germplasm）是决定生物特性，并将丰富的遗传信息从亲代传递给子代的遗传物质的载体。食用菌种质资源（genetic resource）是携带不同种质或基因的所有食用菌及其近缘种及野生种，包括野生种质和栽培种质。食用菌种质资源材料包括其活体组织（子实体、菌核、子座）、孢子和菌种（纯培养物），以及由基因、基因型集合构成的遗传性保育材料等，常指不受繁殖瓶颈效应制约的样本资源。

食用菌种质资源库又称为基因库，需要利用必要的仪器设备控制贮藏环境，长期贮存食用菌种质材料。种质资源库建设需要有相应的科技队伍作为技术支撑，还需要相应的场地、环境、仪器设备、试验场所、贮藏场所、计算机管理系统等硬件条件，但核心是对种质资源进行收集、鉴定和菌种保藏。

在进行种质资源评价之前，所有收集到的种质材料都需要先进行菌株鉴定，确定其是否具有特异性和新颖性，再考察食用菌培养特性、结实能力、环境适应性、品质性状和营养体不亲和性。开展种质资源遗传多样性分析是有效利用种质资源材料开展良种选育的基础。

一、野生种质采集与分离

采集食用菌野生菌株是为了开展资源调查、驯化栽培、品种选育、生态研究、分类鉴定或建立标本库等。采集野生种质材料之后，应立即进行菌种分离培养，为种质材料鉴定和保藏奠定基础。

（一）野生菌株采集

在进行野生菌株采集之前，必须制订调查计划，包括确定采集时间、采集地点、采集路线、海拔高度、植被类型、地貌特征和土壤类型等，准备地图、放大镜、GPS 定位仪、海拔仪、照相机、刻度尺、卷尺、采集刀、枝剪刀、采集袋、记录表等。在进行野生食用菌野外菌种分离之前，还需要准备酒精灯、酒精棉球、培养基试管、解剖刀、小镊子及分类参考书等。

采集到野生菌株子实体、菌核或子座等组织体后，应用干净的牛皮纸信封进行包装，避免与其他标本混放在一起，避免用塑料袋收集野生子实体等材料，尽快带回实验室进行菌种分离培养。

（二）菌种分离培养

进行野生菌株纯菌种分离培养时，应注意选择合适的组织材料、菌种分离方法、培养基种类和严格无菌操作。

1. 组织材料选择　采集野生菌株时，获得的组织材料可能是子实体，也可能是菌核、子座或生长基质。应选择易进行消毒处理、易获得纯培养且组织体中菌丝活力旺盛的材料，避免使用已腐烂或被污染的组织体，也尽量避免采用段木、虫体或粪草等食用菌生长基质，以免给后期菌种纯化和鉴定带来困难。

2. 菌种分离方法　菌种分离方法包括组织分离法、孢子分离法和基内菌丝分离法。组织分离法是最为常用的方法，可以采用子实体进行组织分离，也可以采用菌核或子座进行组织分离。孢子分离法是在弹射孢子的基础上，进行单孢分离或多孢混合培养获得菌种。在同宗配合食用菌中，可以采用单孢分离获得菌种。在异宗配合食用菌中，有时采用多孢混合培养法获得混合菌种，再进行栽培和组织分离，获得纯培养菌种。基内菌丝分离法常应用于银耳、黑木耳等胶质菌的菌种分离，一般取胶质菌子实体基部的菌丝生长基质进行组织分离。

3. 培养基种类 在分离食用菌野生菌株的纯培养菌种时，应注意选择合适的培养基。通常选用马铃薯葡萄糖琼脂培养基（PDA）进行菌种分离培养，有时也选用含玉米粉、麦粒等一些天然产物的培养基进行菌种分离培养。

在野生菌株菌种分离培养过程中，培养基、各种器皿及用具均应进行高压灭菌，组织体及操作台表面严格消毒，严格无菌操作，防止菌种污染。

二、种质资源鉴定

食用菌属于菌物界担子菌门或子囊菌门真菌。无论是采集和分离的食用菌野生菌株，还是收集或保藏的食用菌栽培菌株，都必须进行真菌物种鉴定和菌株特异性鉴定，确定种质材料属于哪一个真菌物种，所获得的种质材料是否具有特异性和新颖性。

（一）物种鉴定

物种鉴定是指确定食用菌在菌物分类学中所处的位置，即食用菌属于哪一个属及哪一个物种。人工栽培食用菌多数分布在担子菌门侧耳属（*Pleurotus*）、小香菇属（*Lentinula*）、木耳属（*Auricularia*）、蘑菇属（*Agaricus*）、小火焰菌属（*Flammulina*）、田头菇属（*Agrocybe*）、猴头菇属（*Hericium*）、包脚菇属（*Volvariella*）、灵芝属（*Ganoderma*）、鳞伞属（*Pholiota*）和竹荪属（*Dictyophora*），以及子囊菌门羊肚菌属（*Morchella*）和虫草属（*Corydeceps*）中。

在自然条件下，某些食用菌的子实体形态差异较小，仅采用形态学或显微镜观察等难以准确鉴定物种，需要结合分子生物学或生物信息学方法进行鉴定。目前核糖体 DNA 片段中 *ITS*、*LSU*、*Top Ⅱ* 及线粒体基因组 DNA 片段中 *CO1*、*mtSSU*（*mt-V4*、*mt-V9*）等都常作为食用菌物种鉴定的基因序列。在物种鉴定中，基因组测序分析方法运用越来越广泛。

（二）菌株鉴定

菌株特异性鉴定是食用菌种质资源利用的前提。在食用菌物种鉴定的基础上，必须对菌株进行特异性鉴定，其目的是明确所获得的种质材料与已有种质材料是否相同，是否具有新颖性。难以采用形态学方法对同一物种的不同菌株进行鉴定，通常还需要结合细胞学、生物化学、遗传学和分子生物学方法进行。

1. 形态学鉴定 形态学鉴定是菌株鉴定最基本的方法。子实体形态包括菌盖、菌褶、菌柄、菌肉、菌托、菌环、菌刺、菌孔、耳片、菌膜、鳞片、花纹等，其中菌盖、菌柄、菌褶和耳片等特征变化较大，有时在菌株之间存在明显差别。

菌盖特征包括菌盖形状、大小、厚度、颜色、边缘、表面特征等，包括表面是否光滑、有无凸起或凹陷、有无裂纹、绒毛、鳞片、斑纹、黏液、附属物等。菌柄特征包括菌柄颜色、形状、长度、直径、质地、与菌盖着生关系、表面特征，其中表面特征是指有无绒毛、鳞片、纹饰等。菌褶特征包括菌褶颜色、轮廓外形、疏密程度、褶片大小，以及菌褶与菌柄的着生关系，如离生、延生、弯生等。

耳片是黑木耳、银耳、毛木耳等胶质菌的子实体，耳片特征包括耳片发生方式（单生或簇生）、开片程度、耳片大小、厚度、边缘、耳片背面和腹面的色泽、耳根大小、皱缩程度、茸毛有无及茸毛长度等。

除上述子实体形态特征之外，有时也将菌落特征作为菌株鉴定的依据之一。菌落特征包括在适宜培养基上菌落的形状、色泽、生长速度、菌丝疏密、气生菌丝多寡、边缘整齐度等，有时还包括是否产生菌皮、分生孢子及厚垣孢子及色素，以及色素颜色等特征。

2. 体细胞不亲和反应 拮抗反应是同一物种内不同个体或不同营养亲和群之间的一种相互识别、相互排斥的现象，也称为体细胞不亲和性（somatic incompatibility）或营养不亲和性（vegetative incompatibility）。营养亲和群（vegetative compatibility group，VCG）是指一个由无数体细胞组成，以网状连接彼此的完整的菌落，体细胞之间彼此是亲和的。

如果菌丝之间是不亲和的，则菌丝相互接触识别和融合之后，融合细胞与其他细胞间的隔膜孔封闭，使融合细胞形成一个封闭的细胞。随后该融合细胞发生程序性细胞死亡（programmed cell death，PCD），有时还诱导相邻细胞发生程序性死亡。由于部分细胞程序性死亡，菌丝相互接触的区域菌丝变得稀疏，同时色素不断积累，使拮抗区域边缘出现明显的色泽变化。通常在菌丝交接处出现明显的反应区（interaction zone），反应区菌丝表现不一，菌丝浓密或稀疏，平贴或棉絮状。在某些反应强烈的拮抗反应中，反应区一边或两边出现明显的无菌丝带。有时反应区菌丝产生露珠，或背面产生深浅不一的色素。露珠多寡，色素深浅，以及两个菌落之间的沟壑宽度、高度及菌丝浓密程度，都是体细胞不亲和性的表现形式。

因此，营养体不亲和性反应可分为沟壑型（chimb）、隆起型（ridgy）和隔离型（separate）3 种类型。沟壑型表现为两个菌株菌落在近交界处气生菌丝密集或稍隆起，两侧隆起之间培养基清晰可见，似沟状。隆起型表现为两个菌株在菌落交界处菌丝隆起。隔离型表现为两个菌株在菌落之间有一段明显的距离，其培养基明显可见，两个菌落被明确地隔离开来。营养体不亲和性反应类型主要取决于两个菌株彼此的遗传距离和亲缘关系，也与试验条件有关。

3. 同工酶酶谱 同工酶（isozyme）是指理化性质或生物性质不同，但能催化相同反应的一组酶，它们是不同基因位点或等位基因编码的多肽链的单体、纯合体或杂聚体。同工酶作为基因编码的产物，酶蛋白的氨基酸顺序反映了 DNA 链上碱基对的顺序。经聚丙烯酰胺凝胶电泳进行蛋白质分离，并经特异性染色后，不同的酶蛋白组分在凝胶上呈现在不同的位置，显示特有的同工酶酶谱。能够用于食用菌遗传特异性鉴定的同工酶种类主要有酯酶、过氧化物酶、漆酶、苹果酸脱氢酶和乙醇脱氢酶等。

4. DNA 分子标记 采用 DNA 分子标记进行菌株鉴定的方法，较形态标记和生化标记等方法具有许多独特的优势。DNA 分子标记具有以下突出的优点，①分析结果不受组织类别、发育阶段或环境条件影响；②标记数量多，多态性高，表现为共显性的标记；③易于快速自动化检测，检测效率高。

随着分子生物学不断发展，DNA 分子标记种类也逐步增加。第一代分子标记包括 RFLP、RAPD、AFLP 等；第二代分子标记包括 SSR、ISSR 等；第三代分子标记则包括 SNP、EST 等。在上述分子标记基础上，还衍生出了 SCAR、SRAP 等标记，在食用菌菌株特异性鉴定中被广泛应用。各种分子标记的特征可参考第三章第三节的内容。

三、菌种保藏

对于采集或收集的食用菌野生菌株和栽培菌株等种质材料，经过种质资源鉴定后，应对菌种进行妥善保藏，为种质资源评价和利用奠定基础。

（一）菌种保藏的目的

菌种保藏（culture preservation）是为了保持食用菌菌株生活力和遗传性状，能使菌种经保藏后不发生变异，可以保持菌种原有的生物学特性，以利于在生产和科研中应用。

菌种保藏是创造适合菌种长期休眠的环境条件，如干燥、低温、缺氧、避光、缺乏营养以及添加保护剂等，使菌种生长代谢处于最不活跃或相对静止的状态。干燥环境使菌种新陈代谢速率降低，低温、缺氧、避光、缺乏营养等也具有类似作用，通常采用其中一种或多种方法可达到菌种保藏的目的。

（二）菌种保藏方法

选择菌种保藏方法时，首先应考虑尽量保持菌种的优良性状不变，同时还需要使保藏方法操作简便，易于推广。菌种保藏方法较多，保藏原理不同，也各有优缺点。常见保藏方法包括斜面低温保藏法、液体石蜡保藏法及液氮超低温保藏法等。

1. 斜面低温保藏法　将菌种在斜面培养基上培养后，置于4～5℃条件下低温保藏，之后每隔2～3个月转管一次。草菇菌种对低温耐受力差，5℃以下极易死亡，通常保藏在10～13℃或室温下。

菌种保藏常用PDA或麦芽汁培养基等天然培养基。将琼脂用量提高至2.5%，有利于减少培养基水分散失。还可添加少许磷酸二氢钾或碳酸钙作为缓冲剂，防止培养基在保藏过程中酸化。

斜面低温保藏法具有简便、易操作等优点，但保藏时间较短，需经常转管，易造成菌种污染或退化。在生产上可将斜面低温保藏法与其他方法结合起来，以减少转管次数。

2. 液体石蜡保藏法　液体石蜡保藏菌种既可以置于冰箱4℃保藏，也可在室温下保藏，保藏时间可达3年以上。将液体石蜡分装于三角瓶中，加胶塞封口，高压蒸汽灭菌，再置于160℃烘箱烘1～2 h，使水分蒸发。在无菌操作条件下，将已灭菌的石蜡加入待保藏菌种的斜面试管内，使石蜡用量高出斜面培养基顶端约1 cm，加盖胶塞，再用石蜡密封试管口。使用保藏菌种时，不必将液体石蜡除去，可直接取出小块菌丝后将保藏菌种重新封口，继续保藏。

3. 液氮超低温保藏法　液氮超低温保藏法是将菌种装在含冷冻保护剂的安瓿瓶内，置于-196℃液氮中保存。此方法几乎适用于所有食用菌菌种的长期保存，包括不能冷冻干燥保藏的菌种，甚至包括草菇菌种。保存菌丝体时，可以采用液体振荡法培养菌丝球，或平板培养菌丝体，也可用麦粒菌种。保藏孢子时，可制成孢子悬液，加入保护剂，装入无菌的安瓿瓶内。

一般选用硼硅玻璃制作的安瓿瓶，采用10%甘油或5%～10%二甲基亚砜作为保护剂。取适宜大小的菌丝块，在无菌条件下移入加入了保护剂的安瓿瓶中，采用火焰将安瓿瓶上部熔封，浸在水中检查是否漏气。然后将安瓿瓶放入慢速冻结器内，控制冻结速度，每分钟降低约1℃，使菌丝样品逐步均匀地冷却至-40℃，之后冻结速度可迅速下降。当安瓿瓶冻结后，立即放入液氮罐中。罐内气相温度为-150℃，液相温度为-196℃。使用保藏菌种时，将安瓿瓶从液氮罐中取出，立即放入35～40℃水浴锅中振荡，至管内冻结物全部融解，开启安瓿瓶，将菌种接入适宜的培养基中即可。

4. 菌丝球生理盐水保藏法　将食用菌菌种液体振荡培养3～7 d，以8.5 g/L无菌生理盐水作为介质进行保藏。保藏时将菌丝球转入装有无菌生理盐水的试管中，每管转入4～5个菌丝球，再将无菌胶塞盖上，用石蜡封口，室温或4℃低温保藏，保藏时间可达18～24个月。

5. 谷粒菌种保藏法　谷粒菌种保藏法是利用麦粒、玉米粒和高粱粒作为培养料，谷粒含水量约为25%。先将谷粒浸水约5 h，沥干后分装于试管中，高压蒸汽灭菌；冷却后接入孢子或菌丝悬浮液，摇匀后置于适宜温度下培养。当谷粒长满菌丝后，放入装有氯化钙的干燥器内进行保藏，或置于冰箱中保藏，保藏时间1～2年。

6. 枝条种保藏法　枝条保藏法适用于木腐类食用菌菌种保藏。选取直径10～15 mm的栎树类枝条，截成长约20 mm的小段，晒干。使用前，先将枝条在5%米糠水中浸泡12 h，使之吸足水分。制备木屑培养基，枝条与木屑培养基按3∶1的体积比混匀，装入菌种瓶内，使瓶内枝条表面覆盖少许木屑培养基。按常规方法进行灭菌、接种和菌丝培养。待菌丝长好后，置于常温下或冰箱内保藏，保藏时间1～2年。

7. 木屑菌种保藏法 采用香菇或黑木耳生产常用的木屑培养基配方，将木屑培养料装入试管，装料高度约为试管长度的3/4，用胶塞封口。高温高压灭菌，接种后于25℃恒温培养。待菌丝长至培养料高度2/3时取出，用石蜡将胶塞封住，包上塑料薄膜，置于4℃冰箱内，可保藏1～2年。

四、菌种扩繁

在食用菌野生种质需要进行栽培性状考察时，还需要将纯培养菌种进行扩大培养，简称扩繁。

（一）固体菌种

使用固体菌种时，需要扩繁生产一级菌种（试管种）、二级菌种（母种）和三级菌种（栽培种）。在固体菌种扩繁生产中，一级菌种、二级菌种和三级菌种的培养基配方不一样，原料种类不同，容器也不相同。食用菌种类不同，对营养成分和外界环境的要求也不相同。食用菌固体菌种繁育制作应根据具体情况进行适当调整，目的是培养生命力旺盛的菌丝体，为食用菌栽培奠定基础。

（二）液体菌种

使用液体菌种生产时，需要先后扩繁生产试管种、摇瓶种和发酵罐菌种。

通常试管种也是固体斜面菌种，配方与固体菌种的一级菌种类似。摇瓶种和发酵罐菌种是营养成分加水配制的，因食用菌种类不同而设计不同的配方，但不加琼脂等凝固剂。与固体菌种不同，除培养基配方之外，培养温度、通气量、初始接种量、培养时间等发酵工艺对发酵罐菌种质量影响极大。

将栽培种或液体菌种接种到栽培基质或发酵料中，进行菌丝培养和出菇管理，即可观察和记载野生菌株及栽培菌株的营养生长特性、农艺性状和商品特性等，进行食用菌种质资源评价。

第二节 种质资源评价内容

种质资源评价主要以种质资源多样性评价为基础，以种质资源利用为目的，重点在于评价种质资源的经济性状。种质资源评价主要是评价野生及栽培种质的营养生长性状、结实性状、环境适应性和商品性状，包括适应的栽培基质种类、温度、空气湿度、pH、二氧化碳敏感性、生育期、耐储运特性、特殊活性成分等。对食用菌种质资源任何特征、特性或性状的评价，都需要采用规范的标准方法。

一、营养生长特性

食用菌菌丝体是形成子实体产品的前提和基础。其中食用菌菌丝体生长情况及其对基质的利用能力，直接影响食用菌的产量和品质。营养生长特性评价是食用菌种质资源评价的重要环节之一。

一般需要在平板培养基或天然基质上进行食用菌菌丝生长能力测试。在测试过程中，应注意尽量减少因培养基理化性质差异造成的误差，尽可能使用同一试剂公司生产的同一批次的培养基，以避免自行配制培养基造成的营养成分差异。

发菌期是菌丝长满瓶或袋中培养料所需的时间。食用菌不同种类及同种食用菌不同菌株，发菌时间通常存在明显差别，尤其是后熟期和转色期，长度差异较大。

在天然基质上进行生长性状测试时，应使用同一种类同一批次的试验材料。在各种栽培基质上，菌丝生长速度、浓密程度、色素分泌情况、适宜生长的温度范围、抗杂能力、对于不同基质的适应性、后熟期长短、转色期长短、转色难易程度等，均属于食用菌营养生长特性考察的范围。

二、结实性状

大多数食用菌以子实体为产品，食用菌结实性状是指其形成子实体的能力。种质材料具备在人工栽培条件下形成子实体的能力，是其在生产上能够被利用的前提，结实性状是种质资源评价的核心内容。采用工厂化方式栽培的食用菌需要其子实体发生期集中，子实体个数多，个体大小较均匀。而采用农业方式栽培的食用菌需要子实体发生期相对较长，子实体发生相对分散，子实体个数相对较少。

可采用微型栽培法进行结实性状评价，有些种类甚至可以使用平板培养基在人工气候箱或小型智能菇房进行。例如，白灵侧耳在平板培养基中 25℃暗培养 5 d 后，置于 500 lx 光照度下，短周期菌株 8 d 即可形成子实体原基，5 d 后开始形态分化，而长周期菌株的菌丝在 10 d 后才形成子实体原基。

丰产性是食用菌优良结实性状最重要的体现之一。在评价食用菌种质资源丰产性时，有时使用单位面积或单位体积基质中子实体鲜重表示，但通常使用生物学效率（biological efficiency）表示。生物学效率是指单位质量的培养料（自然风干）所栽培产生出的子实体质量（鲜重），常用百分数表示。如自然风干的培养料 100 kg 产生了新鲜子实体 60 kg，则生物学效率为 60%。栽培基质可以置于多种大小不同的容器或空间中，采用鲜菇重也难以反映菌株的产量性状。

三、环境适应性

（一）对外界环境因子的适应性

1. 温度　温度影响主要体现在对菌丝体生长和子实体形成两个阶段。不同的食用菌或不同的品种菌丝生长，除了受本身固有的生物学特性影响之外，通常受温度影响较大，它们均有各自适宜生长的温度范围。评价温度对菌丝体生长的影响时，一般测定其最高生长温度、最低生长温度和最适生长温度。多数食用菌菌丝生长温度范围为 5～35℃，菌丝体对温度的敏感性是重要的评价指标。

在评价温度对菌丝体生长的影响时，主要观察菌丝体生长速度或菌落直径，借助显微镜还可对菌丝直径和分支情况进行观察。对 20 个国家认定的黑木耳品种的菌丝生长特性进行观察，发现供试品种可分为高温型种质、广温性种质和低温型种质，其中高温型种质在 40℃下具有较强的耐受性，低温型种质在 5℃下耐受性较强。不同种类的食用菌高温耐受性鉴定方法不同，通常香菇以菌丝培养 7 d 后 47℃处理 2～2.5 h 进行测试，而糙皮侧耳接种后 48℃处理 1 h 后，再于 25℃培养进行测试。研究表明，对高温耐受性越强，食用菌种质活力及抗逆性越强。

许多食用菌在营养生长至生理成熟之后，需外界温差刺激才能开始原基分化，转入生殖生长阶段。某些变温结实性食用菌需要较大幅度的昼夜温差刺激，才能促进原基形成。根据品种所适宜生长发育的温度不同，同一种食用菌不同品种可以分为高温品种、中高温品种、中温品种、中低温品种和低温品种，有些品种属于广温品种。

2. 水分和空气相对湿度　食用菌在不同生长发育阶段对水分和空气相对湿度的要求不同。菌丝体生长阶段受基质含水量影响较大，而原基形成和子实体生长阶段受空气相对湿度影响较大。基质含水量和空气相对湿度都显著影响食用菌产量和商品性状。

食用菌不同种类及不同品种对栽培基质水分含量的要求也不相同。通常肉质子实体的食用菌菌丝体阶段或子实体阶段均需要较高的含水量。当食用菌从营养体生长阶段进入生殖生长阶段，幼嫩原基或幼蕾暴露在空气中，此时空气相对湿度对其生长发育影响较大。多数食用菌在子实体生长阶段要求空气相对湿度达到80%～90%。

3. pH 对于可栽培食用菌的种质评价，需要明确菌丝生长和子实体形成所需的最适 pH。在天然栽培基质中，一般以氢氧化钠和柠檬酸调节 pH。有些物种在不同种类栽培基质材料中适宜的 pH 范围变化较大，例如黑木耳多数品种生长适宜 pH 为 4～7，最适 pH 为 5～6.5，但云南野生黑木耳种质中许多野生菌株更偏好碱性环境。

4. 二氧化碳和氧气 食用菌是好气性真菌，在生长发育过程中需要吸收氧气，释放二氧化碳，栽培环境中适宜的二氧化碳浓度为 0.03%～0.3%。食用菌菌丝生长阶段对二氧化碳不甚敏感，在子实体发育阶段不同种质材料对二氧化碳敏感性差异较大。糙皮侧耳、白灵侧耳、香菇、刺芹侧耳等具有较强的二氧化碳耐受能力，但不同栽培品种之间耐受能力存在一定的差异。

（二）抗病性与抗杂性

食用菌的抗病性（disease resistance）通常是指食用菌抵抗或减轻病原物侵染和危害的能力。抗杂性（weed-mould resistance）是指食用菌抵抗杂菌侵染的能力，一般以污染率表示。

食用菌病害包括细菌病害、真菌病害和病毒病，它们在不同的栽培时期或栽培方式下均可能发生。发生较为普遍和危害较严重的病原微生物包括侧耳类细菌性黄斑病病原（*Pseudomonas tolaasii*）、双孢蘑菇疣孢霉病病原（*Mycogone perniciosa*）、金针菇褐斑病病原（*P. tolaasii*）等。发生较为普遍和严重的杂菌包括根霉（*Rhizopus* spp.）、木霉（*Trichoderma* spp.）、青霉（*Penicillium* spp.）、曲霉（*Aspergillus* spp.）、链孢霉（*Neurospora* spp.）等，它们常造成重大的经济损失。开展食用菌抗病抗杂优良种质的引种、筛选和培育是减少病害损失的重要措施。

四、商品性状

食用菌商品性状（commercial character）包括子实体外观、紧实度、耐贮性、质地、口感、风味、营养成分等性状。

（一）外观形态与紧实度

1. 子实体外观形态 食用菌种类繁多、形态各异，同一种类不同种质的形态和大小变化较大。典型的伞菌子实体包括菌盖、菌褶、菌柄、菌环、菌托等部位，每个部位又可从形态、颜色、气味、质地、风味等方面进行评价，子实体形态特征是食用菌商品性状评价的重要内容。在不同食用菌种类的种质评价中，子实体可利用的外观特征并不相同。由于食用菌子实体易受环境条件的影响，应注意创造适宜的环境条件，使种质资源自身特有的形态特征能充分表现出来。

在糙皮侧耳、香菇、白灵侧耳、金针菇等伞菌子实体外观评价中，可利用的形态特征包括菌盖初期的色泽、菌盖采收期的色泽、菌盖纵剖面形态、菌盖长宽比、菌盖厚度、菌盖硬度、菌褶形态、菌褶着生方式、菌柄形态、菌柄着生方式、菌柄硬度、菌柄长度与直径比、菌盖与菌柄的质量比等。

在黑木耳、毛木耳等胶质菌类子实体外观评价中，可利用的形态特征包括耳片形状、耳片筋脉、耳片厚度、耳片柔韧度、背面颜色、腹面颜色、绒毛长度、绒毛密度、耳片边缘形状和耳根长短等。

在羊肚菌类子实体外观评价中，可利用的形态特征包括菌盖形状、菌盖棱纹密度、菌盖纵棱特征、菌盖颜色、菌盖长度、菌盖宽度、菌盖厚度、菌柄长度、菌柄直径、菌柄颜色、菌盖与菌柄交接处凹陷、菌柄纵切面形状等。

食用菌形态特征多指子实体形态特征，但菌落色泽、菌落表面特征、菌落边缘特征、栽培基质中色素颜色等菌丝体形态也是重要的评价指标。

2. 子实体紧实度　子实体紧实度是衡量子实体菌肉致密程度的指标，是评价子实体商品性状的重要指标。通常子实体紧实度仅针对子实体为肉质的食用菌种类，子实体紧实度越高，品质越好。影响子实体紧实度的因素包括品种、生育期、基质营养、子实体含水量及温度、空气湿度等环境条件。子实体紧实度测定常采用容重法，即用单位体积子实体质量表示子实体的紧实度。

（二）耐储运能力

新鲜食用菌子实体采收后，仍然是有生命的机体。依靠食用菌活体对不良环境和致病微生物的抵抗能力，子实体才具有一定的储藏期。鲜品若储藏运输不当，商品质量将迅速下降，出现草菇开伞、糙皮侧耳子实体破碎、双孢蘑菇褐变等现象。

为了提高食用菌鲜品耐储运能力，需要在采收前后采取相应的措施。在储藏时应注意储藏环境条件，如温度、空气湿度、氧气浓度等。食用菌不同种质材料在相同储运条件下，储运时间和保鲜效果常存在差异。

（三）风味物质与营养活性成分

食用菌风味物质包括挥发性呈香物质和非挥发性呈味物质。

食用菌挥发性呈香物质组分包括八碳化合物及其衍生物、萜烯类、含硫化合物以及醛、酸、酮、酯类化合物等。以八碳化合物和含硫化合物为主，其他醛、酮、酸、酯类化合物对食用菌香气起修饰和调和作用。

食用菌非挥发性呈味物质可使人的味觉产生独特的滋味。滋味主要取决于所含的呈味物质，如可溶性糖、游离氨基酸、小肽和核酸代谢产物。树胶醛糖、果糖、甘露糖、肌糖、核糖、海藻糖和甘露醇是食用菌常见的可溶性糖和糖醇。根据不同氨基酸呈现的滋味不同，可以将氨基酸分成鲜味氨基酸、甜味氨基酸、苦味氨基酸和无味氨基酸等 4 类，不同氨基酸种类及含量构成了不同食用菌的特有风味。除呈味氨基酸外，高含量呈味核苷酸能够增强食用菌的滋味。

第三节　种性维护与种质资源创新

某些食用菌品种在不断扩繁栽培中，某些原来具有的优良性状逐渐消失或变劣，出现长势弱、生长慢、出菇迟、产量降低、品质变差等现象，称为品种退化（degeneration），有人称之为菌种退化。种性维护是指采取措施保持种质原有的优良性状。

一、品种退化与种性维护措施

（一）品种退化的原因

引起品种退化的原因较多，例如基因突变，或品种遗传性状分离，或出现不良杂交，或菌种感染病毒。当基质营养或外界条件不能满足生长发育要求时，食用菌失去自我调节能力，以至于优良种性无法表现出来。就某一品种而言，随着培养时间延长和转代次数过多，个体菌龄越来越大，新陈代谢机能逐渐下降，可能会失去抗逆能力或高产优质性状，直至失去应用价值。

品种退化是食用菌传种继代培养过程中从量变到质变的结果，是一种衰老和变异的综合表现。一方面可以采取措施延缓或遏制老化和变异，另一方面可以采取措施进行菌种复壮，使品种恢复原有活力和优良种性，这就是所谓的种性维护。

（二）种性维护措施

菌种复壮是指恢复食用菌菌种原有的生活力，提高对生活环境的适应性，保持其原有的优良性状。菌种复壮的方法主要有以下 3 种。

1. 更换培养基　菌丝体在同一种培养基上长期培养时，可能因培养基欠缺某种营养成分而丧失其活力，导致菌种老化。为了进行菌种复壮，在菌种培养过程中应注意配制营养成分丰富的培养基，且定期更换不同种类的培养基，甚至将菌种接种到适宜生长的段木或其他基质上。

2. 菌种分离复壮　将原有的菌种进行栽培出菇，从生长势、出菇状况、个体形态、产量和生物学效率等方面进行比较，挑选出个体性状优良且具有该品种典型特征的七八分成熟的子实体进行组织分离，获得纯菌种。也可以将斜面上的菌丝捣碎，用无菌水稀释，再将菌丝体放入装有无菌水的三角瓶中摇匀，然后转接到平板培养基上，使菌丝分布均匀，培养至其萌发形成菌落，从中挑选生长健壮的菌丝，转接后作为母种。无论是组织分离复壮菌种，还是菌丝体分离复壮菌种，都需要经过栽培试验进行性状观察，确认复壮菌种与原来菌种性状一致，才能在生产中规模化使用。

3. 菌丝尖端分离　挑取健壮菌丝顶端部分进行纯化培养，然后进行栽培出菇试验。待确定菌丝尖端分离的菌种恢复原有的生活力，且具有菌种原有的优良种性，才能作为复壮菌种在生产中使用。

二、种质资源创新途径

种质创新（germplasm innovation）泛指人们利用自然或人工的变异，通过人工选择的方法，根据不同目的创造出新作物、新品种、新类型或新材料。种质创新是种质资源有效利用的关键，是作物遗传育种发展的基础和保证。种质创新是种质资源学的主要内容，并不局限于育种实践，更重要的是应用于遗传研究。因此，种质创新不限于优良农艺性状和商品性状改良，任何与出发菌株有区别的具有特殊性状的种质，均可被视为新种质。新种质不仅可以作为新品种选育的亲本材料，也可作为遗传研究的原始材料。

（一）定义

种质资源创新的概念有狭义和广义之分。狭义的种质创新是指对种质进行较大难度的改造，包括通过远缘杂交进行基因导入，利用基因突变形成具有特殊基因源的材料，综合不同类型的多个优良性状而进行聚合杂交等。在种质资源研究中通常指狭义的种质创新。

而广义的种质创新不仅包含上述内容，还包括种质拓展（germplasm development）和种质改进（germplasm improvement）。种质拓展指使种质具有较多的优良性状，如将高产性状与优质性状结合起来。种质改进指改进种质的某一性状。

在自然界中，原有种质借助自然变异产生新的种质，这个过程十分漫长，而且新种质并不一定满足人们的需求。通过遗传研究和育种工作可创造新的种质，极大地缩短这个过程。人工方法创造种质资源通常具有明确的目标，可以随时利用所产生的有益变异，并按既定目标进行定向选择，巩固和发展有益变异，因此成为了创造新种质的主要手段。

（二）种质资源创新的方法

主要采用杂交、诱变、原生质体融合和生物技术手段进行种质资源创新。

1. 杂交 杂交是选用具有亲和性和不同遗传性状的菌株进行交配，产生遗传重组，形成新的性状组合，从而获得新种质的一种方法（参见第九章）。

2. 诱变 诱变能大幅度地增加菌种变异量，使人们能从诱变的群体中筛选出优良菌株。常采用物理或化学诱变来改变菌种的遗传性，直接或间接地作用于遗传物质，强烈地引起菌种变异（参见第十二章）。

3. 原生质体融合 原生质体融合是通过去除细胞壁后，使不同遗传类型的原生质体进行细胞融合，使整套基因组发生交换和重组，从而产生新的种质的一种方法（具体方法和步骤参考第十章）。

4. 生物技术创制 采用生物技术创制种质资源的方法较多，包括基因编辑、基因敲除和基因过量表达等基因工程技术。生物技术创制是目前生命科学研究的前沿热点领域（参见第十一章）。

第四节 食用菌种质资源遗传多样性

种质资源遗传多样性又称为基因多样性，它是生物多样性的基础。食用菌遗传多样性是指某种食用菌种内的变异性，通常由种内不同菌株的遗传变异来计量。食用菌种质资源遗传多样性表现在形态、染色体、蛋白质和 DNA 等多个水平上。我国幅员辽阔，由南向北跨越热带、亚热带、暖温带、温带和寒温带 5 个气候带，各地海拔高度、植被种类、土壤类型、降雨量以及气温均不相同，生态环境极具多样性，蕴藏了丰富的食用菌野生资源。食用菌种质资源群体多样性分析能为杂交亲本选择提供参考，通常选择遗传距离较远，且优良性状互补或叠加的两个菌株进行杂交配对。

一、种质资源遗传多样性评价

食用菌种质资源遗传多样性大小是种质长期进化的产物，是其生存适应和发展进化的前提。某种食用菌种类遗传多样性越高，遗传变异越丰富，对环境变化的适应能力就越强，且越容易在自然界扩展，野生种质分布范围就更广，也更能适应新的环境。侧耳属食用菌种类繁多，较能适应不同环境，能够利用的栽培基质种类也多，因而野生菌株分布广，遗传变异大。毛木耳野生菌株分布广泛，遗传多样性丰富，这与其环境适应能力强也有关。香菇野生种质资源主要分布在环西太平洋从日本、朝鲜半岛、中国至南太平洋岛国等地区，中国西南地区是野生香菇资源多样性中心。对食用菌遗传多样性进行研究可以揭示种群进化历史，也有利于采取措施保护遗传资源基因。

（一）资源多样性评价指标

评价食用菌种质资源遗传多样性的指标包括 DNA 分子标记、酯酶同工酶图谱、拮抗反应、菌丝生长速度等。在黑木耳栽培种质遗传多样性分析中，生物学特性、TRAP 分子标记、IGS 序列及体细胞不亲和性等被纳入评价指标。SSR、TRAP、IRAP 和 REMAP 等分子标记被应用于香菇野生菌株及栽培菌株的遗传多样性和亲缘关系分析中。

（二）评价方法

1. 拮抗反应 拮抗现象是指具有不同遗传背景的菌落之间出现无菌丝生长区带或形成线形边缘的现象。

拮抗反应强弱与不同菌株个体间的亲缘关系相关。

拮抗反应是体细胞不亲和性的一种表现形式，是反映不同菌株间遗传多样性最常用的方法之一。在同一培养基中两个菌株菌落边缘相互接触后，菌丝接触处会有不同的表现。如果菌株间亲缘关系较远，就会出现拮抗线或拮抗带，甚至出现某种色素；如果菌株间亲缘关系较近，则拮抗线不明显或无拮抗带；如果两个菌株属于同物异名，则两个菌落最后彼此没有界限，无任何拮抗反应。

同一种食用菌不同菌株间拮抗反应类型、拮抗反应程度和菌丝交接处色素深浅等常存在差异。拮抗反应类型通常划分为隆起型、沟壑型和隔离型等；拮抗反应程度可根据菌落交界处表现，分为无拮抗、拮抗较强、拮抗强和拮抗非常强等类型；菌落边缘交接处色素分为有和无。由于食用菌种类众多，拮抗反应表型也存在差异，有些种类不同菌株间拮抗反应强烈，有些种类不同菌株间拮抗反应不明显。

2. 遗传距离　食用菌两个菌株之间的遗传距离（genetic distance）是指不同菌株之间的基因差异的程度，通常用遗传相似系数（similarity coefficient）表示。例如，采用 PCR 技术对供试菌株 DNA 进行分子标记扩增分析，计算群体内不同菌株之间的相似系数。两个菌株之间相似系数越大，则两个菌株之间遗传距离越小，亲缘关系越近。反之，两个菌株之间相似系数越小，则两个菌株之间遗传距离越大，亲缘关系越远。

$$\text{相似系数} = 2 \times \frac{\text{两个菌株共有的 DNA 条带}}{\text{两个菌株 DNA 条带之和}}$$

3. 聚类分析　采用 DNA 分子标记进行聚类分析，是食用菌种质资源遗传多样性的常用方法之一。

通常选择某种食用菌一定数量的供试菌株群体，然后采用特定的引物扩增 DNA 条带和进行凝胶电泳分析，按照大小依次统计所有 DNA 条带，确定每个供试菌株的分子标记基因型。DNA 电泳条带按 0/1 进行 2 进制数据转换，某个菌株中存在某一 DNA 条带，则记为 1，不清晰或无该条带则记为 0。将 DNA 条带的 0/1 矩阵输入相应的软件，计算 SM（simple matching）相似指数矩阵，然后用 UPGMA 法进行聚类分析。

根据各个菌株的分子标记基因型，利用软件计算多态性位点数（NPL）、多态性位点百分比（PPL）、观测等位基因数（Na）、有效等位基因数（Ne）、Shannon 信息指数（I）和 Nei's 多样性系数（I），评价供试菌株群体遗传多样性。具体方法参见第十三章实验二。

二、四种主栽食用菌的种质资源遗传多样性

（一）香菇

香菇野生资源主要分布在西太平洋从日本、朝鲜半岛、中国至南太平洋岛国等地区，野生菌株类群与地理来源相关。我国香菇自然种质具有丰富的遗传多样性，横断山脉、云南高原、台湾及华南地区野生菌株多样性尤为丰富。我国西南地区是世界野生香菇自然群体遗传多样性中心。

在香菇栽培种质鉴定评价中，形态特征是鉴别品种的重要依据，DUS 测试是香菇新品种保护十分重要的检测方法。香菇栽培品种包括段木栽培品种和代料栽培品种，而代料栽培品种包括春栽品种、夏栽品种和秋栽品种等。不同的代料栽培品种在菌龄长度、越夏温度、出菇温度、转色程度、子实体形态等方面存在差异。尽管我国香菇野生资源极为丰富，但香菇主要栽培品种遗传背景较狭窄，栽培菌株同质性较高。在香菇育种中引入野生种质，将有利于拓宽香菇栽培种质的遗传背景，有利于香菇农艺性状的遗传改良。

澳大利亚 Frankel（1984）首次提出了核心种质（core collection）的概念。核心种质是指能够以最少的种质资源数量，最大限度地代表整个群体的遗传多样性，且含有优异的农艺性状或等位基因。因此核心种质应该具备异质性、代表性、实用性和动态性等 4 个特征，即核心种质遗传组成和生态类型的相似性要小，应包含种质资源的大部分遗传多样性，能提高对整个资源评价和利用的效率，且随着种质资源材料的丰富，不断地替换和加入稀有种质，保持核心种质与保留种质的动态交流。

在香菇种质资源评价和核心种质分析中，各种分子标记被广泛应用。采用SRAP标记和ISSR标记对香菇栽培菌株进行基因组扫描，构建两个核心种质Core1和Core2，它们分别包含21个和18个栽培菌株，等位基因保留比例分别为99.61%和97.65%，表明核心种质具有原始种质的大多数等位基因。采用SRAP标记对96个野生香菇菌株进行基因组扫描，构建了核心样本Core3，它包括35个野生菌株，等位基因保留比例达到100%，最大限度保留了野生资源的遗传多样性。

采用SSR标记对25个香菇栽培菌株遗传多样性进行分析，结果表明供试菌株遗传相似系数平均值为0.776，最小值为0.567，最大值为1。对来自云南、四川的41株野生香菇进行ISSR-PCR扩增，聚类分析表明相似水平在62%左右时，分为3个类群，遗传多样性丰富。

（二）黑木耳

我国是世界上黑木耳野生种质资源最丰富的国家之一，野生黑木耳分布广泛，北起黑龙江、吉林，南到海南，西至陕西、甘肃，东至福建、台湾，遍及20多个省（市、区）。黑木耳栽培区域也遍及全国各地，主产区包括黑龙江、吉林、湖北、浙江、福建、广西等地。从黑木耳种质遗传多样性上看，野生种质或栽培种质均表现出了丰富的遗传多样性，主要表现在生物学特性、农艺性状、生理特性、酯酶同工酶标记和分子标记等多个方面。依据子实体朵型性状，可将黑木耳栽培菌株分为簇生型菌株和菊花型菌株两大类群；依据原基发生类型，可将菊花型分为分散型和集中型两个亚群。

黑木耳栽培种质之间体细胞不亲和反应具有多样性，主要表现在拮抗反应类型、拮抗反应程度及菌丝交接处色素等3个方面，三者间不相关。通常将黑木耳种质之间的拮抗反应分为隆起型、沟壑型和隔离型，将拮抗反应程度分为无拮抗、较强和极强，而将菌丝交接处色素分为有和无。

基于黑木耳菌株之间不亲和性反应进行聚类分析，能较好地反映菌株之间的亲缘关系。黑木耳野生菌株具有极丰富的遗传多样性，99.95%的野生种质彼此表现为体细胞不亲和性。在黑木耳种质资源遗传多样性分子评价中，主要采用SSR、TRAP和IGS等分子标记。采用SSR标记对黑木耳63个野生菌株遗传多样性进行分析，聚类分析表明在相似系数为0.681 6的水平上供试菌株被分为7个类群，显示出丰富的遗传多样性。

（三）双孢蘑菇

双孢蘑菇野生种质主要分布于中国、英国、法国、荷兰、美国、加拿大、巴西、澳大利亚等国家。我国西藏、青海、新疆、云南、甘肃、宁夏等地具有丰富的野生种质资源，是世界双孢蘑菇遗传多样性中心之一。蘑菇属中存在许多与双孢蘑菇近缘的物种，准确鉴定物种是评价双孢蘑菇种质资源遗传多样性的基础。目前鉴定双孢蘑菇物种除显微观察担孢子数目之外，还应结合单孢菌株栽培、同工酶电泳、ITS序列和同核不育单孢杂交等试验。

双孢蘑菇种质资源包括栽培菌株和野生菌株。根据担孢子数量，双孢蘑菇可分为双孢菌株和四孢菌株。根据菌盖色泽，双孢蘑菇可以分为白色菌株、米色菌株、棕色菌株、浅棕色菌株和奶油色菌株。采用同工酶酶谱和DNA分子标记评价双孢蘑菇种质资源遗传多样性，发现我国栽培品种与欧美栽培品种，以及我国野生菌株与国外野生菌株具有明显的遗传差异，且我国野生菌株与栽培品种之间遗传距离也较大。我国川藏地区褐色或浅褐色菌株地理分化明显，遗传多样性丰富。川藏地区白色菌株具有独特的遗传特性，与其他野生菌株的遗传相似度较低。我国双孢蘑菇栽培品种与国外品种遗传差异明显，遗传相似度仅约30%。

（四）侧耳类

广义的糙皮侧耳（*Pleurotus* spp.）包括糙皮侧耳、美味侧耳（*P. sapidus*）、白黄侧耳（*P. cornucopiae*）、

肺形侧耳（*P. pulmonarius*）和佛罗里达侧耳（*P. florida*）等5种可以人工栽培的食用菌，统称侧耳类食用菌。

侧耳类食用菌野生资源广泛分布于世界各地，主要生长于各种阔叶树立木、倒木或枯枝上。这些侧耳类食用菌近缘种形态差异不大，但形态特征受环境因素影响变化较大。在近缘种鉴定中，除观察形态特征之外，还应结合单孢菌株交配试验，分析形态相似种之间是否存在生殖隔离。此外，还经常以*ITS*、*TOPⅡ*、*CO1*、*mtDNA*等基因序列作为鉴别依据。

糙皮侧耳是侧耳类食用菌中栽培最为广泛的种类，其菌盖色泽变化极大，从白色至深褐色均有。栽培品种耐高温能力差异显著，菌丝耐高温能力与子实体原基发育温度之间没有明确的相关性。按照糙皮侧耳原基发育形成子实体所需的温度，可以将栽培品种分为低温品种（5～15℃）、中温品种（10～20℃）、高温品种（20～27℃）和广温品种（8～28℃）。不同栽培品种抗褐斑病能力存在明显差异，菌盖色泽较深和菌柄较软的品种较易感染褐斑病，而色泽较浅或菌柄较硬的品种较抗病。遗传多样性分析表明，我国糙皮侧耳栽培种质遗传多样性极为丰富，给各地栽培者提供了更多的选择。但糙皮侧耳品种的同名异物现象严重，给菌种管理和知识产权保护带来了困难。此外，构建糙皮侧耳核心种质群体，有利于更好地利用现有栽培种质资源，开展遗传改良。

（执笔：第一节 舒黎黎；第二节和第三节 姚方杰和方明；
第四节 边银丙、姚方杰和方明；本章由边银丙统稿）

本章思考题

1. 简述采集食用菌野生菌株时应记录的信息。
2. 简述食用菌菌种的保藏方法。
3. 如何进行食用菌菌株的特异性鉴定？
4. 什么是体细胞不亲和性？拮抗反应有哪几种类型？
5. 简述食用菌种质资源评价内容与评价方法。
6. 阐述食用菌种质资源创新的内涵与外延。
7. 论述食用菌品种退化的原因及种性维护的措施。
8. 不同的食用菌种质资源创新方法各有哪些优缺点？
9. 试述我国香菇、黑木耳和双孢蘑菇的种质资源多样性概况。

数字课程网上资源

教学课件　　本章思考题参考答案

第二篇　食用菌育种原理与技术

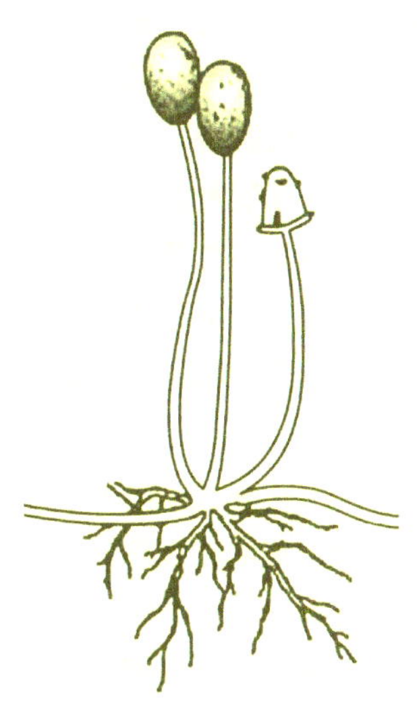

第七章　食用菌育种目标

本章介绍了食用菌的育种目标，阐述食用菌产业发展对育种目标性状的要求，这些目标性状要求包括高产、优质、抗逆、生育期短和适应性强等。在制定食用菌育种目标时，需要遵循经济社会发展规律，紧盯市场需求和未来发展趋势，因地制宜，抓住产业发展面临的关键问题和主要矛盾，使育种目标具体化。

在食用菌育种目标性状中，产量性状是最基本的农艺性状；影响产量性状的因素较多，包括品种遗传特性和外界环境因素。食用菌品质性状是当前及未来育种关注的主要目标之一，食用菌品质包括营养品质、商品品质和储运品质等，可根据市场需求确定食用菌品质育种的目标。食用菌抗逆育种包括抗环境胁迫育种、抗病虫育种和抗污染育种，与稳产、高产和优质均密切相关；品种适应性主要是指品种适应不同栽培基质、生长环境及栽培模式的能力。食用菌品种适应性需要重点关注适应不同气候条件的能力，以及适应不同栽培模式的能力。在食用菌不同栽培方式下，育种目标及性状要求不同。

食用菌育种目标在一定时期内是相对稳定的，但也是动态变化的。早期木腐类食用菌采用段木栽培方式，而当前主要采用代料栽培方式，而且逐步向机械化、自动化和设施化周年栽培发展。这些栽培方式变化也需要相应的优良品种，实现良种良法配套。科学合理制定育种目标，有利于提高育种效率。选育获得的优良品种应当进行特异性、一致性和稳定性测试（DUS 测试），申请新品种保护或登记，进行知识产权保护。

第一节 食用菌育种目标的制定

一、概述

食用菌育种目标（breeding objective）是指期望育成的新品种或栽培菌株所具备的满足育种者要求的优良性状指标，包括生物学性状指标和经济学性状指标。新品种或栽培菌株具备的优良性状，称为目标性状（objective trait），例如高产、优质、生产周期短等。真姬菇工厂化生产需要选育抗杂能力强、生产周期短的优良品种，则抗杂能力强和生产周期短就是真姬菇育种的目标性状。在糙皮侧耳育种中，菌盖色泽、大小、均一性及黄斑病抗性是糙皮侧耳育种关注的主要目标性状。明确育种目标有利于针对性地开展种质资源收集，确定品种改良对象和育种方法，科学选择亲本，确定优良品种选择标准、鉴定方法和栽培条件等。

在食用菌遗传育种研究中，常将自野生子实体上分离的纯培养物，称为野生菌株（wild strain）。将尚未通过 DUS 测试或未经过认（审）定，但经过了多次栽培，可以在一定范围内推广应用的种质材料，称为栽培菌株（cultivated strain）。通过 DUS 测试获得了新品种保护，或通过了有关部门认（审）定的种质材料，并在一定范围内多年反复推广应用，性状相对稳定的栽培菌株，称为栽培品种或品种（cultivar 或 variety）。在食用菌育种实践中需要根据实际情况，区分使用野生菌株、栽培菌株和栽培品种等名词，有助于准确了解种质资源背景信息和相关研究进展。

优良品种是发展现代食用菌产业的核心要素，立足“绿色、优质、高效和健康”的品种需求，开展新品种设计与创新，对保障我国食用菌产业持续健康发展具有重要意义。

在制定食用菌育种目标时，一方面需要针对食用菌产业中存在的问题，结合国家及地方法律法规和政策规定，调查品种拟推广区域的生态环境、原料资源和栽培现状。另一方面，需要根据所收集的种质资源特性，结合市场需求和栽培设施条件，综合设计待选育品种的产量、品质、抗逆、生育期及适应性等目标性状。

相对于大田作物而言，食用菌生产环境受气候条件影响较小，但设施化水平和栽培原材料差异较大，各地对食用菌品种性状要求的差异较大，因而导致育种目标也有所不同。

二、制定育种目标应遵循的原则

（一）充分考虑经济社会发展的需求

品种选育不仅要适合当前经济社会发展的需求，而且要预计今后一段时期产业发展的趋势和方向。食用菌优良品种从开始选育到大面积的推广，需要经过若干年的时间。若仅按照当前生产需求制定育种目标，选育出的新品种将因不能满足未来生产发展的要求，可能被直接淘汰。

例如，香菇、黑木耳、毛木耳等均已经采用代料栽培方式，选育段木栽培品种将缺乏市场需求。金针菇、白灵侧耳、刺芹侧耳、真姬菇等食用菌均已采用工厂化方式进行生产，选育传统季节性栽培所需品种将不合时宜，应用范围有限。香菇、黑木耳等设施化栽培发展迅速，选育适合设施栽培的优良品种将是香菇、黑木耳等食用菌育种的主要发展方向。

制定育种目标时，需要考虑若干年后市场消费需求。随着劳动力资源日益短缺，双孢蘑菇等床架栽培的食用菌需要出菇整齐、菌柄长短均一的优良品种，便于机械化采收。由于菇房设施不断完善，食用菌栽培需要更多适应弱光照、高二氧化碳浓度的抗逆优良品种。食用菌液体菌种应用日益广泛，并将逐步代替固体菌种，急需培育更多抗污染能力强、菌丝萌发能力强的优良品种。一些木腐类食用菌以木屑为栽培原料，森林资源消耗量较大，筛选可以使用其他替代原料的新品种，符合生态保护的社会需求。

（二）因地制宜，抓住主要矛盾

食用菌各个产区自然条件不同，栽培模式、生产条件和栽培原料等要素也各不相同，对栽培品种的要求也不尽相同。为了制定切实可行的育种目标，首先要对产区栽培原料、栽培方式、水质条件、当地品种特性及栽培表现等进行系统调查。此外，还需要对当地食用菌经济社会发展状况、生产经营环境及育种技术限制等进行认真分析，抓住食用菌生产中存在的关键问题和主要矛盾，选育符合当地生产需求的优良品种。例如，在湖北、浙江等地，香菇春栽菌棒在越夏时常遇到高温天气，因而耐高温能力强是对香菇春栽品种性状的基本要求。草菇子实体耐低温能力差，无法在4℃下冷藏，易开伞，因而培育耐低温储藏的品种是草菇育种的重要目标之一。金针菇工厂化栽培中，白色品系存在菌柄基部黏结严重和生育期较长等突出弱点，选育菌柄不黏结和生育期较短的白色品种是工厂化栽培品种选育的主要目标。

毛木耳栽培品种包括白背木耳和黄背木耳两大品系，两者对栽培环境要求差异较大，产品品质也存在差异。白背木耳品系主要在福建漳州地区冬季栽培，出耳棚通气透光，环境偏干燥，主要栽培品种包括漳耳4328、8454、43013，天宝53等，喜干湿交替，市场上优质产品正背两面黑白分明，泡发率高，适合干制加工。黄背木耳品系主要在四川成都地区夏季栽培，出耳棚荫蔽，主要栽培品种包括‘黄耳10号’‘琥珀木耳’‘上海1号’等，喜偏湿环境，耳片大而肥厚，泡发率低，适合鲜销或干制。黄背木耳品系不适宜在漳州地区冬季生产，但白背木耳品系可以在成都地区夏季生产。根据不同产地或不同季节气候特点，选择适合当地栽培的品种，可满足市场需求。

灵芝子实体在10～32℃均能生长，但原基分化最适温度为25～28℃，子实体生长最适温度为25～30℃。提高灵芝高温耐受性，延长栽培时间，可以提高灵芝子实体产量。灵芝、‘仙芝2号’是经过航天搭载诱变处理和高温栽培筛选获得的优良品种，耐35℃以上高温，优质丰产，适宜于灵芝设施化栽培。

（三）育种目标应具体和明确

制定育种目标时，除了提出育种任务和选育方向外，还必须对现有品种进行全面系统的分析，明确现有品种的优良性状和有待改进的主要性状，有利于制定育种目标，有的放矢开展育种工作。

真姬菇袋栽生产周期长达120～150 d，需要在低温环境下出菇，用电成本高。针对生长周期长这个主要问题，选育出新品种‘闽真1号’‘闽真2号’，新品种具有生产周期短、基质利用率高的优点，达到了主要的育种目标。草菇基质生物转化率极低，造成栽培产量低，因而提高栽培品种生物学效率是草菇育种的重要目标之一。糙皮侧耳市场消费者普遍喜好菌盖小、圆整、大小均一、肉质细嫩、色泽偏暗的子实体，这些特征成为糙皮侧耳育种的主要目标。

在金针菇工厂化栽培中，需要长期低温环境以满足原基发育和子实体生长要求，但能耗高，因而选育耐高温的优良品种成为金针菇育种的重要目标之一。三萜类成分含量是衡量灵芝孢子粉质量的重要指标，培育孢子粉产量高及三萜类成分含量高的优良品种，成为灵芝优良品种选育的具体目标。猴头菇子实体通常具有苦味，选育苦味较淡甚至具有甜味的优良品种，成为猴头菇育种的重要目标之一。大球盖菇子实体易开伞，选育难开伞或不开伞的优良品种显得十分紧迫和必要。

（四）注意不同品种的合理搭配

香菇、黑木耳、糙皮侧耳、毛木耳等食用菌栽培受气候影响较大，对于栽培品种的性状要求与工厂化栽培食用菌有所不同。在制定育种目标时，应考虑选育适合在不同季节进行栽培的优良品种，以便在生产上搭配使用。品种合理搭配可以避免在生产中品种单一，既可以降低病虫害或灾害性气候带来的风险，又可以提高栽培的经济效益。

我国各地香菇制袋时间和出菇时间不同，为了在最适宜的季节生产出优质菇，早期制袋时可选择长菌龄品种，后期制袋时可选择短菌龄品种。在糙皮侧耳大棚设施栽培中，常选择不同菌龄、不同色泽和不同出菇期的多个品种同时栽培，在出菇棚将菌袋堆码成墙，便于不同品种交替出菇，既保障了市场产品均衡供应，也避免因品种单一导致黄斑病和菇蚊、菇蝇等病虫害暴发流行。

三、食用菌育种目标的特殊性

食用菌种植涉及菌种、栽培基质和环境条件等要素，与传统粮油果菜等农作物明显不同。食用菌育种目标具有鲜明的行业特色，不仅体现在食用菌生产要素上，还体现在食用菌产品的商品属性上。

（一）育种目标的多样性

食用菌栽培基质种类、栽培条件、消费者喜好及产品储运要求等诸多因素，均决定了食用菌育种目标必然具有多样性。食用菌在生产中需要具有以下优良性状的品种。

① 耐高温、耐低温、耐酸、耐高浓度二氧化碳、抗病虫、抗杂等。

② 适应作物秸秆、酒糟、棉籽壳、菌渣等特殊栽培基质。

③ 子实体色泽好，风味佳，口感好，菇质厚，菌柄短小，菇盖大小适中等。

④ 子实体营养成分丰富，生物活性物质含量高，耐储存，易加工，不易变色等。

侧耳类食用菌种类多，品种性状多样性十分明显。以糙皮侧耳为例，在色泽上有浅褐色、深灰色、浅灰色、灰白色和白色之分；在菌柄及菌盖质地上有软、中、硬之分；在生产周期上有长菌龄、中菌龄、短菌龄之分；在温度适应性上有高温型、中高温型、中温型、中低温型、低温型和广温型之分；在栽培方式上有熟料栽培、发酵熟料栽培、发酵料栽培和生料栽培之分。菇农吸入糙皮侧耳产生的孢子后，易产生呼吸道过敏性疾病，选育糙皮侧耳无孢品种是重要的育种目标。侧耳类食用菌品种特性的多样性既为育种工作提供了丰富的亲本材料，也丰富了育种目标的多样性。在实际育种工作中，需要充分考虑各个方面的情况，结合栽培方式与市场需求，开展优良品种选育工作。

（二）品种的市场预见性

育成品种需要满足品种使用者的需求，更需要注意满足市场消费者需求，以获得良好的经济效益。在保证产量的前提下，通常食用菌品质性状较产量性状更受重视，市场上优质产品较普通产品价格更高，更具有市场竞争力。

不同栽培方式对食用菌产量、品质等也会产生显著影响，例如，段木银耳较袋栽银耳价格高出数倍，在森林资源丰富的山区需要选育段木栽培品种。由于新品种选育需要数年时间，需要在育种之前对消费者开展未来品种的市场接受程度调查，尤其是产品消费市场变化趋势调查。近年来活体香菇鲜食消费渐成时尚，要求香菇在菌棒上菇蕾数量多、大小均一、个体小、肉质细嫩，这些消费需求为香菇优良品种选育指引了方向。

（三）品种多样化和周年化需求

食用菌产品季节性生产与市场周年化供应之间存在十分突出的矛盾。为了解决这一矛盾，一方面需要开发食用菌工厂化周年生产，另一个重要途径是选育早熟及晚熟的耐储运品种，选育广温型栽培品种，避免产品出现季节性断档。我国香菇栽培包括春栽模式、夏栽模式和秋栽模式，同一区域内可能存在两种或三种模式，同一模式中不同品种的各种生物学特性不相同。采用不同的栽培模式，结合使用不同的栽培品种，有利于错开出菇高峰期，确保产品周年供应。

（四）育种目标的区域性

对于食用菌栽培而言，每个品种都有其最适合的栽培区域与栽培方式。确定一个拟选育品种的性状指标，通常是根据当地自然资源、气候条件、经济发展水平、劳动力供应状况、市场消费水平和交通运输条件等进行综合评价后的结果。除工厂化栽培食用菌之外，各种食用菌都有其最适的栽培模式，任何一个品种都难以适合所有地区和所有栽培模式，育种目标制定也需要符合当地实际。

我国幅员辽阔，各地气候条件差异较大。南方夏季高温潮湿，许多食用菌在夏季平原丘陵地区难以正常出菇，但在海拔较高的山区则温度适宜，可以选育适合夏季凉爽气候下出菇的优良品种。例如，香菇栽培品种‘0912’在北方春夏季节出菇，在南方多雨的高海拔地区也较为适应，但广适性的香菇栽培品种‘L808’难以适应南方高海拔地区低温潮湿环境，菇体易变深褐色，产品品质降低。湖北、河南等地冬季气候干燥，适合喜低温、耐干燥、短菌龄的香菇品种，它们的子实体花菇率高，产品适合干制加工。

第二节 食用菌育种的主要目标

育种目标是育种工作的指南，在很大程度上也决定着育种工作的成效。育种目标是可以调整的，需要与栽培方式、环境条件、社会经济发展状态和保鲜加工技术水平等相适应。但育种目标在一定时期内是相对稳定的，这是因为育种周期较长，育种目标要反映一定时期产业发展的方向。育种目标主要包括产量性状、品质性状、抗逆性状、适应性状等，食用菌产业对育种目标的要求主要包括高产、稳产、优质、生产周期短、抗逆性强、适应性强等。育种者可根据食用菌生产需求设定一个或者若干个目标，指导育种工作。

随着经济社会发展，农村青壮年劳动力锐减，食用菌生产方式也从传统手工生产逐步向机械化、设施化和自动化转型，许多食用菌已经实现工厂化生产，食用菌品种及其生产工艺也必须适应机械化、自动化和设施化栽培方式。此外，消费者对产品品质要求更高，品质育种也成为最重要的育种目标。

一、产量性状

产量性状是食用菌育种关注的基本性状，高产是对食用菌优良品种在产量性状方面的基本要求。优良品种应具有较高的产量潜力（yield potential），并在一定栽培条件下可以充分表现出来。产量潜力不仅要求该品种在小面积栽培中增产，更要求该品种在大面积推广中普遍增产，产量是提高食用菌种植效益的必要指标。但高产也是相对的，在保证品质的前提下获得较高的产量，从而获得更高的经济效益。

食用菌种类较多，栽培方式不同，产量计量方法也不同。食用菌育种方法包括杂交育种、诱变育种、转基因育种、选择育种、野生驯化等，栽培方式包括生料栽培、熟料栽培、发酵料栽培及段木栽培等，应根据育种方法和栽培方式，描述不同菌株或品种的产量性状。

（一）产量

通常将单位面积或单位体积中获得产品的质量或数量，定义为产量（yield）。单产（yield per unit）是指单个栽培单位［每袋（瓶）或每平方米］获得产品的质量或数量，它是衡量食用菌生产水平最直观的指标。

按照单位计算产量，单位则主要根据食用菌栽培方式而定，包括袋、瓶或面积（m^2）。

袋栽食用菌主要采用单袋计算产量，如香菇、黑木耳、银耳、糙皮侧耳、秀珍菇等；瓶栽食用菌主要采用单瓶计算产量，如金针菇、真姬菇（白玉菇、蟹味菇）、蛹虫草等；对于床架铺料栽培的食用菌而言，通常统计单位面积的产量，如双孢蘑菇、草菇、羊肚菌、大球盖菇、长根菇等。

无论是栽培袋或瓶的容积，还是地面或床架栽培时培养料用量，都随食用菌种类、栽培模式等因素的变化而改变。在阐述单产性状时，需要明确塑料袋长度及折宽、栽培瓶容积（mL）或单位面积的用料量（kg/m^2）。

（二）生物学效率

通常以生物学效率评价食用菌不同栽培品种转化利用培养料的能力。食用菌某个品种的生物学效率越高，意味着单个单位（瓶、袋或平米）获得的产品产量越高。

生物学效率从侧面反映了食用菌产量与栽培基质之间的关系，但并不能完全准确地反映该食用菌品种对栽培基质转化利用的情况，因为同一品种不同批次的鲜菇含水量并不一致，鲜菇重量与干物质重量之间也并不完全相对应。双孢蘑菇、草菇等的鲜菇含水量较稳定，采用生物学效率进行品种评价较为适宜。对香菇、糙皮侧耳等菌褶外露的伞菌及黑木耳、毛木耳、银耳等胶质菌类而言，不同批次或不同气候条件下新鲜子实体含水量变化较大，采用生物学效率进行品种评价并不合适。在计算生物学效率时，需要规定鲜菇的标准含水量，在样品含水量测定的基础上再进行折算。

（三）影响产量性状的因素

影响食用菌产量的因素很多，主要包括三个方面。一是品种本身的产量潜力；二是栽培条件，包括栽培基质、栽培环境和生产管理水平；三是品种与栽培条件之间的相互作用。在食用菌育种和栽培中，菌丝体具有吸收、贮存和运输营养物质的功能，而子实体的功能主要是形成有性孢子，并扩散到环境中，子实体是人们采食的主要对象。只有当食用菌品种性状优良，栽培条件适宜，两者相互作用才能将栽培基质充分转化利用，获得高产。

食用菌栽培品种的高产潜力涉及菌丝生长特性、原基形成能力和子实体形态特征等。菌丝生物量（biomass）和菌丝生长速度属于菌丝生长特性。从理论上讲，菌丝生物量是单位体积的栽培基质中菌丝积累的干物质的总和，而菌丝生长速度是单位时间菌落边缘或菌丝顶端生长的长度。在固体栽培基质中，菌丝生物量难以精确计量，通常以菌丝生长速度反映栽培品种的菌丝生长情况。某个栽培品种菌丝生长速度不能准确反映菌丝生物量，菌丝生长速度与品种的产量没有必然联系。但通常高产品种的菌丝生长较快，菌丝生物量较大；某个品种菌丝生长快，菌丝生物量大，其产量却不一定高。食用菌优良品种菌丝生长速度快，菌丝培育期较短，通常其栽培周期也短。

食用菌原基形成能力强是优良品种的必要特征。某些香菇野生菌株在代料栽培时难以形成原基，因而极难通过野生驯化栽培获得优良栽培菌株，但少数菌株易形成大量原基。虽然某些香菇栽培品种较易形成原基，但不同品种形成原基的难易程度及数量差异极大。香菇品种‘庆科 20’‘939’等菌棒越夏后，只要菌棒稍受震动，就极易形成大量原基。若此时气温在 25℃以上，则长出的子实体商品品质较差。因此，这些品种的菌棒应避免受到震动，也不适合在菌棒长成后进行远距离运输。原基形成能力是评价食用菌品种繁殖能力的重要指标，也是高产品种选育需要关注的主要特征。

食用菌高产品种不仅子实体群体与环境的关系协调，而且子实体个体之间关系也较为协调。食用菌不同品种所形成的子实体在大小、形态及着生方式上存在差别，其中子实体形态特征与高产性状相关。以香菇为例，如果某个品种菇体较大，菌盖厚而大，菌柄短而小，且子实体在菌棒上分布均匀，则产量通常较高；而某些品种菇体较小，菌盖较薄，常集生成簇，则产量通常较低。

二、品质性状

品质育种已成为我国食用菌主要的育种目标之一，品质性状是未来我国食用菌育种主要的关注对象。品质优良是食用菌生产的基本要求，符合经济社会发展的需要。

食用菌产品常作为美味菜肴供人品味食用，营养品质是产品商品品质的重要方面。此外，食用菌作为一种需要在超市及农贸市场销售的商品，还需要具有良好的食用品质、商品品质和储运品质等。食用品质是人们根据其口感、风味、气味等进行评价判定的性状。商品品质是食用菌产品在市场上销售时，消费者对子实体菌盖大小、菌柄长短、外观色泽、子实体紧实度等性状的评价判断。储运品质是指食用菌产品耐储存、耐转运和保持原有色泽的能力。

早期食用菌生产水平低下，产量潜力是评价食用菌栽培品种的主要指标。随着国民经济发展和人们生活水平提高，食用菌品质性状更加受到关注。在 20 世纪 80 年代，我国糙皮侧耳生产以追求高产为主，子实体朵大、菌盖厚、色泽浅。近年来，消费者追求更高的消费体验，喜好菌盖小、大小均一、色泽偏深的糙皮侧耳，糙皮侧耳育种目标也随之发生改变。有些食用菌品种单产已经达到较高的水平，进一步提高产量已经相对困难，而改良栽培品种的产品品质可能更具潜力。食用菌某些品质性状涉及产品有效部位或活性成分含量，如真姬菇有效菇朵数、灵芝孢子粉产量、灰树花多糖含量、金针菇赖氨酸含量等，其中某些品质性状影响产品加工效益，如灵芝孢子粉中三萜类物质含量决定了孢子油质量。有时在食用菌优良品质和高产性状之间会存在矛盾，将两者协调改进更符合生产的要求。

品质改良在食用菌育种工作中相当困难，一方面需要大量鉴定亲本及子代材料，品质评价和分析程序复杂，需要花费较长时间；另一方面人工选择方向与其自身进化方向通常存在差距，在品质改良时可能对其他性状造成负面影响，如抗性下降、产量下降等。

（一）营养品质

评价食用菌营养品质的指标不仅包括多糖、氨基酸、蛋白质、膳食纤维及维生素等营养成分种类及含量，还包括有害重金属、农残、毒素等有害成分种类和含量。营养品质育种是指通过品种改良，提高产品中人体所需要营养保健成分含量，降低有害成分含量。通过育种方法改进食用菌营养品质，已越来越受到重视。

食用菌不同种类或品种在营养品质方面差异较大，营养物质及生物活性成分种类不同，制定育种目标时应注意具体分析。例如，双孢蘑菇蛋白质含量高，蛹虫草产生虫草素，茯苓多糖含量高、猪苓具有利尿作用，黑木耳具有降血脂和活血作用等。这些营养成分、生物活性成分和药理药效作用，都是育种目标制定中需要重点考虑的指标。食用菌富含不同生物活性成分，生物活性成分是影响食用菌品质的重要因素，也是筛选优良品种不容忽视的指标之一。可根据食用菌营养成分及生理活性成分差异，采用选择育种或杂交育种方法，定向提高营养成分及生物活性成分含量，达到食用菌品质育种的目标。

（二）食用品质

食用品质是指食用菌可食用部分的营养品质与口感风味，以及是否霉变腐烂或含有其他有害成分。食用菌的食用品质由营养成分、风味成分、有害成分等理化指标，以及外观形态、色泽、清洁度、透明度、气味、味道、质感等感官指标组成。例如，在真姬菇栽培品种中，蟹味菇和白玉菇两个品系在色泽方面差别较大，段木银耳与袋栽银耳在口感润滑性上差异较大，段木香菇与袋栽香菇在子实体香气及口感上也存在较大差异。食用品质因个人感受不同而存在一定的差异，但选育食用品质优良的新品种是食用菌遗传育种的重要目标之一。

（三）商品品质

商用品质是指食用菌具有的商业价值。

食用菌商品品质包括子实体形态性状、质地、大小及内在品质等多个方面。食用菌的形态性状包括子实体形态发生方式（单生、散生、丛生等）、外观色泽（白色、浅色、深色等）、个体形态（菌盖形态、菌柄形态、伞柄比）、群体形态（子实体分布均匀度、出菇整齐度）等；食用菌产品质地分为紧实、一般、疏松等类型；食用菌子实体大小是指子实体单菇质量、菌盖直径、菌柄长度等；食用菌产品内在品质包括由嗅觉、味觉所感知到的气味、味道、口感等。

在金针菇品种选育中，以子实体口感、色泽为主要育种目标，选择黄色品种和白色品种作为亲本，采用原生质体不对称融合方法，从融合子中筛选白色菌株，再以口感、整齐度等指标筛选，最后筛选出品质优良的菌株‘金白 1 号’。

对于大多数食用菌商品品质而言，都有相应的评价指标。但对于感官品质而言，不同消费人群在味道、颜色、口感、形状等方面的偏好相差较大。例如，海鲜菇灰色品种在山东市场深受欢迎，但在南方各地市场销售困难。有些消费者喜欢食用厚而脆的凉拌木耳，而有些消费者喜欢食用薄而软的炒食木耳。总之，应因地制宜培育出满足当地市场需要的品种。在制定食用菌育种目标时，应具体制定品质育种的目标。

（四）储运品质

储运品质是指食用菌在采后储藏运输过程中，能够继续保持其生理活性，而在外观形态、口味感官、营养成分等方面不发生剧烈变化的品质。

食用菌鲜菇含水量高、质地柔嫩、生理代谢活跃，通常产品季节性强，产区相对偏远，收获后难以及时销售，保鲜品质是食用菌重要的储运品质之一。双孢蘑菇、草菇等常以幼蕾、幼菇在市场上销售，但保质期短，且极易开伞。开伞后会散发孢子，丧失部分营养物质，菌褶和菌柄变色，肉质变松散，甚至出现微生物感染，导致腐败变质，失去食用价值。香菇、金针菇、糙皮侧耳等木腐菌采收后，存放时间相对较长，但其储藏运输期生理活动消耗了自身储存的养分，也会影响食用价值。

食用菌储运品质不仅受其自身生物学特性的影响，而且受子实体抗病性、抗逆性、致密度、紧实度、粗纤维含量和含水量等的影响。在储藏运输过程中，食用菌子实体因蒸腾作用而大量散失水分，导致子实体失重、失鲜和代谢紊乱，抗病性与耐储性降低。在采用各种方法进行产品保鲜时，还需要考虑食用菌的抗逆性、耐储性、耐冻性等性状，培育耐储运品种，延长货架期。

食用菌不同的储运方式对于储运品质的要求也不相同，同一储运方式对不同食用菌的要求也有所差异。选育储运品质优良的栽培品种，有利于降低食用菌储运难度，延长储运时间，提高储运品质，降低储运损失。

三、生育期性状

食用菌生育期是指从菌种接种到子实体采收结束所需的时间。生育期包括发菌期、后熟期或转色期、原基形成期和子实体生长期。生育期长度是食用菌不同品种十分重要的性状之一，影响食用菌产量、栽培区域和栽培效益。

生育期与产量具有较明显的相关性，通常生育期长则产量高，生育期短则产量低。在自然条件下，栽培品种的生育期性状必须适应当地的气候条件。在保证产量的前提下，工厂化栽培品种应尽可能缩短整个生育期，降低能耗，节省劳动力成本，提高经济效益。

食用菌生育期性状主要包括菌龄与菇潮。菌龄是指从接种到长出第一潮菇所需的时间，它是食用菌育种重点关注的性状之一。菌龄与生产工艺、生产周期和生产管理措施密切相关，影响菇房利用率及生产效率。缩短菌龄能提高菇房利用率，提高生产效率，从而提高经济效益。菇潮是指在一定时期内子实体较集中发生的现象，通常在一个生长周期内菇潮可间歇性发生若干次。不同栽培模式对菇潮性状要求不同，在常规农法栽培中要求菇潮分散，而工厂化栽培中要求菇潮集中。对于工厂化栽培食用菌而言，通常要求第一潮菇产量占总产量 70% 以上，这样有利于及时采收，并尽快进入下一轮出菇管理。需要针对不同的生产方式，确定针对食用菌菇潮性状的育种目标。

子实体进入成熟期即开始产生担孢子，子实体形态也开始发生变化，质地逐步纤维化，营养成分随孢子释放而有所减少，色泽出现变化。延迟成熟期到来，有利于子实体充分累积营养，使产量更高、品质更好，也可以延长储藏时间。菌丝生长性能对子实体产量与品质影响极大，栽培品种在栽培基质中生长强壮有力，基质降解能力强，通常产量较高，品质较好。在育种工作中，通常早期淘汰菌丝生长稀疏、生长速度缓慢的杂交子，以减少工作量，节省成本。

白灵侧耳和真姬菇菌丝生长较慢，后熟期较长，导致生产周期长，费工费时，成本高，产业发展受到严重制约，急需选育生长快、后熟期短和易出菇的白灵侧耳及真姬菇优良品种。香菇春栽品种菌龄长，当年春季制袋，菌袋越夏后进入出菇期，当年秋冬季和翌年春季出菇，整个生产周期长达一年以上，但产品品质好、产量高。香菇秋栽品种菌龄较短，当年夏末秋初制袋，秋冬季和翌年春季出菇，尽管也能出优质花菇，但产量略低。黑木耳菌丝抗杂能力弱，养菌期间需要严格避光培养，采用全光照露地刺孔出耳，受自然环境因素影响较大，选育生育期短的优良品种，有利于降低生产风险。

四、抗逆性

食用菌抗逆性状是一类十分重要的性状，与优质、稳产和高产密切相关。食用菌对各种生物胁迫或非生物胁迫因子的抗御能力，称为抗逆性状（stress resistance），简称抗逆性或抗性。

食用菌生长逆境包括生物逆境和非生物逆境两个方面。生物逆境主要指对食用菌产量和品质造成负面影响的病原微生物、害虫、杂菌等有害生物；非生物逆境主要指不利于食用菌生长发育的栽培基质及外界环境。食用菌品种抗逆性包括生物逆境抗性和非生物逆境抗性，抗逆性包括耐高温性、耐低温性、抗病性、抗杂性、抗虫性等。

（一）非生物逆境抗性

温度、空气湿度、二氧化碳浓度、光照等对食用菌子实体形态发生与建成具有较大影响。一般而言，出菇期温度高，则子实体个体大，菌盖或耳片薄，菌柄长；空气相对湿度偏低，则菌盖表面发生皲裂；环境中二氧化碳浓度直接影响菌丝体生长及子实体发育，影响子实体外观形态及产量。

在食用菌品种选育过程中，应选育对环境敏感度较低的品种，尽量减小环境因素对品种的影响，消除同一品种、同一批次或者不同批次之间的差异，以维持优良商品性状。糙皮侧耳‘华丰 2 号’栽培品种是通过野生菌株驯化而来的。与其他品种相比，‘华丰 2 号’温度耐受力强，适应温度范围广，对二氧化碳敏感度低，可在二氧化碳浓度较高的相对密封的栽培场所正常出菇。

在不同栽培区域和不同季节，对食用菌抗逆性的要求不相同。例如，香菇属于中低温型的变温结实性菇类，在福建、浙江等香菇主产区，夏季温度较高，能够高温出菇的品种极少，夏季香菇供应不足，需要选育耐高温的香菇优良品种。此外某些地区昼夜温差较小，不适宜香菇栽培，培育不需要温差刺激的恒温栽培品种也可成为香菇育种目标之一。草菇是高温型菇类，我国多数地区难以栽培，选育耐低温品种十分必要。草菇耐低温型栽培菌株'V920'子实体分化发育的平均温度为22℃，比其他栽培菌株低3～4℃，对外界气温骤变适应能力强，可在昼夜温差达12℃条件下正常出菇，栽培时间较常规栽培菌株提前或推迟约30 d。

伞菌类蘑菇属真菌对Cu^{2+}、Cd^{2+}、Ag^{+}等离子具有一定的亲和性，在森林中生长的木腐类真菌则具有富集Cr^{2+}、Se^{2-}、Pb^{2+}等离子的能力。为了减少这些有害物质在食用菌子实体中的富集，有必要培育对这些有害物质富集能力较低的品种。

在香菇菌丝培养过程中，高温常影响菌丝生长，甚至导致菌丝凋亡、菌棒腐烂。糙皮侧耳栽培品种包括低温型、中温型、高温型等，但生产中广温型优良品种普遍受到生产者欢迎。食用菌设施化栽培方式迅速推广，需要选育更多能耐受高浓度二氧化碳及耐荫蔽的优良品种，以适应大棚或菇房环境。金针菇黄色品系主要在季节性袋栽中推广应用，而白色品系主要在工厂化瓶栽中应用，白色品系具有较强的耐高浓度二氧化碳和耐荫蔽能力。羊肚菌子实体幼蕾发育期对外界环境变化（如风吹、日晒、高温，尤其是昼夜温差大）极其敏感，急需培育抗逆性强的优良品种。

（二）生物逆境抗性

生物逆境抗性是指食用菌抵抗各种病原物、杂菌、害虫等有害生物的能力。食用菌生物逆境抗性研究尚不够深入，但食用菌栽培品种之间生物逆境抗性确实存在明显差异。随着食用菌产业规模不断扩大，部分区域或场所连年种植，病虫害发生越来越严重，甚至成为影响产业可持续发展的重要因素之一。据不完全统计，食用菌病虫害造成的产量损失已达到总产量的20%～30%，严重时超过50%，甚至绝收。

某些生物侵染，或栽培基质被其他生物侵染，或栽培环境及栽培基质等条件不适宜，导致食用菌生长发育受到显著的不利影响，造成严重的经济损失，这类现象称为食用菌病害。引起食用菌病害的病原物不仅包括木霉、青霉、毛霉等真菌，还包括细菌、病毒、线虫等。有些病原物与食用菌菌丝体竞争养分，有些病原物抑制食用菌菌丝生长或子实体发育，或是侵染食用菌菌丝体或子实体，造成食用菌菌丝凋亡、菇体变色或者腐烂。

糙皮侧耳黄斑病主要由托拉斯假单胞杆菌引起，糙皮侧耳不同品种抗病能力差异显著，且抗病性与菌盖色泽、菌柄紧实度等有关。有害疣孢霉既可以影响双孢蘑菇菌丝体生长，也可以影响原基及子实体发育，双孢蘑菇不同类型或品种之间抗病能力存在明显差异。毛木耳油疤病是由木栖柱孢霉（*Scytalidium lignicola*）感染菌丝引起的毁灭性病害，该病原菌能感染毛木耳菌丝，但不能感染黑木耳、灵芝、香菇、糙皮侧耳等其他10余种食用菌，且毛木耳不同栽培品种抗病能力存在差异。

食用菌虫害是由于某些害虫啃噬子实体及菌丝体，造成菌丝培养失败，或子实体褐变、腐烂、萎蔫或死亡。双翅目害虫受侧耳类食用菌子实体气味吸引，常聚集为害。糙皮侧耳不同品种对双翅目害虫的吸引能力存在明显差异，但目前食用菌抗虫育种研究极少。

食用菌病虫害防控的基本原则是"预防为主、综合防治"，其中选育抗病虫优良品种是预防和控制病虫害的根本措施。在关注食用菌栽培品种丰产、稳产、优质等性状时，抗病虫能力是一个不容忽视的重要性状。

抗逆性通常与其他性状相互关联。例如，增强品种抗病能力能使食用菌产量更稳定，在一定程度上也降低了病原物侵染概率，提高了储藏品质，延长了储藏时间。

食用菌优良品种在逐级扩繁和反复栽培中会被感染或传播病毒，导致产量低、品质差或不出菇等现象发生。某些区域糙皮侧耳连年大面积发生黄斑病，子实体黄化或腐烂现象严重。除了与病原菌数量累积过多、喷水方式不当等有关之外，品种退化导致抗病能力下降是重要的原因之一。若食用菌栽培品种抗病虫、抗杂菌能力差，则必然会对产量和品质造成不利影响。为了减少化学农药使用，保证高产稳产，保障产品质量安全，选育抗病虫优良品种是食用菌育种工作的重要目标之一，也是产业发展的迫切需要。

五、适应性

适应性通常是指食用菌品种对不同栽培环境、栽培原料、栽培场所及栽培方式等的适应能力。从广义上讲，适应性不仅包括对生物逆境和非生物逆境的抗性，还包括对栽培方式、栽培原料、覆土、栽培区域、土壤条件等的适应性。

（一）栽培方式的适应性

食用菌不同栽培方式的育种目标有所差异，需根据栽培方式的不同，制定育种目标，改良品种性状，新品种必须与其栽培方式相适应。

对工厂化栽培的食用菌进行品种改良时，应使品种出菇整齐、出菇时间尽量一致、菇体大小均一性好等，以满足子实体集中采收的要求。对常规栽培的食用菌进行品种改良时，应尽量避免集中出菇，以免采收不及时，造成经济损失。如果品种生育期长，菇房周转率低，人工、电力等生产成本就必然增加。工厂化生产需要栽培品种具有生育期短、出菇潮次少、耐荫蔽和耐高浓度二氧化碳的性状。

某些食用菌的栽培品种早期主要适应常规露地或大棚栽培环境，对于相对密闭阴暗及二氧化碳浓度高的环境难以适应。某些食用菌需要采收多个批次，出菇潮次之间还需要间隔一段时间，尤其是第三潮或第四潮菇品质差，出菇场所病虫害严重，因而品种的抗病抗虫能力十分重要。

1. 段木栽培　段木栽培在食用菌品质方面具有优势，但需要大量的林木资源，要求自然生态环境（如气候、海拔、地形、土壤等）能适合食用菌生长的要求。但段木栽培也面临林木砍伐困难，环境不受控制，产量较低等问题。目前段木栽培的食用菌包括香菇、黑木耳、银耳、灵芝等，段木栽培的育种目标主要包括广适性、抗逆性和高产等性状。

2. 袋（瓶）式栽培　代料栽培是采用农林废弃物替代段木，将这些替代料装入袋（瓶）中，进行袋（瓶）式栽培。目前袋（瓶）式栽培普遍，绝大多数食用菌都能采用此法进行栽培出菇。袋（瓶）式栽培具有栽培原料广泛、成本较低、占地面积小、运输方便、接种污染率低等优点，主要以高产、优质、生产周期短、基质适应性广、抗杂能力强等为育种目标。

3. 床式栽培　双孢蘑菇、草菇、大球盖菇、长根菇等食用菌常采用床式栽培。床式栽培中培养料采用发酵方式制备，依靠堆制发酵时有益微生物的代谢活动，使堆内温度升至 60 ~ 75℃，杀灭绝大多数微生物及害虫，无须高温灭菌。由于发酵方式无法彻底消灭杂菌，栽培中常出现杂菌污染或病虫危害。因此，在床式栽培食用菌的育种中，主要以抗杂能力强、高产、优质、出菇整齐和生产周期短为育种目标。

4. 仿野生栽培　仿野生栽培多是在自然条件下采用覆土出菇模式，或常采用菌根苗进行野外栽培。仿野生栽培的食用菌产品在色泽风味及营养价值方面接近野生菌，由于人工介入管理，品质及产量可能优于野生菌。因此，仿野生栽培食用菌需要以高产、稳产、适应性强和抗逆性高等为育种目标。

5. 田间栽培　田间栽培是以农田或大棚为基础进行的食用菌生产方式，它利用作物采收后的冬闲地或园艺作物生产所用大棚。目前田间栽培食用菌主要是羊肚菌、大球盖菇、黑皮鸡枞菌（*Oudemansiella raphanipies*）等，采用发酵料或熟料栽培。由于接种量大，菌丝生长过程中易出现高温烧菌。在高温多雨季节，若栽培方法不当，则易造成培养料酸化、菌丝凋亡或病虫害严重。田间栽培食用菌以高产、优质和抗逆性强为主要育种目标。

（二）栽培环境的适应性

食用菌栽培品种需要具有较强的环境适应能力。周年化生产和市场均衡供应是经济社会发展对食用菌产业提出的新要求，而季节性生产难以满足消费市场要求。食用菌对环境条件变化较敏感，常规大棚栽培环境可控性差，鲜品储运时间较短，迫切需要广适性的优良品种。工厂化栽培是解决食用菌产品周年化生产和市场均衡供应的关键措施，培育工厂化栽培所需的专用品种十分必要。

糙皮侧耳栽培品种‘CCEF99’和‘CCEF89’可在 8～28℃出菇，属于广温型品种。羊肚菌、滑菇等对环境条件较敏感，需要选育具有广温性、对二氧化碳浓度敏感性差、原料适应性广、栽培方式适应能力强等性状的优良品种。在育种目标中，不仅要求同一种食用菌具有不同温度类型的品种，而且要求栽培品种对温度适应范围较为广泛。

食用菌某个栽培品种在南方地区表现良好，但引种至北方地区栽培就不一定表现好；在低海拔地区表现良好，在高海拔地区表现不一定好。在食用菌优良品种引种中，环境适应能力强的品种通常是优先选择的对象。羊肚菌、大球盖菇等主要采用大棚栽培，各地气候条件、土壤条件和大棚设施水平各不相同，选育环境广适性品种十分重要。

（三）栽培基质的适应性

按照栽培原料处理方式，糙皮侧耳栽培包括生料栽培、发酵料栽培和熟料栽培，某些品种适合 3 种栽培方式，但某些品种仅适合熟料栽培。糙皮侧耳优良品种‘亚光 1 号’是典型的广适性品种，对栽培原料适应性广，可利用棉籽壳、玉米芯、玉米秆、麦秆、豆秸等多种原料栽培，且抗杂菌能力强，子实体生长发育温度范围广。

在香菇、黑木耳等食用菌栽培中，某些品种适合段木栽培，某些品种适合代料栽培。在早期代料栽培品种选育中，常采用段木栽培品种进行代料栽培后，再从中选择优良子实体进行组织分离，系统筛选适宜于代料栽培的优良品种。目前香菇、黑木耳、灵芝、茯苓等的栽培消耗大量森林资源，选育能利用农林废弃物替代原料进行栽培的优良品种，具有重要的生态意义。

第三节 影响食用菌育种目标实现的因素

影响食用菌育种目标实现的因素很多，主要包括品种自身遗传特性和环境因素。在育种工作中，需要结合以下因素，制定食用菌育种目标。

一、品种遗传特性

（一）品种稳定性

在食用菌生产过程中，品种稳定性是影响育种目标实现的主要因素之一。在菌种传代繁殖过程中，常出现某个品种的原有优良性状逐渐丧失或变劣的现象，导致菌丝长势弱、生长慢、出菇迟、产量低或品质差。传代次数对不同品种的产量影响不同，品种退化速度也不相同。

品种退化速度由食用菌种类或品种本身的遗传特性所决定。白玉菇工厂化栽培品种在传代 40 次以后，菌种将不能继续使用。蛹虫草、羊肚菌等食用菌的菌种在每次栽培之前，都需要进行菌种提纯复壮。在杂交育种中，某些杂交子在早期栽培中产量较高，但在后续中试或示范推广中，各种优良性状迅速出现衰退，最终被淘汰。

（二）品种适应性

有些品种对环境适应能力强、抗逆性强，基质适应范围广，在不同环境条件下栽培产量相对稳定；而某些食用菌品种适应性较差，环境变化、栽培方式或基质配方等发生变化时，产量变化幅度较大。在筛选食用菌优良杂交子时，常将杂交子在不同区域、不同栽培基质或不同栽培模式下进行初筛、复筛和中试，既是考察杂交子的适应性，也是为了筛选具有特殊优良性状的杂交子。

（三）品种基质利用能力

食用菌子实体产量与其降解木质纤维素的能力密切相关。不同的食用菌对栽培基质的利用能力差别较大，香菇、糙皮侧耳等降解木质纤维素能力较强，而双孢蘑菇、银耳、草菇等降解木质纤维素能力较弱。同一种食用菌不同品种对基质的利用能力相差较大，在杂交子初筛中常将菌丝生长速度作为评价杂交子基质利用能力的指标，淘汰基质转化利用能力较差的杂交子。基质转化利用能力与生物学效率密切相关，选育能高效降解栽培基质的优良品种，可缩短栽培周期，提高生物学效率。

（四）品种结实性

多数食用菌优良品种选育的目的是获取大量优质的子实体。结实性是食用菌品种评价的重要指标之一，是保证品种产量的重要前提。通常结实性良好的品种较易形成子实体，对环境要求不甚严苛。不同栽培方式对食用菌结实性的要求不同，工厂化栽培和传统农法栽培对品种的结实性要求存在明显的差别。

（五）品种生态学特性

有些食用菌必须与其他生物产生伴生、共生或寄生关系，才能正常完成其生长发育过程。这些食用菌的产量在很大程度上取决于伴生生物、共生生物或寄生生物的生长情况。例如，银耳产量依赖于伴生的香灰菌，香灰菌菌丝生长情况及基质降解能力影响银耳产量。块菌、松乳菇等共生菌的产量与共生植物种类密切相关。

二、环境因素

温度是影响食用菌育种目标实现的重要因素。利用自然气候进行食用菌季节性栽培时，主要根据各个季节温度情况安排生产。温度受纬度、经度、海拔高度、地形、地貌等因素影响，栽培场所选择成为影响食用菌优良品种性状表现的关键因素之一。

香菇、糙皮侧耳等食用菌的栽培品种具有广泛的温型分化，包括低温型、中低温型、中温型、中高温型和高温型等。但金针菇、白灵侧耳、真姬菇、绣球菌等多数食用菌属于低温出菇型，品种之间温型分化并不明显。对于低温出菇种类，选育高温型品种有利于降低出菇环境控制所需能耗；对于高温出菇种类，选育低温型品种有利于提高产品品质，延长产品储藏期。此外，培育高温型或低温型品种均有利于拓展食用菌种植区域，对边远地区经济社会发展具有重大意义。

二氧化碳浓度、空气湿度、光照等对食用菌生长发育具有明显的影响。不同的食用菌对二氧化碳浓度、空气湿度、光照等环境因子要求不同，有关不同品种对环境适应能力的评价还缺乏系统研究，相关育种工作尚未充分展开。

随着食用菌代料栽培技术发展，许多作物秸秆及农产品加工副产物被用作栽培原料，培养料配方也日渐多样化。在食用菌种质资源评价或杂交子筛选中，需要考察这些种质材料在不同培养料配方中的生长发育情况，评价它们对各种栽培基质的适应能力和转化情况。

第四节 食用菌品种知识产权保护

食用菌品种通常是指通过人工选育、发现或遗传改良，具备特异性（distinctness）、一致性（uniformity）和稳定性（stability），能够在生产中进行应用推广的栽培菌株。食用菌品种特异性、一致性和稳定性测试，简称 DUS 测试。特异性是指一个品种具有一个以上明显区别于其他已知品种的特征或特性；一致性是指一个品种除了可预期的自然变异之外，群体内个体之间特征或特性表现基本一致；稳定性是指一个品种经过反复繁殖或在特定繁殖周期结束时，其主要性状保持相对稳定。

食用菌品种主要经济性状符合生产者和消费者需求，生物学特性适应特定生态环境或栽培技术要求，可以通过适当繁殖方法保持种群内一定的整齐度和遗传稳定性，具有某些可以区别于其他品种的标志性状。食用菌品种不是分类单位，而是某种食用菌在栽培学范畴的变种或变型。

一、食用菌品种 DUS 测试

食用菌品种 DUS 测试是依据相应的测试技术与标准，通过田间栽培试验或室内分析测试，对待测品种的特异性、一致性和稳定性进行评价的过程。研究食用菌栽培技术、育种方法和种质资源情况，编制食用菌 DUS 测试指南，制定各类性状的判定标准，详细描述和明确定义所育成的类群或群体，为判定其是否为食用菌新品种和是否区别于其他品种提供依据，这是食用菌品种 DUS 测试前需要完成的主要工作内容。

新品种保护必须依赖相关标准或 DUS 测试指南，对一系列性状差异大小进行判定，确定新品种是否具有新颖性、特异性、一致性和稳定性。例如，在食用菌丰产性和稳产性判定中，区域试验中每一个生产周期的平均产量较对照品种增产 3%，即判定新品种较对照品种显著增产。在抗杂性或抗病性区域试验中，经过田间试验统计分析，如果杂菌污染率、发病率或病情指数显著低于对照品种，则判定新品种较对照品种的抗杂性或抗病性存在明显差异。

在日本食用菌新品种登记中，拮抗反应已经作为香菇、糙皮侧耳、刺芹侧耳、毛木耳、金针菇等 14 种食用菌新品种 DUS 测试的必测项目之一。

在我国香菇 DUS 测试指南中，确定的香菇栽培品种 DUS 测试指标共 76 个，其中菌丝体性状 8 个、段木栽培性状 34 个、代料栽培性状 34 个。香菇代料栽培品种 DUS 测试性状包括 34 个必测性状和 2 个补充性状。34 个必测性状是指拮抗现象、菌丝被膜形成、菌丝密度、菌落表面颜色、菌丝最适生长温度、不同温度（10℃、15℃、20℃、25℃、30℃）下菌丝生长速度、菌盖侧面形状、菌盖直径、菌盖颜色、菌盖厚度、菌盖质地、鳞片存在的位置、鳞片大小、鳞片颜色、菌褶排列方式、菌褶宽度、菌褶密度、菌褶颜色、菌褶形态、菌柄形状、菌柄长度、菌盖直径与菌柄长度的比值、菌柄直径、菌盖直径与菌柄直径的比值、菌柄表面颜色、菌柄上的纤毛、菌柄质地、子实体发生型、子实体发生的温型、接种后到子实体发生的时间。2 个补充性状为子实体特色成分含量和 DNA 指纹图谱等。

为了更好地描述和区别不同品种，根据同一个性状的不同表现，DUS 测试指南将每一个性状划分为一系列的表达状态，并为每个性状的不同表达状态赋予一个相应的数字代码，以便测试时进行记录、处理和品种描述。由于某些性状受环境因素影响较大，DUS 测试指南中对这些性状的表达提供了标准品种（example variety），以便对待测品种性状进行准确描述。

根据品种申请者提供的待测品种信息，筛选近似品种，组织栽培试验。将不能用代码等信息区分的品种，在同一条件下栽培，进行种植比较试验。在第一个生长周期结束后，对待测品种信息进行全面分析和评价。必要时再次筛选近似品种，进行第二次种植试验。食用菌品种 DUS 测试可以明确品种的身份信息，待测品种特异性、一致性和稳定性是判断其是否是一个新品种的依据。

二、食用菌新品种保护

DUS 测试不仅为食用菌菌种市场管理和新品种鉴定提供了技术支撑，也为育种者知识产权保护提供了技术保障。国际上普遍采用的植物新品种保护制度，以知识产权归属为核心，授予育种者财产独占权。

我国食用菌新品种保护已经纳入植物新品种保护范畴，植物新品种与专利、商标和著作权一样，是知识产权保护的对象，育种单位或者个人对其被授权的新品种享有排他性的独占权。未经品种权所有人许可，任何单位或者个人不得以商业目的生产或者销售该品种的繁殖材料，也不得将该授权品种的繁殖材料重复用于生产另一品种的繁殖材料。

1997 年 10 月 1 日我国实施了《中华人民共和国植物新品种保护条例》，1999 年 4 月 23 日我国加入了国际植物新品种保护联盟（UOPV）。2007 年 9 月农业部公布了《中华人民共和国植物新品种保护条例实施细则（农业部分）》（修订本），明确将食用菌列入该细则的保护范畴内。

任何具有特异性、一致性和稳定性的品种或材料都可以通过新品种登记予以保护，甚至是性状材料也可得到保护。截至 2019 年 2 月，已有香菇、白灵侧耳、羊肚菌属、黑木耳、灵芝属、双孢蘑菇、金针菇、蛹虫草、长根菇、猴头菇、毛木耳、蝉花（*Isaria cicdae*）、真姬菇、糙皮侧耳、佛罗里达侧耳、秀珍菇等食药用菌列入了植物新品种保护名录。

三、食用菌品种登记

与新品种保护不同，品种审定、认定和登记属于行政管理制度，其以品种的经济性状为核心，以确保种植者经济利益为目的。获得新品种保护权的品种或材料并不一定能通过新品种审定或认定。

我国对各种农作物新品种分别实行品种审定（variety certification）、品种认定（variety confirmation）或品种登记（variety registration）等不同管理制度。《中华人民共和国种子法》规定，主要农作物品种在推广前必须通过品种审定，未通过审定的品种不得推广。品种认定是品种审定的替代形式，具有与品种审定同等的效力，但主要针对非主要农作物，且非主要农作物品种认定也是非必需的。未通过认定的品种也可以推广使用。2008—2017 年我国实施食用菌品种认定制度。

2017 年 5 月农业农村部发布并实施了《非主要农作物品种登记办法》，公布了第一批 29 种非主要农作物登记目录，列入非主要农作物登记目录的品种，在推广前应当登记。应当登记的农作物品种未经登记的，不得发布广告、推广，不得以登记品种的名义销售。尽管国家农业主管部门没有实施食用菌品种认定制度，但一些地方政府将部分主栽食用菌品种纳入了农作物登记、审定或认定范畴。

申请登记的食用菌品种应当是人工选育、发现或改良的，具备特异性、一致性、稳定性，且名称符合《农业植物品种命名规定》。在申请品种登记时，对新培育的品种，申请者应当按照要求提交品种特性、育种过程等的说明材料，特异性、一致性、稳定性测试报告，孢子、菌丝体及子实体等实物彩色照片，品种权人的书面同意材料，以及品种和申请材料合法性、真实性承诺书。

国家或省级农业主管部门在受理申请20个工作日内进行复核。对符合规定并按规定提交品种样品的，予以登记，颁发登记证书，并予以公告；不予登记的，书面通知申请者并说明理由。登记证书内容包括登记编号、种类、品种名称、申请者、育种者、品种来源、适宜种植区域及季节等。

在进行食用菌品种审定或认定时，申请者向省级农业主管部门提交相关申请材料后，省级农作物品种审定委员会需要安排区域试验和生产试验，并对申报材料与试验结果等进行汇总，召开评审会议，做出是否通过初审的评价意见。审定通过的品种，由品种审定委员会编号和颁发证书，经由省级农业行政主管部门发布公告。

（执笔：孙淑静，边银丙；本章由鲍大鹏修改，边银丙统稿）

本章思考题

1. 解释下列名词和术语。
   育种目标　目标性状　产量　单产　抗逆性　生物学效率　菇潮
2. 现代食用菌产业对品种有哪些基本要求？
3. 制定育种目标的原则是什么？
4. 食用菌育种的主要目标性状有哪些？
5. 请拟定某一种食用菌的育种目标，并说明理由。
6. 食用菌栽培品种的抗逆性与适应性有哪些异同点？
7. 食用菌新品种保护与品种登记管理有哪些异同点？
8. 什么是DUS测试？DUS测试的性状包括哪些类型？
9. 试述香菇DUS测试的内容及方法。
10. 影响食用菌育种目标实现的因素有哪些？怎样克服不利因素？

数字课程网上资源

教学课件　　本章思考题参考答案

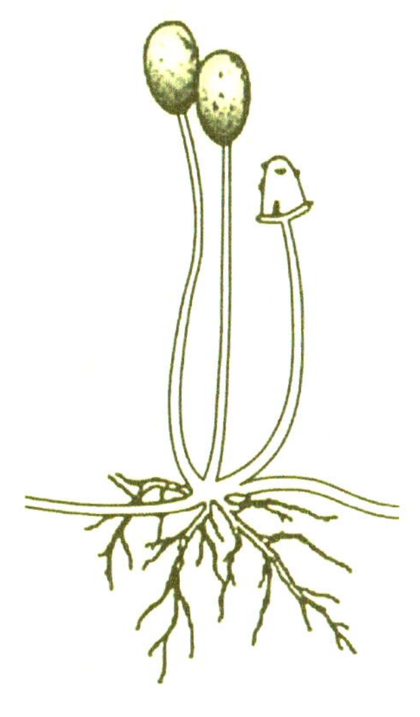

第八章　食用菌选择育种

食用菌育种学的基本任务是研究食用菌性状遗传变异规律，确立适宜的育种途径和方法，以便不断地选育出满足产业发展需求的优良品种。食用菌育种学的主要内容包括种质资源收集、保藏、评价和利用；育种目标制定与实现策略；选择育种的理论与方法；人工变异创造的路径、方法和技术；杂种优势利用；目标性状遗传规律、鉴定及选育方法；优良品种试验、示范、推广及知识产权保护程序。

系统选育是食用菌最有效的育种方法之一，在人工栽培中食用菌自然发生变异或产生适应新环境的遗传变异，从中选择表现优良的个体，分离获得菌种，再经过多轮筛选和反复比较，可以获得发生了遗传变异的食用菌优良品种。在食用菌引种过程中，被引菌株在远离原产区的环境中生长发育，极可能产生某些适应性变异。在引种的基础上开展系统筛选，通常可获得适宜引种地栽培模式的优良品种。野生食用菌的孢子通过风雨或其他媒介传播，生物种群向更大的地理范围扩散，野生菌株自身可能发生遗传变异，彼此之间也可能发生遗传重组。经过自然淘汰和选择，某些适应性强的子代得以保存下来，这些野生菌株是进行人工驯化的极好材料。

第一节 概述

食用菌优良品种选育包括选择与培育，两者既有关联，又有差别。利用杂交育种（cross breeding）、诱变育种（induced mutation breeding）和基因工程育种（genetic engineering breeding）等方法可以改变个体的基因型，培育出新的优良品种。

选择育种（selective breeding）主要是从自然变异的群体中选择优良变异的材料，进行菌种分离和扩繁推广，包括系统选育（systematic breeding）、野生菌株驯化（domestication）和引种（introduction）。在食用菌产业发展初期，种质材料主要来自野生菌株分离驯化。随着食用菌产业不断发展，栽培地域逐渐扩大，系统选育和引种成为食用菌产业的基础性工作。

在遗传学上选择是指不同基因型的差别繁殖，而在育种学上选择是指选优去劣。食用菌人工选择育种改变了群体内的基因频率，提高了有益基因频率。因此，群体内自然变异是选择育种的前提和基础，选择育种效果取决于群体内遗传变异的多样性和有益基因变异频率。理想的表现型（phenotype）来源于丰富的基因型（genetype），选择的有效性来源于基因多样性。如果仅仅是环境变化造成表型变化，而基因型并未发生改变，那么这种选择通常是无效的。

不仅食用菌野生菌株在自然界繁衍传播过程中会发生性状变异，栽培品种在推广种植多年后也会在子实体形态、生育期、商品性状、抗逆性等方面出现自然变异，这是食用菌选择育种的基础。

选择育种的基本程序包括：第一步，收集栽培品种性状变异材料或野生种质资源，进行菌种分离培养；第二步，生理特性测定与拮抗试验；第三步，初筛和复筛栽培试验；第四步，菌株特异性鉴定；第五步，区域试验和示范推广，检验菌株性状均一性和稳定性。

第二节 系统选育

系统选育是从现有栽培品种的自然变异中选出优良变异个体，进行菌种分离和栽培试验，每一个个体形成一个系统，经连续地选优去劣，从而育成符合育种目标的新品种。这是一种对食用菌栽培品种群体中自然变异进行选择和性状鉴定，并通过比较试验、区域试验和生产试验，培育出新品种的育种方法。

一、系统选育的原理

食用菌栽培品种都具有相对的遗传稳定性，在受到外界环境条件的影响下，栽培品种会产生自发突变。不论是栽培品种还是野生菌株，产生自然变异的原因主要包括两个方面。

（一）自然变异

自然变异指由于外部环境因素或内部生理生化变化而导致的 DNA 变异，包括背景辐射和环境诱导，如自然接受射线辐射、热及化学药剂；或者食用菌自身产生诱变物质过氧化氢、有机过氧化物等引起变异。

（二）基因重组

基因重组指栽培品种自身 DNA 在复制或重组中发生了错误，导致性状发生变异。

食用菌在内外界因素作用下发生的自发变异，为人类选择优良种质材料创造了条件，人工选择也加速了食用菌生物进化过程。选择育种是在现有品种群体中选择优良的自然变异，通过比较和鉴定，培育新品种。系统选育的主要特点是优中选优，连续选优，简单快速，效率高。选择育种是从自然变异中选择优良个体，只能从现有群体中分离出具有优良基因型的种质材料，但不能有目的地创新种质，不能通过人为控制去产生新的基因型，这是选择育种的不足之处。

二、系统选育过程与方法

系统选育包括种质资源收集、纯菌种分离、生理性状测定、初筛和复筛、特异性鉴定、区域试验和示范推广等环节。

（一）种质资源收集

系统选育最重要的基础工作是尽可能广泛地收集种质资源材料。应根据育种目标广泛地收集足够数量的、具有代表性的种质资源。一方面收集国内外食用菌生产中广泛应用的栽培品种，以及相关育种单位及研究机构保存的种质材料，尤其是栽培品种自然变异材料；另一方面应广泛采集、收集和鉴定野生种质材料。

（二）纯菌种分离

对于生产中正在应用的栽培品种，育种者必须仔细观察原栽培品种在产量、品质、生育期、耐贮性及抗病虫能力等性状方面的变化。若发现具有有益变异的个体，则需通过菌种分离和出菇试验，反复观察这些有益变异是否具有遗传稳定性。在发现食用菌栽培群体中优良变异个体之后，应尽快开展菌种分离，获得纯培养菌种。

食用菌菌种分离方法包括组织分离、单孢分离和基内菌丝分离等。组织分离是最常用的方法，从洗净消毒的子实体、菌核、菌索等组织中挑取适当部位的小块组织，置入培养基中培养，即可获得纯培养菌种。对于香菇、双孢蘑菇等子实体肥厚的种类，一般挑取菌柄与菌盖交界处的菌肉组织，进行分离培养。在育种工作中，可根据实际情况，选择单孢分离、基内菌丝分离等其他菌种分离方法。

（三）生理性状测定

对新获得的野生菌种或栽培菌种，需要进行生理性状测定。将获得的野生菌种与本地主要栽培品种进行体细胞不亲和性测定，或者将从优良个体上分离的菌种与原栽培品种进行体细胞不亲和性测定，保留具有拮抗反应的菌株。在此基础上，测定菌丝生长速度，观察生长势及环境适应性，初步筛选出优良菌株，可以缩短育种时间。

1. 拮抗试验　拮抗反应用于测定菌株间体细胞不亲和性。在平板培养基上，将两个菌株进行对峙培养，观察有无拮抗反应发生。淘汰与原栽培品种无拮抗反应的组织分离材料，保留具有拮抗反应的菌株，用于后续试验。

2. 生长速度测定　将活化好的待测菌株，定量接种在适宜的平板培养基上，适宜温度下培养，定时测量菌落直径，计算菌丝生长速度。除测定菌丝在平板培养基上的生长速度之外，有时还需测定菌丝在特定栽培基质中的生长速度。

3. 其他生理性状　有时将菌落气生菌丝色泽、菌丝浓密程度及特定逆境下菌丝生长状态等性状，也纳入考核待测菌株的参考指标。

（四）初筛和复筛

经过生理性能测定后，开展栽培试验对待测菌株进行初筛和复筛。根据实际情况，选择适当的栽培模式。对待测菌株与原出发品种进行农艺性状、商品性状和生产性能比较。

在完成生理性状测定后，适当扩大待测菌株的栽培规模，进行性状均一性和稳定性测定，称为初筛。每个供试菌株床栽试验面积不小于 30 m^2，段木栽培试验规模不少于 50 根，袋（瓶）栽试验规模不少于 300 袋（瓶）。采取多年多点重复试验，对栽培试验结果进行统计分析。

将经过初筛获得的菌株，进一步扩大栽培规模，测定其性状稳定性，称为复筛。为了减小试验误差，每个品种同一地点床栽面积不少于 50 m^2，段木栽培不少于 100 根，袋（瓶）栽规模不少于 500 袋（瓶）。同样采取多年多点重复试验，对栽培试验结果进行统计分析。

食用菌种类不同，测定农艺性状和商品性状的栽培方法也不相同。必须严格按照生物统计学原理进行栽培试验设计，待测菌株、出发品种或其他主要栽培品种的产量必须单收单计。既要对每个菌株的菌丝定植速度、出菇期、每潮产量、菇潮次数和间隔时间等进行观察，也要观测朵形、菇（耳）形、子实体色泽、质地及干鲜比例等性状，还要对菌袋污染率、性状稳定性、子实体均一性等进行观察记录，采取正确的方法进行统计分析。

（五）特异性鉴定

对获得的待测菌株材料进行形态特征、生化特性、同工酶和 DNA 分子标记鉴定，检验种质材料是否具有特异性。在 DUS 测试中，特异性测定用于判定一个新种质材料是否与已有种质材料相同，可以判定是否为一个新的栽培品种。

（六）区域试验和示范推广

在不同地域或不同气候条件的地区，进行具有代表性的区域性生产试验，进一步对待测菌株进行性状均一性和稳定性测定。通过大规模示范推广和现场验收鉴定后，对新的优良品种进行菌种保藏，并完善生物学特性和栽培特性研究，获得系统完整的品种特性资料，为新品种保护和登记做准备。

第三节 野生菌株驯化

驯化（domestication）是食用菌由野生生长状态变为人工栽培状态，由最初不太适应人工栽培的状态转变为完全适应人工栽培的过程。

一、野生菌株驯化原理

食用菌野生菌株之所以能够人工驯化，主要是因为遗传物质赋予了食用菌潜在的环境适应能力。通过人工驯化栽培，这种环境适应能力得以表现出来，野生菌株逐步表现出优良的栽培性状。

所有食用菌最初都处于野生状态。随着食用菌纯菌种分离和培养技术成熟，纯培养菌种应用开始日益普遍。人们对各种野生食用菌营养方式和生态特性的认识逐步加深，野生食用菌人工驯化栽培种类越来越多，许多栽培品种是由野生菌株人工驯化而来的。

不同的野生菌株采集地点和地理条件有明显的差别。在差异较大的自然环境中，可能形成具有较多变异的种质材料。在采集野生菌株时，两个采集点之间应距离尽量远一些，同时需要考虑野生材料应尽可能采集自不同地形、坡度和坡向的地方，尽量避免野生菌株来自同一子实体的孢子繁殖后代。根据育种目标不同，可到相应的地点采集野生种质资源。例如，选育耐高温的野生菌株，可以到低纬度、低海拔及年均温度较高的地区进行采集；选育耐低温的野生菌株，可以到高纬度、高海拔及年均温度较低的地区进行采集。

香菇、黑木耳、毛木耳、银耳、梯棱羊肚菌、竹荪、灵芝、茯苓、猪苓、长根菇、荷叶离褶伞、大杯蕈等均是首先在我国驯化栽培成功的。双孢蘑菇最早在法国驯化栽培成功。巴氏蘑菇、真姬菇、灰树花等最早在日本驯化栽培成功。大球盖菇最早在德国东部地区驯化栽培成功。牛樟芝（*Antrodia camphorata*）最早在我国台湾地区驯化栽培成功。

在黑木耳、毛木耳、糙皮侧耳、银耳、羊肚菌等人工栽培的食用菌中，多数栽培品种是由野生菌株驯化栽培而来的。

二、野生菌株驯化实例

（一）金针菇

金针菇‘三明 1 号’是从野生驯化栽培的材料中，选择优良子实体，再通过组织分离选育的优良菌株。首先，在不同地区及树木上采集野生金针菇的子实体，采用组织分离法或孢子分离法获得野生菌株。对分离的野生菌株进行栽培试验，分析其生长性状和栽培特性，从中挑选出性状较优的野生菌株。从表现较优的野生菌株子实体中，选择出菇早、菇蕾多、菌柄长、色泽好和开伞慢的子实体，作为菌种分离材料。采用髓部组织分离、菌肉组织分离或孢子分离法，再次获得优良菌株的各类纯培养物。将这些纯培养物制作成菌种，进行栽培试验，筛选优良菌株。经过多次栽培试验和反复选择，最终选育出优良品种‘三明 1 号’，明确了‘三明 1 号’的生物学特性和农艺性状。

‘三明 1 号’原野生菌株是从枯枝上采集野生金针菇子实体，经组织分离获得；经过野生驯化和系统选育的‘三明 1 号’子实体丛生，每丛有菇体 100 个以上；菌盖早期呈半球形，淡黄色至金黄色，直径为 1 ~ 2 cm，菌盖厚度 0.2 cm，中央稍厚，边缘渐薄，开伞较快；菌柄上部金黄色，离生，圆柱状，长为 10 ~ 15 cm，直径 0.3 ~ 0.4 cm，基部金黄色至浅褐色，绒毛不明显。‘三明 1 号’单瓶产量较野生菌株提高 4 ~ 7 倍，在木屑和甘蔗渣培养料种瓶栽生物学效率可达 50% ~ 70%，袋栽生物学效率可达 60% ~ 80%。

（二）黑木耳

从吉林、云南等地采集的黑木耳野生菌株中，筛选出 9 个遗传差异显著的菌株。出耳栽培试验发现，个别野生菌株表现出菌丝洁白、浓密，抗杂性强，子实体单片，簇生、黑色，商品性状好、产量高等性状。通过 7 代的系统选择，最终筛选出栽培品种黑木耳‘AU5-23 号’。以当地主栽品种‘延特 5 号’为对照，在吉林、黑龙江、山东、四川等地开展了区域性栽培和示范推广。结果显示，黑木耳‘AU5-23 号’单季鲜耳产量达 79.2 kg/100 kg 干料，比对照品种高约 6.1%，具有丰产性和稳定性，生育期与对照相似。黑木耳‘AU5-23 号’子实体单片，簇生、黑色，商品性状好，抗绿色木霉能力与对照品种相当。

（三）白灵侧耳

1974 年法国人从白灵侧耳子实体菌褶中分离到菌种，以麦草、废麻和燕麦粒作为原料制作栽培基质，采用广口瓶进行栽培试验，1977 年实现商业化栽培。中国科学院新疆生物土壤沙漠研究所于 1983 年在新疆托里地区采集到白灵侧耳野生子实体，随后采用组织分离法获得纯培养物，以棉籽壳、锯木屑、麸皮、阿魏根屑和石膏粉为栽培原料，在栽培瓶中培育出子实体。经过对栽培基质和出菇环境条件不断优化，采用孢子分离法和组织分离法多次进行菌种分离和系统筛选，获得4个优良栽培菌株，在福建、新疆等地进行推广。1996年北京通州区引进来自新疆的白灵侧耳栽培菌株，进行规模化设施栽培获得成功。

第四节 引种

一、引种的概念和原理

野生食用菌及其野生菌株在自然界都有特定的分布区域，各种人工栽培食用菌及其栽培品种最初也仅限于局部地区栽培。引种是将一种食用菌及其栽培品种从现有种植区域人为地引入其他地区进行种植的过程，即从外地引入本地尚未栽培的食用菌及其栽培品种。

在引种过程中，食用菌在新的栽培区域表现出的适应性有所不同。一方面，某些食用菌本身适应性较广，不需要改变遗传特性就能适应新的环境，或者原种植区域与引种地自然条件差异较小，或引种地环境条件更适合食用菌及其栽培品种生长，称为简单引种。另一方面，某些食用菌适应性较差，或引种地环境条件与原产地差异较大，可采用菇棚等设施进行栽培，逐步改变其遗传特性，使之适应引种地的新环境，称为驯化引种。

在生产实践中，引种的风险是客观存在的。由于引种地区与原产地的气候条件并不完全相同，栽培技术也缺乏相应的改进或创新，技术力量薄弱，尤其是引进的栽培品种难以适应新的生长环境，通常仅有少数种植户或企业引种成功。在引种工作中，一方面应注意改进栽培管理措施和提高管理水平，另一方面应在长出的子实体中遴选优良个体，进行系统筛选，获得适应引种地的新品种。

野生食用菌多数通过释放孢子在自然界进行传播扩散。由于受自然环境条件限制或其他生物因子影响，野生种群传播和生存都极其困难。对于人工栽培食用菌而言，通过引进菌种进行栽培，引种地域范围广，菌种繁殖量大，推广速度快。食用菌袋栽或瓶栽模式迅速得到推广，设施化栽培日益普及，人们可以更好地调控食用菌的生长发育环境，使新的食用菌或栽培品种尽快适应引种地的环境。

总体而言，引种的遗传学原理包括两个方面。一方面是食用菌及其栽培品种本身对环境的适应性，食用菌生态适应能力与其遗传特性相关，由其基因型决定。人们将其引种到一个新的区域，是挖掘其环境适应性的潜力。另一方面是食用菌及其品种为了适应外界环境变化，产生相应的遗传变异，人们从遗传变异的群体中选择适应新环境或满足人类需求的基因型。

任何一种食用菌都有其特定的生态适应范围，但某些种类适应范围较广，某些种类适应范围较窄。糙皮侧耳生态适应能力较强，采用系统选育法能培育出各种不同的栽培品种。因此，糙皮侧耳栽培种质适应性极广，我国各地均可人工栽培。

野生白灵侧耳主要在新疆野生植物阿魏（*Ferula sinkiangensis*）根系周围生长。20世纪80年代白灵侧耳在新疆木垒地区栽培成功，1997年引种至北京郊区进行商业化栽培，现在已经推广到黄河流域中下游地区。刺芹侧耳早期在欧洲及印度等地进行栽培，1993年引种到我国，之后逐步开发出袋栽模式，并已成为我国食用菌工厂化栽培的主要种类之一。

二、影响引种效果的主要因素

多数食用菌可采用菇房或棚室进行设施化栽培，但食用菌引种受到气候条件、品种适应性和栽培技术等因素影响。

（一）气候条件

引种地气候条件由其纬度、经度、海拔高度、地形地貌等因素决定。我国东西部海拔差异较大，南北各地气温和降水量差别较大，气候条件是引种成功与否的关键因素。

温度影响引种地食用菌生产季节安排，其中在原基发育期，当地平均气温和昼夜温差对出菇（耳）至关重要，是决定引种成功与否的关键气候因子。出菇（耳）期气温、降雨量和日照长度等因素均影响食用菌产量和品质。

我国东北地区黑木耳耳片厚实，色泽褐色或黑褐色，耳片呈耳勺状。当东北地区黑木耳品种引种到长江以南地区，常表现为耳片薄而软，色泽变成灰褐色或黄褐色，这与长江以南地区出耳期气温偏高、光照时间偏短、空气湿度偏大等因素有关。梯陵羊肚菌在四川盆地栽培较为成功，但引种到其他地区后难以稳产高产，这与四川盆地 2—4 月气温多稳定在 20℃以下有关，也与栽培地域土壤疏松透气有关。

（二）品种适应性

各种食用菌对环境的适应能力存在较大差异，这与遗传特性密切相关。例如，侧耳属、木耳属物种对环境适应性较强，可以长距离引种推广。滑菇、长根菇等食用菌对环境适应性较差，引种地域范围有限。同一种食用菌不同品种在环境适应性方面也存在较大差异，香菇‘L808’在我国南北各香菇产区广泛引种，但香菇‘L0912’等栽培品种主要在东北地区及南方高山地区栽培，而香菇‘久香秋 7’‘雨花 2 号’等品种主要在湖北、河南等地秋季栽培中使用。

（三）栽培条件

引种地栽培历史、栽培技术和设施条件等影响食用菌引种的成败。食用菌老产区引入外地新品种之后，通常能根据新品种特性，结合本地气候条件，进行栽培技术革新和设施设备改造，使引种较容易获得成功。

根据各地气候和资源条件，各个香菇产区常采用不同的栽培模式，各种栽培模式均需要相应的栽培品种配套。香菇老产区在推广新的栽培模式时，都会引入新的栽培品种，且较容易成功。相对而言，在新产区或栽培历史较短的区域，无论是香菇新型栽培模式推广，还是新品种引种推广，都常遇到各种困难和问题。

三、食用菌引种的步骤

确定引种目标是食用菌引种工作的前提之一。应考虑食用菌产品的市场需求，评估引种的经济效益，充分利用本地气候资源，分析新品种的生物学特性，通过引种弥补本地原有栽培种质的不足。

首先需要进行引种工作的必要性和可行性分析。根据引种驯化原理，分析预测某个新品种在引种地的性状表现。一般从食用菌生态适应性、原产地与引种地气候相似性及当地经济技术条件等方面进行论证分析。

对于食用菌优良品种引种工作，既要积极，又要慎重。需要坚持“先试后引”原则，在少量引种、多点试验和全面评估基础上，再进行规模化引种和推广。以本地具有代表性的栽培品种为对照，对所引入的食用菌新品种进行系统观察、比较和鉴定，明确所引入品种的菌丝生长速度、生育期、原基形成数量、产品品质、抗逆性、产量性状和环境适应性。

对于食用菌引种取得初步成功的新品种，还应根据引种试验情况进行栽培技术创新，完善栽培设施，做到良种良法配套。结合新品种的引种工作，开展优良品种系统选育，选择在引种地表现优良的个体，进行菌种分离培养，筛选出适宜在本地推广的优良品种。

第五节 食用菌选择育种实例

系统选育在食用菌产业发展各个时期都是最常见、最有效的育种方式之一。对于大型真菌而言，丰富的野生种质资源和易发生变异的生物学特性，使系统选育在食用菌优良品种选育中具有简单而高效的特点。香菇、黑木耳、糙皮侧耳、金针菇、毛木耳、双孢蘑菇等主栽食用菌许多优良品种是采用系统选育法获得。

一、香菇

香菇在中国、日本、韩国等东亚地区广泛种植，其野生资源主要分布在环太平洋西侧的亚洲东南部地区。我国香菇种植遍及全国，南至广东，北至辽宁，西至新疆和西藏。在局部地区香菇栽培依然采用段木栽培方式，但多数地区采用集约化代料栽培方式。

我国香菇优良品种‘L135’‘武香1号’‘庆元9015’‘华香5号’等均是在国外引进的段木品种中，采用系统选育法培育而成的代料栽培品种，以袋栽方式进行推广应用。有些香菇优良品种是从袋栽香菇中，选取优良子实体个体进行菌种分离，经过系统选育而成，如优良品种L241-4是从亲本L241中经过系统选育而成。

从野生香菇子实体中分离菌种进行驯化，再进行系统选育，是获得香菇优良品种的另一个重要途径。香菇优良品种‘香九’‘森源8404’‘菌兴8号’‘L9319’等，均是采用香菇野生种质驯化和系统选育而成。

香菇优良品种系统选育通常是从段木栽培种质中系统选育代料栽培品种，或从野生种质中系统选育代料栽培品种。在系统选育过程中，人工选择对群体性状常产生极大的影响，使新品种具有更能适应不同区域或栽培模式的生物学特性。例如，代料栽培品种需要适应袋栽方式，抗杂能力较强，温度适应范围较广，易于转色和形成原基。

香菇优良品种‘L135’的温度适应范围广，既耐高温（40℃，4 h），又耐低温（0℃，8 h）；通常于2—4月制袋，菌袋需要越夏，11月左右出菇，栽培周期长达12～14个月，生物学效率约90%。子实体质地紧密，小型或中型，直径4～6 cm，易形成花菇。

香菇优良品种‘武香1号’是典型的耐高温品种。菌丝生长温度为24～27℃，出菇温度为5～30℃，催蕾期需要10℃以上的温差刺激。袋内瘤状物面积需占袋表面积2/3以上时才开始摆袋；当袋内瘤状物全部布满菌袋表面，且有黄褐色分泌物时才脱袋出菇，且需要经常通风喷水。子实体中等大小，组织致密，出菇早，菇形圆整，不易开伞，适合鲜销，生物学效率可达110%以上。

二、黑木耳

黑木耳是我国传统的人工栽培食用菌之一。20世纪90年代以前，黑木耳主要采用段木栽培，栽培品种基本是从野生子实体分离和驯化而来。我国南北各地均有黑木耳段木栽培，其中东北地区栽培品种色泽偏深，耳片较厚，耳片较小；而南方地区栽培品种色泽偏浅，耳片较薄，耳片较大。进入21世纪以后，黑木耳袋栽模式迅速成为全国主要的栽培模式，选育的优良品种通常具有定植能力强，抗污染、单片、耳片厚而黑等特性。

早期黑木耳段木栽培品种存在产量低，菌丝定植能力弱，接种穴易污染，易流耳等缺点。1982年从湖北省南漳县野生黑木耳耳木上分离获得纯培养菌种，并在当地进行驯化栽培。研究人员采用耳木组织分离法，从驯化栽培成功的段木上再次分离获得纯培养物，经过多年反复栽培和系统选育，获得优良品种‘薛坪10号’，明确了‘薛坪10号’子实体形态特征，包括耳片朵型、耳片边缘特征、耳脉数量、耳片质地、干湿比、耳片厚度、单朵质量、子实体产量及出耳期等。

‘薛坪10号’较其他品种定植成活率高、定植快，接种穴出耳率达95%以上，定植时间10～15 d；耳片多数丛生，少数单生，皱缩明显，集生时呈菊花状。出耳率由驯化初期的60%～70%上升至95%以上；耳片大小由驯化初期的2～3 cm增长至6～8 cm；耳片厚度中等，黄褐色，腹面皱缩，有短绒毛；背面凹缩成耳郭状，常见白色孢子粉；边缘光滑，极少波状。这些特征与本地及东北地区黑木耳主栽品种都存在明显区别。采用13个ISSR引物，对全国34个黑木耳栽培菌株进行DNA指纹分析，发现‘薛坪10号’具有显著的特异性。从20世纪80年代中期开始，‘薛坪10号’在湖北、河南、四川、陕西等地进行推广，成为20世纪90年代我国中部地区主要段木栽培品种之一。

黑木耳‘新科1号’是从野生种质驯化成功，再经过多年的系统选育获得的段木优良品种，具有耳片肉厚、口感好、色黑、单片、耳片大、干耳呈菱形等特点。黑木耳‘Au8808’‘黑29’‘黑威9号’‘吉Au1号’‘吉Au2号’等均是从野生种质上驯化和系统选育而来的代料栽培品种，主要在我国东北地区栽培。

三、糙皮侧耳

糙皮侧耳是深受消费者欢迎的食用菌之一，在世界范围内广泛种植。糙皮侧耳种质资源遗传多样性丰富，不仅自然界存在大量野生种质资源，而且栽培种质遗传多样性也极为丰富，尤其是在出菇温度、子实体色泽、子实体大小等性状上分化明显。糙皮侧耳许多栽培品种来源于系统选育，一方面是采集野生子实体进行分离驯化，另一方面是从国外引进品种进行分离筛选，再经过系统选育，获得优良品种。

‘丰5’是从野生种质分离和系统选育而成的糙皮侧耳优良品种。子实体叠生，耳片菇形圆整，直径5～8 cm，12℃以下呈灰黑色，12℃以上呈浅灰色。广温型，原基形成需要5～8℃的温差刺激，出菇温度为8～28℃。发菌期约20 d，30 d可出菇，共3～5潮菇，在棉籽壳培养料中生物学效率为150%～200%。需要基质水分含量偏高，低于65%含水量可显著降低产量；播种时pH为8～10为宜，否则杂菌污染严重。菌丝培养期和出菇期应注意通风，否则易出现畸形菇。‘丰5’通过了国家食用菌品种认定，主要在华北及长江中下游地区春季或秋季栽培。

糙皮侧耳‘亚光1号’‘CCEF99’两个主栽品种均自国外引种，经过系统选育而成。‘亚光1号’是1983年从德国引进，子实体较大，直径7～25 cm，菌盖色泽随发育时间或温度而变化，幼嫩时或低温下呈灰色，成熟后或高温时呈浅灰色或灰白色；菌丝浓密，洁白，生长快。20℃条件下发菌期15 d，20 d出菇，30 d可以采收第一潮菇。栽培原料极其广泛，广温型，四季均可出菇，在棉籽壳培养料上生物学效率达180%～250%，可采3潮菇。在‘亚光1号’栽培时，应注意培养料含水量达到65%以上，且每次采收后应补水至原质量的90%，以免影响产量。‘亚光1号’子实体老熟后，品质急剧下降，应注意及早采收。‘亚光1号’最初在北京、河北等地栽培，之后推广到华北及长江流域。

‘CCEF89’子实体深灰褐色，丛生，菌盖平均直径10.2 cm，漏斗形。低温时色泽深，菌肉厚，品质好；

高温时色泽浅，菌盖薄，品质差。接种后 32 d 出菇，可出 4 潮菇，四季栽培，生物学效率为 130%～150%。‘CCEF89’的优点是色泽深、耐储运、抗黄斑病，缺点是耐低温性差，低温时菌盖带黄色、品相差。

四、金针菇

金针菇品种按子实体色泽大致分为金黄色、黄白色和纯白色等 3 种类型。1928 年日本京都的森本彦三郎最早以木屑为原料栽培金针菇，之后我国从日本引进了纯白色金针菇品种，逐步替代了原来使用的黄色或黄白色品种。

与香菇、黑木耳等食用菌相比较，通过系统选育获得的金针菇优良品种较少。金针菇‘明金 1 号’优良品种是通过野生种质驯化和系统选育而成的黄色品种。‘江山白菇’是从国外引进品种中系统选育的白色品种，适于农法栽培。“江山白菇”子实体为纯白色、丛生，原基形成的适宜温度为 8～16℃，属于低温型品种。基质适应范围较广，在棉籽壳为主的基质上，开袋后 7～20 d 现蕾，20 d 左右采菇，可收 3～4 潮菇，生物学效率达 100%～150%。培养料含水量需 60% 以上，采收后需要补水；应注意养菌期和出菇期通风，否则易出现“大脚菇”。通常 9 月下旬开始制袋，11 月底至翌年 3 月出菇。

（执笔：第一节　肖扬；第二节和第四节　边银丙；
第三节　方明和姚方杰；本章由边银丙修改和统稿）

本章思考题

1. 试述食用菌野生菌株、栽培菌株与栽培品种概念的异同点。
2. 驯化、引种与系统选育有哪些异同点？
3. 食用菌优良品种选择育种的原理是什么？
4. 食用菌系统选育包括哪些环节？分别包括哪些关键技术和方法？
5. 食用菌引种的步骤有哪些？有哪些因素影响食用菌引种成功？
6. 香菇、黑木耳、糙皮侧耳品种系统选育应重点关注哪些性状？
7. 怎样才能高效率地采用系统选育法获得食用菌优良品种？

数字课程网上资源

教学课件　　本章思考题参考答案

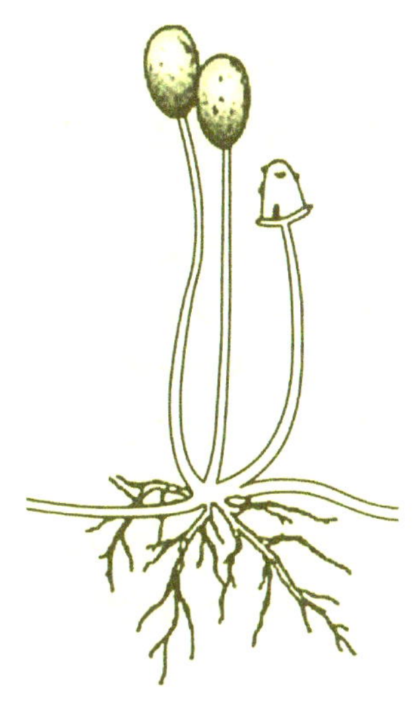

第九章　食用菌杂交育种

杂交育种是食用菌最常用、最重要的育种方法之一。食用菌杂交育种研究的基本内容包括在种质资源遗传多样性分析基础上进行亲本选择，确定育种目标和杂交育种路径，进行杂交子鉴定和多轮多次栽培筛选，开展品种示范推广和知识产权保护。

本章介绍了食用菌杂交育种原理和杂交育种技术。异宗配合食用菌的杂交育种包括单核体杂交、双单杂交、多孢杂交和回交等方式；杂交育种技术包括单孢分离与鉴定技术、原生质体单核化技术和杂交子鉴定技术；杂交子鉴定主要以锁状联合观察为基础，结合生化标记或DNA分子标记进行。对于同宗配合类型的食用菌而言，杂交育种最基础的工作是单孢分离和同核体鉴定，最困难的工作是异核体杂交子鉴定。由于同宗配合担子菌的异核体菌丝没有锁状联合，在鉴定杂交子时需要结合菌丝生长情况、拮抗反应、酯酶同工酶标记和DNA分子标记，最终需要对疑似同核体或异核体进行出菇试验，仅有异核体才能长出子实体。食用菌杂交育种理论和实践研究都取得了重要进展，采用杂交育种方法获得了香菇、双孢蘑菇、糙皮侧耳、金针菇、黑木耳等食用菌一系列优良品种，为食用菌产业持续发展提供了优良的种质材料。

第一节 概述

杂交育种（cross breeding）是指采用基因型不同的亲本材料，通过有性杂交获得杂交子，对杂交子代进行选择，以培育符合生产要求的新品种。相对于系统选育主要利用群体的自然变异，杂交育种可以产生更多可供选择的遗传变异，具有更大的自主性和创造性。尽管新的育种技术能够实现更广泛的基因重组，但通过有性杂交实现基因重组仍然是产生遗传变异和创造新种质的主要手段。

食用菌杂交育种的基本程序包括：第一步，种质资源评价和亲本选择；第二步，杂交试验和杂交子鉴定；第三步，菌丝培养特性观察和拮抗试验；第四步，初筛和复筛试验；第五步，杂交子特异性鉴定；第六步，区域栽培试验和示范推广。

杂交育种是食用菌新品种选育中最主要的方法之一。我国食用菌杂交育种始于 20 世纪 70 年代末，利用杂交方法先后选育出一系列优良品种，例如采用单孢杂交方法获得了香菇‘Cr02’‘Cr04’；采用双单杂交方法获得了香菇优良品种‘申香 10 号’和金针菇优良品种‘川金菇 3 号’‘川金 33’；采用同核体杂交获得了双孢蘑菇优良品种‘AS2796’；采用回交育种方法获得了双孢蘑菇优良品种‘W192’‘W2000’。毛木耳、糙皮侧耳、刺芹侧耳等多种食用菌都采用杂交育种方法选育了优良品种。

随着食用菌产业发展及市场消费升级，人们对于食用菌产品的消费需求也在不断发生变化。采用杂交育种方法选育具有特殊性状的优良品种，如耐高温香菇品种，富含三萜类物质的灵芝品种，抗杂能力强的黑木耳品种，以及耐储藏、抗褐变的双孢蘑菇品种等，已经成为食用菌育种的重要方向。

第二节 食用菌杂交育种原理

杂交（hybridization）是遗传物质在细胞水平上的重组过程。对于异宗配合担子菌而言，可以通过担孢子杂交获得综合双亲优良性状的新品种。

一、基因重组与杂种优势利用

通过基因自由组合、交换或其他方式产生不同于亲本基因组合的过程，称为基因重组（genetic recombination）。基因重组能在不发生突变的情况下，产生新的遗传型个体。

重组是分子水平上的概念，杂交则是细胞水平上的概念。杂交过程必然产生基因重组，而基因重组则不限于杂交这一种形式。对于大型真菌而言，有性杂交及准性生殖都是基因重组在细胞水平上的反映。

两个遗传组成不同的亲本通过杂交产生的杂交子代，在生长势、生活力、繁殖力、产量和品质上明显超过双亲的性状，称为杂种优势（heterosis）。杂种优势涉及的性状多数是数量性状，常以具体的数值来衡量和表示其优势表现的程度。对某一性状而言，通常以杂交 F_1 代超过其双亲平均数的百分比表示其优势程度，称之为中亲优势（mid-parent heterosis），其中双亲平均数又称为中亲值。F_1 代超过双亲中最优亲本的杂种优势，称为超亲优势（over-parent heterosis）。

$$中亲优势=\frac{F_1-MP}{MP}\times 100\%$$

$$超亲优势=\frac{F_1-HP}{HP}\times 100\%$$

式中，MP 为亲本表型中亲值，HP 为优势亲本表型值。

杂种优势所涉及的表现是多方面的。杂种优势性状表现大致分为 3 种类型：一是杂交子菌丝体发育较旺盛的营养型；二是杂交子子实体发育较旺盛的生殖型；三是对外界不良环境条件适应能力较强的适应型。这三种类型的划分也是相对的，实际上杂种优势是综合表现，但不同的性状表现的程度不同。杂种优势表现有以下 3 个特点。

第一，杂种优势不是 1 个或 2 个性状单独地表现突出，而是许多性状综合地表现突出。食用菌杂种优势强的品种，在产量和品质上表现为菇数多、菇体肥厚、菇形圆整、菇峰整齐等；在生长势上表现为菌丝粗壮，生长速度较快，吸收和积累养分的能力较强；在抗逆性上表现为抗杂菌、耐高温、耐干旱等能力较强。

第二，在多数情况下杂种优势大小取决于双亲性状间相对差异的大小，以及能否相互补充。实践表明，在一定范围内双亲间亲缘关系、生态类型和生理特性差异越大，双亲间相对性状的优缺点越能彼此互补，其杂种优势越强；反之，则越弱。食用菌种质资源遗传多样性对于新品种选育尤为重要。在双孢蘑菇生产中，杂交品种遗传背景均比较相近，导致绝大多数品种对于双孢蘑菇疣孢霉病敏感性相近。病害发生时，会造成大面积减产，甚至是绝产。因此，需要将野生菌株或亲缘关系较远的品种作为供体，将新的性状引入新品种的选育中。

第三，杂种优势大小与环境条件密切相关，性状表现是基因型与环境条件综合作用的结果。环境条件对杂种优势的表现强度具有较大的影响，在香菇、黑木耳等食用菌林地栽培中，环境条件的影响尤其明显。同一杂交种在甲地表现出明显的优势，但在乙地表现通常并不突出。在相同的不良环境条件下，杂交种较其双亲总是具有更强的适应能力。

在食用菌生产过程中，采用异核菌丝体进行扩繁。只有通过杂交选育出具有较强杂种优势的杂交种，才能采用异核菌丝体进行扩繁，生产优良菌种，并将杂交优势相对固定下来。在杂交优势利用上，食用菌较高等植物具有更优越的条件。

二、杂交亲本选配原则

正确选配亲本是杂交育种工作的关键。亲本选配得当，后代出现理想的变异类型较多，选育出优良品种的概率较大。

杂交育种分为两类，第一类是组合育种（combining breeding），第二类是超亲育种（transgressive breeding）。组合育种是将分属于不同品种，控制不同性状的优良基因随机组合，形成各种不同的基因组合，再通过定向选择，育成集双亲优点于一体的新品种。超亲育种是将双亲控制同一性状的微效多基因，累积于同一个杂交个体中，形成在该性状上超过亲本的类型。

无论是组合育种还是超亲育种，都需要深入研究种质资源和原始材料，适当选择亲本，合理配置组合，才可能在杂交后代中出现优良组合，从而选育出符合需求的食用菌优良品种。

选配亲本的原则如下：

1. 双亲优点较多，缺点较少，且其优缺点可实现互补　根据基因分离和自由组合原理，双亲优点多，缺点少，杂交后代通过基因重组后，出现综合性状更好的种质材料的概率较大，较易选育出优良品种。

食用菌的产量、生育期、子实体大小形态等许多经济性状都表现为数量性状，杂交后代群体性状表现与双亲平均值存在密切关系。在许多性状上，双亲平均值大体上可以决定杂交后代的表现趋势。如果双亲优点较多，且在某些性状上一个亲本的优点刚好可弥补另一个亲本的缺点，具有良好的互补性，则其后代性状表现总体趋势较好，出现具有理想性状的杂交类型的概率较大。但双亲优缺点互补是有限度的，在选择亲本时应特别注意两个亲本不宜有共同的缺点。任何一个亲本都不能存在严重缺陷，以至于另一亲本不能完全弥补其缺点。此外，亲本间互补性状也不宜过多，以免它们的缺陷难以在杂交后代中完全得到补偿。

2. 两个亲本之间应有较大的遗传差异，宜选用亲缘关系较远的材料作为亲本　两个亲本之间亲缘关系较远，杂交后代分离范围较广，易于选出性状超越亲本和适应性较强的杂交子。在食用菌杂交育种实践中，常利用不同地理来源或生态类型的品种作为亲本，以便引入新的种质，克服使用当地品种作为亲本存在的某些局限性，增加育种成功的机会。有时不同生态型或不同地域的品种之间表型存在差异，但与它们内在的遗传差异并不完全吻合。地理上远缘与其遗传差异之间并无必然联系，尤其是食用菌引种频繁，各地常共享种质资源。许多品种经过多次改良和引种以后，已难以从当前的地理位置上判断其亲缘关系远近。

在确定亲本亲缘关系时，一方面需要考察亲本采集的地理位置及生态类型；另一方面需要采用DNA分子标记分析菌株间遗传差异。分子标记技术有助于更准确地评价菌株间的遗传差异，能更好地为选择杂交亲本提供依据。

3. 两个杂交亲本之间应具有较好的配合力　杂交亲本本身优良性状多、缺点少，这是选择亲本的重要依据，但并非所有优良品种都是优良亲本。创造世界小麦单产纪录的美国小麦品种‘Gaines’曾在成千上万个杂交组合中作为亲本，但没有成功获得一个优良杂交品种。

近年来在作物杂交育种中，引入了配合力（combining ability）的概念。所谓配合力，是指一个亲本与其他亲本结合时产生优良后代的能力。选配亲本时，除考虑其本身性状表现外，还应考虑亲本的一般配合力。所谓一般配合力，是指某一亲本品种与其他若干品种杂交后，杂交后代在某一数量性状上的平均表现。一般配合力高的材料，具有较强的将优良性状传递给子代的能力。用一般配合力较高的品种做亲本，通常会得到表现较好的子代，容易选育出优良品种。

配合力是生物体能够遗传的一种固有属性，但难以从外部形态或生理性状上观察判断，必须依据杂交后代表现来进行测定。在利用不同品种的有性孢子进行杂交育种时，也会遇到亲本配合力是否理想的问题。在选配亲本时，除了注意亲本优缺点之外，还要通过杂交育种实践积累资料，以便遴选出配合力好的优良品种作为骨干亲本。

4. 亲本中最好包括能适应当地栽培条件，且综合性状较好的推广品种　适应性和丰产性是十分复杂的性状，品种对光温条件的反应，对环境条件变化的适应能力，以及对当地生物及非生物逆境的耐受力或抵抗力，都会影响到品种的高产稳产表现。尽量选用当地主要推广的品种作为亲本之一，在杂交后代中容易获得适应性强，丰产性好的品种，新选育品种易于大面积推广。对于受自然环境条件影响较大的食用菌林地栽培品种而言，选择当地品种作为亲本之一尤为重要。

三、杂交子鉴定

在食用菌杂交育种中，通常采用单孢杂交、双单杂交、多孢杂交和回交等交配方式。为了判断食用菌杂交是否真实发生，必须对杂交亲本及杂交子进行遗传标记，在完成杂交子真实性鉴定后，再进行出菇试验，筛选出性状优良的杂交子。

遗传标记包括形态学标记、细胞学标记、蛋白质标记和DNA分子标记等类型。在食用菌杂交育种中，单核体交配型、锁状联合、营养缺陷型和抗药性等常作为亲本个体水平的遗传标记，而同工酶酶谱和DNA条带常作为分子水平的遗传标记，它们均可用于鉴定杂交子的真实性。在多数情况下，需要将两种或两种以上的遗传标记用于杂交子鉴定。

异宗配合真菌具有自交不孕的特性，亲本单核体的交配型可作为杂交亲本标记，只要确定杂交的两个亲本是单孢分离物，两个单孢分离物配对后出现锁状联合，杂交材料能正常形成子实体，就证明两者能够杂交。

对于同宗配合真菌而言，其单孢萌发的菌丝具有自交可孕的特性。因此，杂交子真实性鉴定不能依靠锁状联合观察，也不能依据单孢分离物能否正常结实进行判定，必须对亲本进行特殊的分子标记。

四、杂交子筛选

食用菌杂交育种操作并不困难，但从大量杂交组合及杂交后代中筛选出优质高产菌株，颇费时费力。为了解决这一问题，必须探索快速准确鉴定和筛选优良杂交子的方法，分子标记辅助育种技术主要用于优良亲本选择、杂交配对组合和优良杂交子快速筛选，是杂交育种研究的重点内容之一。

寻找与所需优良性状连锁的抗药性突变、营养缺陷型、菌丝体形态突变或DNA分子标记等遗传标记，并将这些标记应用于优良杂交子初筛中，有利于提高育种效率。随着食用菌基因组测序技术日益成熟，与优良性状连锁的分子标记将更多地被开发利用，这将有利于分子标记在杂交育种中的应用，也有利于研发应用以全基因组选择为核心的分子育种技术。

利用两个亲本菌株对不同杀菌剂的抗性差异，可将产生了新的农艺性状的异核体选择出来。因为在两种杀菌剂同时以“标准”浓度存在时，两个敏感亲本都不能生长，因核基因的互补作用仅有异核体才能生长。除可作为与抗药性基因连锁的性状标记之外，抗药性异核体本身也有利用价值。

选育高产、优质、抗逆新品种是食用菌重要的育种目标。我国食用菌生产模式和消费市场不断变化，育种目标也在发生变化。新品种不仅需要具有产量高的优点，在品质方面也有更高的要求，如耐储藏、活性成分含量高、富硒等。随着食用菌工厂化生产模式迅速推广，新品种需要满足菇潮集中、耐弱光环境和耐高二氧化碳环境，菌种适于液体发酵方式生产，要求菌丝具有更强的抗杂能力。

广义遗传力（broad-sense heritability）是指遗传变异占表现型总变异的百分比，或遗传方差占表现型方差的百分比。广义遗传力常用于在某一特定性状的表型变异中，比较遗传因素和环境因素作用的大小及关系。遗传率（heritability）又称遗传力，指在群体中遗传因子对表型方差的影响程度，或占有的比例。以产量作为主要育种目标时，寻找一些与产量显著相关且遗传率高的性状作为杂交后代选择的间接指标，有助于提高选择效率。

香菇从脱袋至出菇高峰所需时间，称为菇峰期。研究表明在香菇8个性状的广义遗传率中，以菇峰期为最高，其他依次为菌柄直径、菌柄长度、菌盖厚度、单菇鲜重、菌盖直径和干品率，而鲜菇产量遗传率最低。因此，菇峰期与菌柄长度两个性状广义遗传率较高，且与产量显著相关，可作为杂交后代选择的间接指标。

以食用菌优良品质作为主要育种目标时，寻找一些与品质相关的性状或基因，可作为杂交后代优良品种选育的间接指标。草菇属高温型真菌，子实体遇低温后会发生自溶现象，导致保鲜困难，货架期短，不耐储藏。检测草菇冷诱导基因 *cor1* 和 *cor4* 的基因表达水平，可以测定草菇品种的耐低温特性，从而有望快速地筛选草菇耐低温、耐储藏的优良杂交子。

第三节　食用菌杂交方式

杂交方式是指一个杂交组合中对亲本如何选择和配置，以及如何获得杂交子代。杂交方式是影响杂交育种成效的重要因素之一，决定了杂交后代的变异程度，需要根据育种目标和亲本特点确定。

一、单核体杂交

在食用菌杂交育种中，单核体杂交与单孢杂交是两个不同的概念。单核体材料既可能是单孢萌发产生的单核体菌丝或同核体菌丝，也可能是来自异核菌丝原生质体单核化的菌丝。单核体杂交的育种程序包括：第一步，亲本单孢分离或亲本异核体菌丝原生质体单核化；第二步，单核体鉴定；第三步，杂交配对和杂交子鉴定；第四步，培养特性观察和拮抗试验；第五步，初筛和复筛试验；第六步，杂交子特异性鉴定；第七步，区域性试验和示范推广。

常采用来自两个单核体亲本进行配对杂交，即单单交配。在单单交配中，首先要获得大量单核体材料。单个孢子萌发即可获得单核体菌丝，单孢获取方法包括平板稀释分离、显微操作分离等。此外，异核体或多核体经过原生质体再生，也可获得单核体。需要根据锁状联合的有无、核相变化及分子标记方法，对单孢萌发菌丝或原生质体再生菌丝进行鉴定，准确无误地确定育种材料是否是单核体。单核体鉴定是食用菌单单杂交育种的前提。

在进行异宗配合真菌单核体杂交时，首先在平板培养基上接入两个杂交亲本的单核体菌丝各一块，两者相距 2.5 ~ 3 cm。然后在适宜温度下培养，当两个单核体菌丝接触后，镜检两者接触处的菌丝体。如果观察发现形成了锁状联合的异核菌丝，即可挑取小块菌丝，移植到斜面培养基上进行培养。从次级同宗配合孢子中筛选同核体进行杂交，其育种程序与单核体杂交基本相同，但需要利用分子标记进行杂交子鉴定。

二、双单杂交

所谓双单杂交（di-mono mating）是指一个亲本的单核体菌丝被另一个亲本的异核双核体菌丝异核化的过程。即当一个单核菌丝与一个异核的双核菌丝接触时，其中可亲和的细胞核会从异核的双核体菌丝迁移至单核体菌丝内，形成含两个亲本细胞核的异核菌丝，这种双单杂交又称为布勒现象（Buller phenomenon）。食用菌双单杂交的育种程序与单核体杂交基本相同。

在进行双单杂交育种时，考虑到单核体菌丝较异核的双核体菌丝生长缓慢，通常先在平板培养基上接种单核体菌丝。在适宜温度下培养 7 ~ 10 d 后，在单核体菌落边缘约 1 cm 处接种异核的双核体菌丝，继续培养。当两个菌落刚交接时，从单核体菌落未接触异核的双核体菌丝的另一侧边缘挑取菌丝，在显微镜下进行观察。如果发现菌丝已具有锁状联合，即可挑取小块菌丝，移入斜面试管内进行培养。

在双单杂交中作为亲本的异核双核体菌丝有两个细胞核，只要其中一个与另一个亲本单核菌丝的细胞核亲和，交配即可成功。在双单交配中，一个亲本系异核的双核体菌丝，通过组织分离即可得到，不需要栽培获取单孢分离物，减少了杂交配对组合的工作量，有利于加快育种进程。双单杂交所得到的杂合异核体与亲本双核体在同一平板上时，两者外观上无明显区别。在实验室操作时需要谨慎小心，必要时应对杂合的异核体进行分子鉴定。

三、多孢杂交

多孢杂交育种包括同株内多孢杂交育种和异株间多孢杂交育种。多孢杂交育种程序主要包括：第一步，亲本选择和孢子印收集；第二步，将一个或两个亲本的孢子悬液混合后接种和栽培；第三步，采集性状优异的子实体进行菌种分离；第四步，培养特性观察和拮抗试验；第五步，初筛和复筛试验；第六步，杂交子特异性鉴定；第七步，区域性试验和示范推广。多孢杂交育种程序与单核体杂交和双单杂交存在明显差别。

（一）同株内多孢杂交

同株内多孢杂交是指将某个亲本菌株的许多孢子混合，孢子之间随机交配。将采集到的孢子印制成孢子悬液，混合接种于培养料中进行栽培。待出菇后，再采集性状表现优异的子实体进行菌种分离，制备菌种，进行小型栽培试验。根据栽培性状表现，选择优良的子实体进行组织分离，再次获得纯菌种。采用生化标记或 DNA 分子标记技术，对再次获得的纯菌种进行杂交子特异性鉴定，通过小试、中试和示范性栽培，筛选出优良杂交子。毛木耳白色品种‘玉木耳’是以自然变异菌株 BM11 为亲本，经过多孢自交培育出的商业化品种。

（二）异株间多孢杂交

异株间多孢杂交是将两个亲本菌株子实体上收集的孢子悬液进行混合，然后将混合的孢子悬液接种到培养料中进行栽培。待出菇后，再采集性状表现优异的子实体进行菌种分离，制备菌种进行小型栽培试验。在培养料中菌丝培养生长过程中，形成的异核体菌丝既可能是同一亲本内两个单孢菌丝交配的结果，也可能是两个亲本之间单孢菌丝交配的结果，必须采用分子标记才能进行亲本鉴定。

在多孢杂交育种中，单核体菌丝之间随机配对，交配行为错综复杂。事先并不明确杂交子的亲本单核体，须经过出菇试验和组织分离才能获得优良杂交子，还需要采用分子标记技术对亲本进行鉴定，明确多孢杂交子是来自同株内多孢杂交还是异株间多孢杂交。

在多孢混合培养中，形成的异核菌丝之间存在体细胞不亲和性，彼此会产生拮抗反应，在培养料中会有许多拮抗线。由于亲本单核体并不明确，杂交子鉴定相对困难。单核体亲本材料事先缺乏性状鉴定，同株内多孢杂交和异株间多孢杂交均存在较大的盲目性，杂交子性状表现难以预测。在采集优良子实体进行菌种分离后，优良杂交子筛选工作量大。食用菌多孢杂交育种研究较少，还需要深入开展理论和实践研究。

四、回交

将异宗配合真菌杂交子一代 F_1 及以后各代与某一亲本继续进行杂交，即所谓回交（backcross）。先将具有优良性状或某一性状互补的两个亲本进行单孢分离，分别获得两个亲本的单核体菌丝，再将它们进行杂交获得 F_1 代杂交子。将 F_1 代进行栽培出菇试验，挑选具有双亲优良性状的菌株，选择优良子实体进行单孢分离，获得 F_1 单孢菌丝。将 F_1 单孢菌丝与其中一个亲本的单核体菌丝进行杂交，产生的杂交子代可以再次与该亲本单核体进行杂交。通过多轮反复回交和筛选，从而改进栽培品种的某一性状。

难以通过一次回交获得在主要性状上都有优良表现的杂交子。将杂交后代与其中一个亲本进行回交，例如：$A \times B \rightarrow F_1$，$F_1 \times B \rightarrow BC_1$，$BC_1 \times B \rightarrow BC_2$，……，其中 BC_1 表示回交一代，BC_2 表示回交二代，以此类推。被用来连续回交的亲本 B，称为轮回亲本（recurrent parent）；未被用来回交的亲本 A，称为非轮回亲本（non-recurrent parent）。在回交子代中不断地进行选择，是在首次杂交的基础上继续改进品种性状的常规和有效的方法。

当 A 品种具有许多优良性状但个别性状有缺陷时，可选择拥有 A 缺乏性状的 B 品种，进行 $A \times B$ 杂交，然后用 A 做轮回亲本，用杂交后代进行一系列回交和选择。对于准备改进的性状，借助选择加以强化，A 品种原有的优良性状通过回交得以保持，缺乏的性状得到改良。利用糙皮侧耳一个高产栽培菌株与一个无孢菌株进行杂交，再用无孢菌株做轮回亲本，进行多轮回交，最终选育出高产且产孢少的优良品种，减少了糙皮侧耳孢子对栽培者健康的危害。

采用双孢蘑菇常规栽培的优良品种‘As2796’与其高产亲本‘02’进行回交，培育出优质高产新品种‘W192’‘W2000’‘福蘑 38’等。在工厂化栽培中，这些品种表现出菇潮集中的优点，综合性状优于亲本 As2796 和国外主栽品种。双孢蘑菇‘U 系列’和‘As2796 系列’品种已经成为世界上两大杂交品系，目前各国广泛使用的绝大多数白色品种都是它们直接或间接的后代。

第四节 食用菌杂交育种技术

杂交育种技术主要包括单孢分离技术、同核体鉴定技术、原生质体单核化技术和杂交子鉴定技术等。

一、单孢分离

单孢分离是指使用某些仪器和手段，从孢子悬液中选出单个孢子的技术，包括孢子收集、分离、纯化和培养等环节。

（一）单孢分离

1. 孢子收集方法

（1）玻璃钟罩孢子弹射法 常用于伞菌类孢子收集，先将玻璃钟罩放在一个垫有几层纱布的瓷盘上，内放培养皿和不锈钢支架，上端通气孔用棉花塞住，然后用双层大纱布将整个装置包起来，高压灭菌后移入超净工作台或无菌室备用。将选好的子实体切去菌柄，置于超净工作台或无菌室，用 75% 乙醇表面消毒 1 ~ 2 min 后，放在无菌水中漂洗。待菌盖表面水分晾干后，将菌盖放置在不锈钢支架上，静置 1 ~ 2 d（图 9–1）。当孢子大量散落到培养皿内形成孢子印时，即完成孢子的收集。

（2）三角瓶钩悬法 常用钩悬法采集银耳、黑木耳等胶质菌的孢子。先准备装有培养基的三角瓶及金属钩，灭菌后备用。选大小适宜的耳片，用无菌水漂洗数次，再用无菌吸水纸将耳片表面水分吸干。然后将耳片挂在金属钩上，盖上棉塞，置于 20 ~ 25℃下，经 1 ~ 2 d 后，即在培养基上出现孢子印（图 9–2）。在无菌条件下，将悬挂在瓶内的耳片取出，再塞上棉塞，移到室温下培养，数天后可获得孢子萌发的菌落。

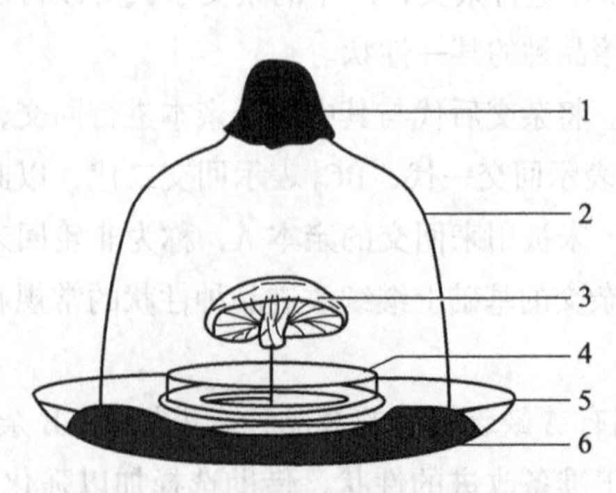

图 9–1 玻璃钟罩容器孢子弹射收集

（杨新美，1998）

1. 消毒棉塞 2. 玻璃钟罩 3. 子实体 4. 培养皿 5. 瓷盘 6. 浸过乙醇的纱布

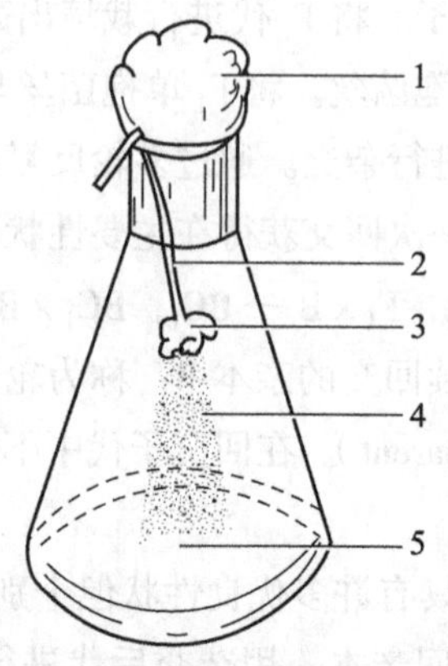

图 9–2 三角瓶钩悬法孢子弹射收集

（杨新美，1998）

1. 消毒棉塞 2. 金属钩 3. 子实体 4. 孢子 5. 三角瓶

（3）简易培养皿孢子印法　在超净工作台中，将适宜的子实体菌盖切下，再将菌褶或菌管一面向下，置于无菌培养皿中，放置 24 h 后即获得孢子印。在无菌条件下取出菌盖，盖上培养皿，采用保鲜膜封口，将孢子印收藏备用。

2. 单孢分离法

单孢分离法主要有玻片稀释分离法和平板稀释分离法。

（1）玻片稀释分离法　在孢子悬液中加入适量的无菌水，逐步稀释至每小滴悬液中大致仅有 1 个孢子。将孢子悬液滴在已灭菌的载玻片上，每滴悬液体积为 5～10 μL。在显微镜下仔细观察，将仅有 1 个孢子的小滴悬液转移到培养基上，待其萌发成单核体菌丝，再转移至其他斜面或平板培养基上，继续培养。

（2）平板稀释分离法　用接种针或接种环蘸取一定量的孢子印，移入装有约 10 mL 无菌水的试管中。充分摇匀后，取 1 mL 孢子悬液，移至装有 9 mL 无菌水的试管中，获得浓度为 10^{-1} 的孢子稀释液。如此重复稀释，分别获得浓度为 10^{-2}、10^{-3}、10^{-4}、10^{-5} 的稀释液。每稀释一个梯度，换一个灭菌吸头，防止污染。采用细胞计数器计数，记录原液孢子的浓度。吸取 50～100 μL 不同浓度梯度的孢子悬浮液，置于平板培养基中，用涂布器将孢子悬浮液均匀涂布于培养基表面。将培养皿置于 25℃黑暗条件下培养。当发现萌发的单个菌落后，用记号笔在培养皿背面做标记。在无菌条件下及时挑取萌发的菌丝体，移入斜面培养基，进行单核体鉴定。

3. 单核体鉴定方法

（1）光学显微镜镜检　配制 3% 的刚果红染色液，滴一小滴至载玻片上。挑取待鉴定菌丝，置于刚果红染色液中，染色 4 min 后，盖上盖玻片。用滤纸将多余的刚果红染色液吸干，在显微镜下观察菌丝锁状联合的有无，并拍照记录。

（2）双重荧光染色镜检　挑取单个菌落接种于培养皿中央，在离接种块约 1.5 cm 处，斜插入一无菌的盖玻片，与培养皿表面呈 45°～60°。封盖后置于 25℃下培养，至菌丝爬至盖玻片至 2/3 时，进行荧光染色并观察。在盖玻片菌丝部位滴加 50 μg/mL 的细胞核染色液 DAPI，染色 30～40 min，再用蒸馏水冲洗。之后，再滴加细胞隔膜染色液，染色 3～5 min 后，用蒸馏水冲洗，置于载玻片上进行镜检，观察每个菌丝细胞中细胞核的数量，鉴定是否为单核体菌丝。当荧光染色剂长时间置于激光下照射会发生猝灭，应及时拍照记录。

二、原生质体单核化

原生质体单核化获得的单核体可作为单核体杂交或双单杂交的亲本材料。原生质体单核化技术包括酶解脱壁、原生质体再生和单核体鉴定，具体内容见第十章。

在食用菌育种中，原生质体单核化技术具有特殊的用途。侧耳类无孢菌株对于避免生产者过敏反应颇有利用价值，但这类菌株不产孢子，难以采用单孢分离法获得单核体，但可以采用原生质体单核化技术获得。野生菌株可能拥有某些优良特性，诸如抗病性强、对极端温度具有较强的耐受力等，但野生菌株在栽培条件下不能或很难形成子实体，原生质体单核化技术为从野生菌株中快速获得单核体提供了可能。

三、杂交子鉴定

常采用锁状联合观察、拮抗试验、酯酶同工酶酶谱和 DNA 分子标记技术进行杂交子鉴定。

（一）锁状联合观察

1. 光学显微镜观察　挑取单个菌落的菌丝体尖端，采用刚果红染色液进行染色，在光学显微镜下观察菌丝体锁状联合的有无，拍照记录。

2. 细胞学荧光鉴定 先用细胞核荧光染色试剂 DAPI 对菌丝细胞核进行染色，然后用蒸馏水漂洗，再用细胞壁荧光染色液 Calcoflour white 进行染色，最后置于荧光显微镜下，观察锁状联合的有无和菌丝细胞中细胞核的数量。

（二）拮抗试验

将供试材料接种于平板培养基上，两两相互配对。两个接种块间相距 2 ~ 2.5 cm，25℃下培养若干天，观察两个菌株菌落接触部分的拮抗反应，明确两个供试材料体细胞之间是否具有不亲和性。

（三）酯酶同工酶分析

将待检测菌株接种于液体培养基中，适宜条件下振荡培养若干天。样品培养结束后，将菌丝体水分吸干，研磨成粉末状。加入等体积的样品提取液，继续研磨至糊状后，放入 2 mL 离心管中，4℃下 12 000 r/min 离心 15 min。取上清液，分装于 0.2 mL 离心管中，然后进行垂直板聚丙烯酰胺凝胶电泳。电泳结束后，将凝胶置于现配的酯酶显色液中染色，37℃染色 20 ~ 25 min。待出现酶带即停止染色，用蒸馏水冲洗。测量酶谱带迁移距离，计算迁移率，比较供试材料之间谱带的差异。

（四）DNA 分子标记鉴定

DNA 分子标记是目前杂交子鉴定常用方法之一。随着分子生物学和基因组学迅速发展，分子标记种类也逐渐增加，详细内容见第三章第三节。如果两个亲本单核体各自具有稳定的特异性 DNA 分子标记，当待鉴定材料同时具有两个单核体的特异性 DNA 分子标记时，即可鉴定该待鉴定材料为真正的杂交子。

四、优良杂交子筛选

优良杂交子筛选是杂交育种最重要的环节之一，包括菌丝培养、初筛试验、复筛试验、中试和示范推广等步骤。

（一）菌丝培养

杂交子数量庞大，为了减少后期筛选的工作量，一般先进行平板培养试验，淘汰生长极为缓慢的杂交子。同时注意观察菌丝色泽、菌落表面及边缘形态特征等，淘汰表现异常的杂交子。在平板培养基筛选之后，通常需要在栽培料上进行培养，观察菌丝定植情况和生长速度，淘汰定植能力差，生长速度极慢的杂交子。有时为了筛选抗杂能力强的杂交子，可将杂交子与杂菌进行对峙培养，观察拮抗反应；为了选育耐高温的杂交子，会测定杂交子菌丝耐高温能力。

有时需要在制作一级菌种、二级菌种或三级菌种的过程中，淘汰菌丝定植能力差和生长速度极慢的杂交子。值得注意的是，杂交子菌丝生长速度与产量等优良性状并不呈正相关，注意保留某些生长速度中等或偏慢的杂交子，仅淘汰菌丝营养生长存在明显缺陷的杂交子。此外，在菌丝培养过程中，注意观察菌丝抗杂能力，淘汰易感染杂菌的杂交子。

（二）初筛试验

初筛试验是指进行小规模栽培试验。根据试验场地大小、栽培种类、初筛试验菌株数量和栽培方式等因素，确定每个杂交子的试验栽培数量，一般超过 10 袋（瓶）或 5 m^2，初筛试验通常不设小区和重复。在栽培条件一致的情况下，观察菌丝生长速度、后熟期、转色能力、抗杂性、原基形成、幼蕾环境敏感性、菇形特征、商品性状等，淘汰有明显缺点的杂交子。初筛试验淘汰率可达到90%以上。

（三）复筛试验

复筛试验是将初筛出来的杂交子，扩大栽培试验规模，设置小区和重复，科学系统地进行栽培试验和统计分析。根据食用菌种类和栽培模式等要素，采用足够数量的栽培袋（瓶）或栽培面积，设置3～5次重复，通常每个小区栽培数量不少于30袋（瓶）或5 m^2。复筛试验是对丰产性、抗逆性、品质性状等进行系统全面观察记录，重点是对杂交子与亲本及对照品种性状差异的观察，明确杂交子是否具有某些特殊的优良性状，并对试验数据进行数理统计分析。对于具有明显缺陷的杂交子，应及时予以淘汰。选择产量性状、品质性状、抗逆性、生育期性状和广适性均表现良好，某个或某些性状明显超过亲本及对照品种的杂交子，进入中试和推广试验。

由于杂交子之间差异较大，复筛试验最好选择在不同的种植区域、栽培季节或栽培模式下，采用多点多年同时进行，至少进行两年或两个生产周期的栽培试验，避免某些优良杂交子错误地被淘汰。例如，香菇杂交子复筛试验可以分别采用春栽模式和秋栽模式进行，也可以同时在东北地区、中原地区和东南沿海地区等不同的香菇产区进行。糙皮侧耳杂交子复筛可以选择发酵料栽培或熟料栽培两种模式进行。

在复筛过程中，应注意选择具有某些特殊性状的杂交子，例如生育期特别短的杂交子、黄斑病抗性特别强的糙皮侧耳杂交子、菇形特别好的香菇杂交子等。同时注意淘汰具有某些缺陷的杂交子，例如抗杂能力特别差的黑木耳杂交子、对低温特别敏感的草菇杂交子、菇柄细长的双孢蘑菇杂交子、菌柄基部黏结严重的金针菇杂交子等。

（四）中试和示范推广

在中试和示范推广过程中，主要是通过扩大栽培规模，扩展栽培地域范围，进行重复栽培，系统观察杂交子性状稳定性和一致性，避免杂交子存在某些严重的缺陷，尤其是抗逆性和广适性方面。

一般中试和示范推广选择具有代表性的种植区域或栽培场所，以便考察杂交子是否适合在该区域或场所进行栽培。例如，毛木耳杂交子应选择在白背木耳或黄背木耳核心产区进行中试和示范推广；白色金针菇杂交子应选择在工厂化环境中中试和示范推广，而黄色金针菇杂交子应选择在常规大棚栽培模式下进行中试和示范推广。

中试和示范推广是判断杂交子是否优良的最后环节。在中试和示范推广中，如果发现某个杂交子性状存在明显缺陷，或者特异性、稳定性或一致性表现较差，应立即终止推广，避免造成重大经济损失。

与此同时，还需要考察杂交子生产成本、原料供应、生产季节安排、产品市场接受程度、劳动力供应等影响杂交子推广前景的因素，明确优良杂交子性状特征、适宜推广区域和应该注意的问题，并实事求是地指出优良杂交子存在的弱点或不足，明确栽培生产中应注意的关键技术环节。为了保护新品种知识产权，有必要对优良杂交子选育的技术资料进行科学总结，及时申请新品种保护或品种认（审）定。

第五节　杂交育种实例

通过杂交育种获得的食用菌优良品种较多。例如，双孢蘑菇‘As2796’，香菇‘森源10号’‘申香15’，黑木耳‘吉杂1号’‘丰收2号’，金针菇‘川金2号’‘川金4号’等。

一、双孢蘑菇

双孢蘑菇育种经历了从野生子实体组织分离到孢子分离阶段，为双孢蘑菇商业化栽培提供了许多重要种质材料。随着双孢蘑菇遗传学和生物技术研究不断进步，杂交技术成为全世界双孢蘑菇品种改良的重要手段。

双孢蘑菇子实体产生的担孢子中，既有异核担孢子，也有同核担孢子，还有单核担孢子。异核担孢子萌发的菌丝属于异核体菌丝，它们不形成锁状联合，不需要经过菌丝交配就能完成生活史。

双孢蘑菇单核担孢子或同核的双核担孢子萌发形成的菌丝体，均属于同核体，它们具有自体不育特性，即它们不能形成子实体，但可用于杂交育种。下面介绍双孢蘑菇同核体杂交育种的方法。

（一）同核不育菌株的鉴定

当双孢蘑菇亲本选定后，即可分离单孢菌株，鉴定出同核不育菌株，并用于杂交育种。担孢子萌发后，在单孢菌落较小时在显微操作器下观察，或待菌落稍大一些后用肉眼观察，挑选单孢菌落，转入试管继续培养。通常同核不育的单孢菌株生长缓慢，菌丝稀疏，需要进一步鉴定。

双孢蘑菇异核体菌丝没有锁状联合，不能采用显微观察方法鉴别。根据单孢菌株生长速度和菌落形态，不能确定其为同核体还是异核体菌株，但采用栽培出菇试验进行鉴定非常费时费力。通常将菌落形态观察、同工酶分析和 DNA 分子标记等方法相结合，包括 SSR、ISSR、SRAP 等分子标记和基于交配型基因的 SCAR 标记，用于鉴定双孢蘑菇同核体和异核体。

根据双孢蘑菇酯酶同工酶电泳表型，将异核体和同核体菌株分为高产型（H 型，包括 H1、H2）、优质型（G 型）、中间型（HG1、HG2）、同核不育型（S 型，包括 Gs2 和 Hs1）和杂交型（HG 型，包括 HG4、HG5），同工酶表型与农艺性状具有相关性（表 9-1）。其中同核不育型菌株同工酶表型表现为缺少部分电泳区带，具有 S 型同工酶表型的单孢菌株基本上可鉴定为同核不育的单孢菌株。从图 9-3 可以看出，高产型菌株具有 Est-2、Est-4、Est-30、Est-31、Est-32、Est-33 等 6 条酶带，优质型菌株具有 Est-1、Est-3 两条酶带。

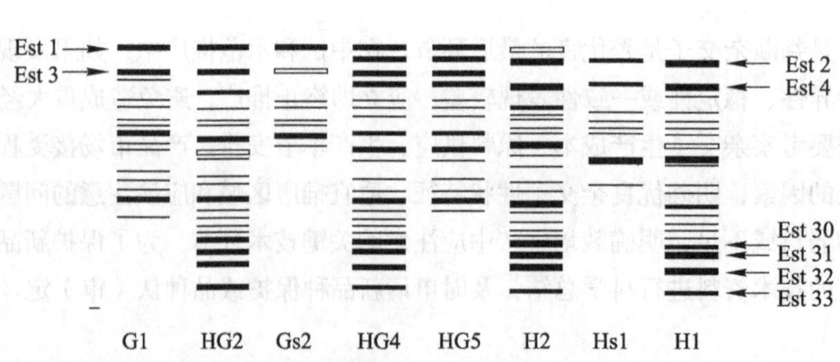

图 9-3 双孢蘑菇不同菌株酯酶同工酶电泳模式图（陈美元 供图）

（二）同核体杂交及杂交子鉴定

同核体菌丝之间进行配对杂交是当前双孢蘑菇杂交育种中最常用的方法，育种技术路线见图 9-4。

将用于配对杂交组合的同核体亲本培养物成对地接种在培养基上。凡是两个培养物之间不形成拮抗线，并产生某种形式的相互作用，通常表现为互作区域菌丝生长较快或产生气生菌丝，就判断两者为可能亲和。

表 9-1　双孢蘑菇不同同工酶类型菌株的性状特征

菌株类型	农艺性状	性状表现
高产型（H 型）	单产与菇潮	结菇早，第一、二潮菇集中，高产
	菌盖与菌柄	盖扁平，有时顶部凹陷，有鳞片，柄髓部松软，菌环明显
	菌褶与颜色	菌褶大，菌褶和周围组织呈褐色或红褐色
	罐藏质量	组织松软，菌褶和周围组织色灰暗，菌盖和菌柄空心，收缩率高
易褐变型（H2 型）	单产与菇潮	结菇早，菇潮明显，高产
	菌盖与菌柄	盖厚，较圆整，有菌环，柄直且细，组织密度中等
	菌褶与颜色	菌褶较大，呈褐色或褐红色并蔓延至周围组织
	罐藏质量	菌褶与菌盖组织深灰色，收缩率高或中等，罐藏质量差
优质型（G 型）	单产与菇潮	结菇较迟，菇潮均匀，较低产
	菌盖与菌柄	盖圆整，柄粗短，光滑无鳞片，组织致密
	菌褶与颜色	菌褶小，肉色或淡粉红色
	罐藏质量	组织致密，色淡黄，风味好，收缩率低
中间型（HG1-2 型）	单产与菇潮	结菇早，菇潮明显，产量中等
	菌盖与菌柄	盖圆整，光滑，时有菌环，组织密度中等，柄中等粗，常有小菇、薄菇
	菌褶与颜色	菌褶大小中等，颜色淡粉红或浅褐色
	罐藏质量	组织密度中等，色淡黄或偏土黄，收缩率高或中等
杂交型（HG4-5 型）	单产与菇潮	结菇较早，菇潮较明显，产量较高
	菌盖与菌柄	盖圆整，光滑，时有菌环，组织密度较密，柄中等粗
	菌褶与颜色	菌褶大小中等，颜色淡粉红或浅褐色
	罐藏质量	组织密度中等，色淡黄或偏土黄，收缩率较低或中等
同核不育型（S 型）		菌丝生长缓慢，细弱，不结菇

从互作区域挑取菌丝块，转移到新的培养基上，培养 10 d 左右。在无菌室中用微型打孔器分离数个菌丝尖端，转管培养。选择生长快且强壮有力的分离物，供同工酶分析和进一步鉴定。

两个同核体是否杂交形成了真正的杂交子，需要进行形态学和遗传标记鉴定，通常还需要进行亲缘关系分析和特异性鉴定。以酯酶同工酶酶谱多态性为遗传标记，目前已经建立了双孢蘑菇菌株酶谱带型鉴定、亲缘关系分析、同核体不育株预测、杂交子鉴定、杂交菌株特性预测等技术体系。通常当杂交菌株同工酶酶谱带型是两个亲本标记酶带的组合，同工酶电泳出现杂合的酶谱组合时，则初步判断两个亲本可亲和。将其菌丝尖端分离物定为杂种 F_1 代，经生物学特性试验后，进行栽培试验，以便进一步鉴定和检验。

（三）优良杂交子筛选评价与推广

对初步鉴定的疑似杂交菌株进行转管培养后，再进行耐温、耐水、耐酸碱度等试验，淘汰部分长势弱、耐受性较差的疑似菌株。将其他菌株转入栽培试验筛选环节，包括初筛和复筛。经过初筛、复筛及反复栽培试验，表现良好的杂交菌株进入大面积区试与生产性试验，进一步评价杂交菌株在主产区的丰产性、稳产性、适应性、品质特性、栽培特性及其他特征，为新品种认定和推广提供依据。

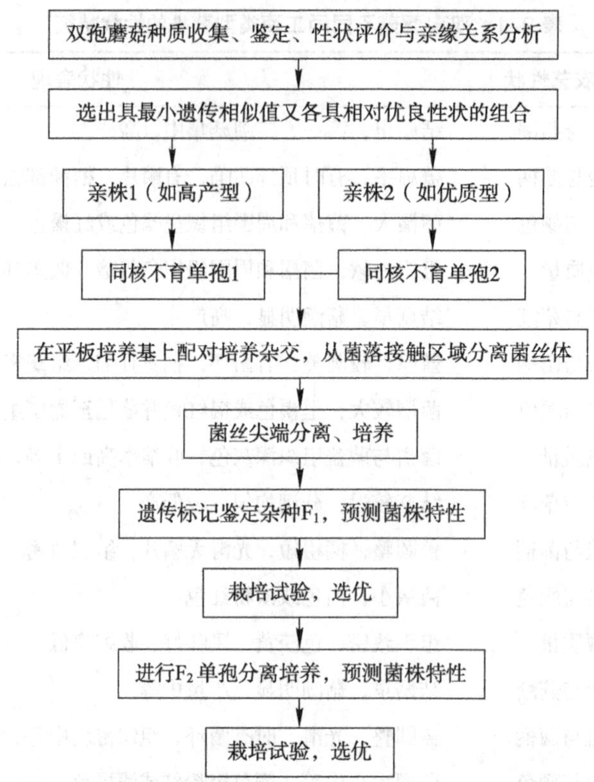

图 9-4 双孢蘑菇同核体杂交育种的技术路线

（四）'As2796'选育过程和品种特性

1. 双孢蘑菇选育过程　双孢蘑菇优良菌株'As2796'是以酯酶同工酶为遗传标记，从供试异核体亲本'02'和'8213'子实体的担孢子中，分离鉴定出同核不育菌株，再通过同核体配对杂交获得的杂种子二代。同核不育株'361-2'来自高产型亲本菌株02，同核不育株'As165'来自优质型亲本菌株'8213'，它们配对培育获得杂交子'W95-2'。从'W95-2'子实体上获得单孢分离物，经过酯酶同工酶酶谱预测分离物性状，再进一步筛选获得优良菌株'As2796'。As2796酯酶同工酶遗传型为HG4型，呈典型的杂合态。连续12年追踪测定其无性繁殖后代的酯酶同工酶酶谱，发现酶谱表型稳定（图 9-5）。

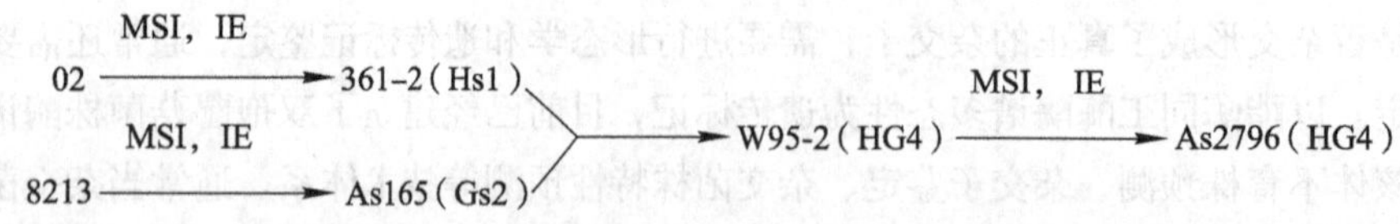

图 9-5 双孢蘑菇杂交菌株 As2796 的选育路径

注：MSI：Monospore Isolation，单孢分离；IE：Isozyme Examination，同工酶检测；括号内为酯酶同工酶表型。

2. 优良品种'As2796'的主要特性　在PDA培养基上'As2796'菌丝呈银白色，基内菌丝和气生菌丝均很发达，生长速度偏快，在麦粒或粪草培养基上菌丝生长快且强壮有力。粪草料最适含水量65%～70%，最适温度24～28℃。原基形成温度10～24℃，最适温度为14～20℃。适应性较强，尤其是耐高温能力强，在32℃下菌丝不死亡，仍能生长。'As2796'鲜菇子实体呈中等大小，直径3.0～3.5 cm。外形圆整，色泽洁白，无鳞片，有半膜状菌环。菌盖厚，柄中粗、直短，组织结实，菌褶紧密、细小、色淡，无脱柄现象，90～110个子实体重约1 kg。

‘As2796’适用于在二次发酵后的粪草料上栽培，耐肥、耐水和耐高温，每平方米投料量 30 ~ 35 kg，C∶N≈（28 ~ 30）∶1，含氮量 1.4% ~ 1.6%，含水量 65% ~ 68%，pH 约为 7。菌种萌发力强，吃料速度中等偏快，生长强壮有力，抗逆性较强，尤其耐高温。菌丝爬土速度中等偏快，纽结能力强，发育成菇蕾或膨大为合格商品菇所需时间较长，开采时间较常规菌株晚 3 d 左右。菇体单生，成菇率 90% 以上，成品率高达 80% 以上，各个潮次产量分布较均匀。初筛、复筛和示范生产试验表明，‘As2796’栽培性状稳定，适应性强，单产较原有品种提高 50% ~ 100%。‘As2796’在我国双孢蘑菇常规栽培中大面积推广应用，2007 年通过全国食用菌品种认定。

二、香菇

从 20 世纪 70 年代起，我国食用菌育种工作者通过杂交育种方法，培育出一批优质高产香菇品种，适应了香菇从段木栽培方式向代料栽培方式的转变，拓展了香菇栽培季节、栽培环境和种植区域。下面以香菇‘Cr-02’为例，介绍香菇单核体杂交和双单杂交选育优良品种的过程。

（一）香菇单核体杂交选育案例

香菇单核体杂交技术体系包括自具有不同优良性状的亲本上分离单孢，获得单核体菌丝；再通过两两配对杂交，将可亲和的配对所形成的异核体挑选出来；最后进行出菇试验，通过小试、中试、大规模示范和推广，选育出新品种。

1979 年福建省三明市真菌研究所采用自日本引进的香菇木屑压块栽培品种‘7402’和福建香菇野生菌株‘LC-01’为两个杂交亲本，通过孢子收集、单孢萌发、菌丝培养和显微镜观察，鉴定无锁状联合的单核体菌株。结合菌丝生长特征，分别挑选出两个亲本各 10 个单核体菌丝，在试管中进行两两对峙培养。从两个单核体菌丝接触处挑取一小块菌丝，转移至新的培养基上。根据菌丝生长情况进行初步筛选，然后进行木屑压块栽培出菇试验，初筛出 16 个产量高于亲本‘7402’的杂交菌株，其中‘Cr-02’菌株产量高，菇形完整，出菇整齐，菌柄细短，质地脆嫩，香味浓郁。经过 4 年中试及 2 年基地示范栽培之后，开始作为栽培品种进行推广。

‘Cr-02’出菇温度范围 5 ~ 20℃，原基在 17 ± 3℃范围内大量发生，适合秋冬季栽培。20 世纪 80 年代初，我国代料栽培从压块栽培方式向菌棒栽培方式转变，而‘Cr-02’选育成功为香菇菌棒栽培方式提供了优良菌种，对香菇菌棒生产模式迅速推广发挥了重要作用。

（二）香菇双单杂交选育案例

双单杂交育种主要是以需要改良的栽培品种单核体为受体，以能提供给待改良品种所需性状的异核体菌株为供体，进行双单杂交，杂交后代遗传性状和表型更接近于受体品种。

香菇栽培品种‘L26’抗逆性强，菇型好，但产量优势不明显。针对这一问题，选择产量较高的栽培品种‘苏香’的异核体菌丝为供体。‘L26’是从国外引进的，且已使用多年，但出菇过于集中，品质不佳。采用非对称的双单杂交技术，期望导入‘苏香’的高产性状，对香菇栽培品种‘L26’进行性状改良。

首先采用原生质体单核化技术，获得栽培品种‘L26’的单核体。将栽培品种‘L26’单核体菌丝与‘苏香’异核体菌丝两两对峙培养，挑取单核体菌落上远离异核体菌丝另一侧的边缘菌丝，显微镜观察菌丝形态。如果边缘菌丝有锁状联合，则初步判定为杂交子。将疑似杂交子与‘苏香’异核体菌丝接种于同一 PDA 平皿中，25℃下对峙培养 20 d，观察拮抗反应。再挑取与‘苏香’产生拮抗反应的疑似杂交子菌丝，彼此两两进行拮抗试验，挑选出 30 个具有拮抗反应的杂交子，进行栽培出菇试验。

根据出菇试验中杂交子品质及产量指标，筛选出 4 个杂交后代进行中试，其中‘L9525’在出菇试验中表现良好。通过 4 年栽培试验，发现‘L9525’杂种优势较稳定，产量较亲本‘L26’有较大提高，增产 16.5%～79.6%。最后将‘L9525’正式定名为‘申香 10 号’，进行推广应用。

‘申香 10 号’在 20 世纪 90 年代末成为我国香菇秋冬菇主要栽培品种。在示范栽培过程中发现，‘申香 10 号’具有易形成花菇的特点，菇型好、抗逆性强、产量高，可以作为短菌龄花菇品种进行推广，进一步拓宽了‘申香 10 号’的推广应用范围。‘申香 10 号’在遗传背景上更接近‘L26’，通过了全国食用菌品种认定。

三、黑木耳

黑木耳栽培区域遍布全国各地，产业规模大，对黑木耳栽培品种要求也较高。在调研中发现，市场上黑木耳栽培品种多为晚熟高产品种，而中熟及早熟品种较少。消费者对黑木耳单片子实体认可度较高，但生产上缺少综合性状优良的“单片型”品种，黑木耳产业需要培育中熟、丰产、单片耳率高的优良品种。

黑木耳栽培品种‘吉黑 2 号’系采用单核体杂交育种选育。‘吉黑 2 号’亲本之一是来自大兴安岭的野生黑木耳，经组织分离获得野生菌株 JG01，驯化栽培试验发现该野生菌株具有高产、抗逆性强的特点。将野生菌株 JG01 与当地早熟品种进行单孢杂交，筛选出 95 个杂交子，从中初筛出菌丝生长和出耳性状较好的 12 个杂交子。对 12 杂交子进行复筛，获得了 1 个中熟、产量高、单片耳率高的优良杂交子。经过 3 年区域试验和示范生产，该品种性状表现稳定，一致性较好，达到育种目标。

‘吉黑 2 号’每季度平均产量达到每 100 kg 干料产鲜耳 81.7 kg，超过对照品种 10.4%，采用小孔栽培时，单片耳率较对照品种提高 27.8%。经过多年多点试验，表现出良好的丰产性和稳定性，生育期缩短 3～5 d，通过吉林省品种审定。

四、毛木耳

毛木耳子实体耳片通常为黄褐色或黄色，但在栽培过程中有时出现白色的变异菌株。从全国 6 个差异显著的毛木耳白色变异菌株中，筛选出生长快，木屑降解能力强，耳片洁白，绒毛稀少且短的优良品种 BM11。将 BM11 的多孢悬液接种于栽培袋，袋内菌丝产生拮抗线，不同部位产生的耳片形态及商品性状存在差异。采集不同部位的耳片进行组织分离，获得 30 个与亲本存在差异的菌株。经过系统的比较试验，最终筛选出生长速度快，分解木屑能力和产量均优于亲本的菌株 BZJ28。白色菌株 BZJ28 在全国毛木耳主产区完成了区域试验和示范推广，明确了其生物学特性和栽培管理技术，并通过了吉林省和辽宁省品种审定，商品名定为‘玉木耳’。‘玉木耳’是利用毛木耳自然变异菌株，经过系统筛选和多孢自交两种方法，选育出的商业化栽培品种。

五、金针菇

金针菇品种按照子实体色泽分为金黄色、黄白色和纯白色 3 种类型。日本学者北本丰教授等人最早采用杂交育种方法获得白色金针菇品种，随后我国开始引种推广。近年来，白色金针菇品种在工厂化栽培中广泛使用，受到生产者和消费者普遍欢迎。许多研究者采用单孢杂交、双单杂交、多孢自交或多孢杂交等方式开展了金针菇白色优良品种选育。除选育纯白色的金针菇子实体之外，还主要考察杂交子生育期长短、菌盖大小及菌柄长度均一性、菌柄基部色泽、菌柄基部是否黏结、菌柄脆性及韧性、子实体耐储存性、生物学效率等性状。采用金针菇亲本菌株‘10号’和‘11号’进行单孢杂交，获得了两个农法栽培的黄色金针菇品种‘华金063’‘华金103’。采用日本引进的白色金针菇菌株“信农2号”与本土黄色金针菇菌株‘三明1号’进行多孢杂交，获得了优质高产抗病的优良品种‘杂交19号’，性状稳定，且明显优于亲本。采用来自日本的白色金针菇菌株‘SFv9’和来自中国香港的黄色金针菇菌株‘SFv2’进行杂交，也获得了3个稳产高产的优良杂交子。

（执笔：第一节和第二节　孟丽；第三节　方明和姚方杰；
第四节　陈明杰、边银丙和陈美元；本章由边银丙统稿）

本章思考题

1. 食用菌双核体、双倍体与异核体三者有何差异，如何鉴别它们？
2. 与农作物杂交育种相比较，你认为食用菌杂交育种有哪些特别之处？
3. 食用菌单核体杂交与单孢杂交有何不同？
4. 在食用菌双单杂交和回交育种中，供体和受体选择应遵循哪些原则？
5. 同宗配合食用菌和异宗配合食用菌的杂交子鉴定方法有哪些异同点？
6. 在食用菌亲本和杂交子筛选中，应考察它们哪些性状？
7. 从鉴定杂交子到获得优良杂交品种，食用菌育种通常需要做哪些工作？
8. 以香菇、黑木耳和双孢蘑菇为例，阐述栽培方式对杂交子性状的要求。
9. 选择食用菌同一菌株进行多孢自交与单孢自交，杂交子筛选方法有何不同？

数字课程网上资源

教学课件　　本章思考题参考答案

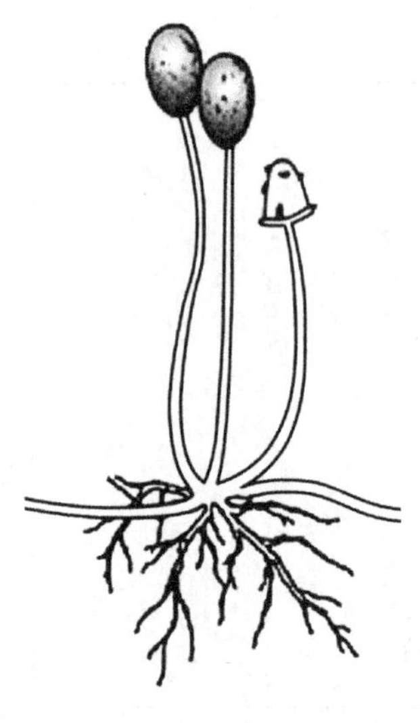

第十章 食用菌原生质体技术及其应用

原生质是指消除细胞壁后由细胞膜包裹的所有物质。原生质体技术不仅包括原生质体制备技术、再生技术和融合技术，还包括原生质体单核化技术、诱变技术和遗传转化技术。在食用菌细胞发育、遗传、育种、基因工程和分子生物学研究中，原生质体技术不仅应用于育种研究，还应用于构建真菌生理生化研究的实验系统，进行原生质体单核化和作为食用菌遗传转化受体，在杂交育种中食用菌原生质体单核化材料被广泛应用。

高效制备原生质体是运用该技术的前提，菌丝体生理状态是影响原生质体制备与再生能力的内在因素。除酶浓度外，渗透压稳定剂种类、浓度、pH及酶解温度均可直接影响酶促反应速率和原生质体化程度。

原生质体融合指两个亲本原生质体融合，达到部分或整套基因组交换和重组，产生新的种质类型。亲本细胞对异质性DNA具有排斥作用，亲本之间非同源DNA也存在不亲和性。远缘原生质体融合发生的频率极低，发生遗传物质交换或重组的可能性较小，但可能形成异核体。只有选择适当的遗传标记，才能鉴定出真正的融合子，而融合子稳定性和结实性鉴定也十分重要。通过原生质体融合实现食用菌远缘杂交，还面临许多基础科学问题和技术难题。

第一节 原生质体技术

一、概述

原生质体（protoplast）技术研究已经有近百年的历史，当前原生质体技术日趋成熟，已经成为食用菌遗传育种研究的重要技术手段之一。1914 年 Giaja 发现在蜗牛消化液中存在裂解酵母细胞壁的活性物质，随后进行蜗牛消化液分析，证实了其中存在几种水解酶。20 世纪 50 年代末期，酿酒酵母（*Saccharomyces cerevisiae*）和粗糙脉孢菌原生质体相继分离成功。

1972 年 Devriers 等人成功获得裂褶菌的原生质体，这是该技术首次应用于食用菌研究中。从 20 世纪 80 年代开始，食用菌原生质体研究一直以原生质体融合为重点，还开展了原生质体诱变育种、单核原生质体育种、原生质体遗传转化等方面的研究。

原生质体融合育种程序包括：第一，亲本原生质体制备和分离；第二，两个亲本原生质体融合；第三，原生质体再生；第四，融合子筛选与鉴定；第五，菌丝培养特性观察和拮抗试验；第六，初筛与复筛试验；第七，特异性鉴定；第八，进行区域性试验和示范推广。原生质体融合技术已经在多种食用菌中进行了试验和探索，原生质体技术在食用菌生理、生化、遗传和分子生物学等研究中发挥了重要作用。

原生质体是指细胞壁内生活的所有物质，即细胞壁完全消除后余下的由质膜包裹的“裸露细胞”，通常包含细胞膜、细胞质和细胞核等。原生质体虽然失去了细胞壁，改变原有形态变成了圆球体，但它仍然具有原生质膜和整套基因组，是一个具有生物功能的单位。原生质体技术在食用菌育种过程中发挥了重要作用。

原生质体单核化可集中保留亲本的优良性状，减少杂交后代筛选的工作量。传统的食用菌杂交育种方法主要采用单核体杂交或双单杂交方式进行，但这两种杂交方式都需要单核体菌丝进行交配，而且大部分单核体菌丝来源于单孢分离，而经过减数分裂的担孢子发生了大量的遗传重组。一个子实体至少产生 10^6 个以上的担孢子，亲本遗传性状呈广泛的分散状态。有些担孢子不能完全保留亲本的优良性状，这种单核体菌丝的多样性为杂交亲本材料选择带来极大的困难。

在制备金针菇、香菇等异宗配合食用菌原生质体过程中，发现了原生质体单核化的现象，随后开展了原生质体单核化的研究。通过原生质体单核化获得的菌丝体没有经历减数分裂，所以不涉及遗传重组，且所获得的菌丝体中仅含有两种交配型，亲本性状相对集中，便于筛选携带控制亲本性状的遗传物质的单核体，从而减少了杂交后代筛选的工作量。

原生质体融合技术可以帮助实现远缘杂交。由于体细胞不亲和性及细胞壁的存在，使得种间或属间杂交不能进行。脱壁后细胞壁障碍被消除，使远缘杂交成为可能，但并不意味着一定能发生远缘杂交。原生质体融合使核与核、胞质与胞质部分或全部遗传物质重组成为可能，遗传物质进行较完整的交换。但参与融合的亲本菌株不限于 2 个，可能获得多个亲本融合的杂合体，这是传统育种手段难以实现的。

与重组 DNA 技术相比，原生质体融合育种的技术体系不同，所需设备相对简单。原生质体是基因转化的良好受体，因为没有细胞壁的屏障作用，因此有利于吸纳外源的遗传物质。

二、原生质体分离

原生质体分离是原生质体技术应用的前提，高效制备原生质体是运用原生质体技术的基础。

原生质体分离是指对真菌细胞进行破壁处理，从而获得原生质体的过程。真菌细胞壁去除后，原生质体具有以下特征：一是无细胞壁，有利于对细胞膜和细胞器进行基础研究；二是原生质体具有全能性，在适宜条件下能够再生形成新的完整个体；三是可通过诱导进行融合，或进行其他遗传操作。

影响原生质体分离的因素主要包括以下几个方面。

（一）菌丝体生理状态

在原生质体制备过程中，细胞壁是酶解的底物，而菌丝体生理状态又会直接影响到细胞壁结构、细胞代谢水平及其活力等。因此，菌丝体生理状态是影响原生质体制备与再生能力的内在因素。

菌丝体、有性孢子、无性孢子及子实体组织均可以作为制备原生质体的菌体材料。为了获得较多的原生质体，常采用处于对数生长期的菌丝体。一方面，对数生长期菌丝体生理状态相对一致，代谢旺盛、活力强，对酶较敏感，易于产生原生质体；另一方面，新合成的细胞壁物质淤积在菌丝顶端部位，新生细胞壁较薄，易于酶解。不同的食用菌菌丝生长速度不同，获取对数生长期菌丝的培养时间也不同。在适宜的培养基中，草菇和灵芝需要 2～3 d，糙皮侧耳需要 3～4 d，金针菇和香菇需要 5～6 d，双孢蘑菇需要 7～9 d，才能进入对数生长期。

（二）酶解反应

根据食用菌细胞壁组成成分的不同，制备原生质体所采用的酶有所不同。即使两种不同的食用菌所使用的酶种类相同，所需酶浓度也存在显著差别。除酶浓度外，渗透压稳定剂种类、浓度、pH 及酶解温度，均可直接影响酶促反应速率和原生质体化程度。

1. 酶的种类　真菌细胞壁主要成分为几丁质、纤维素及其他多聚糖。制备原生质体时，需要根据真菌细胞壁结构和化学组成，选用不同的溶壁酶。不同的真菌细胞壁成分有所不同，只有相应的溶壁酶才能将其彻底降解。一般情况下，真菌细胞壁中杂多糖（heteropolysaccharide）含量占 80%～90%，包括 *S*–葡聚糖、*R*–葡聚糖及几丁质等，其余为蛋白质及少量类脂化合物。

多聚糖微纤维及壳质构成了真菌细胞壁骨架，而糖蛋白则填充于其空隙间，具有胶合作用。按化学成分将菌丝细胞壁分为四层，最内层是放射状排列的几丁质微纤维丝，之后是蛋白质层和糖蛋白形成的粗糙的网，最外层是不定形的葡聚糖。子囊菌门和担子菌门真菌细胞壁最外层主要成分为 *S*–葡聚糖，其是一种直链多聚糖，易于被碱性抽提液脱去。

蜗牛酶是以纤维素酶为主要成分的一种混合酶，其成分较复杂。国外常用的蜗牛酶包括欧洲大蜗牛酶（helicase）与美洲蜗牛酶（glusulase）。纤维素酶通常由各种真菌产生，常用拟康氏木霉（*Trichoderma pseudokoningii*）产生的纤维素酶或其他木霉菌产生的纤维素酶。

单一使用纤维素酶（cellulase）、β–葡糖苷醛酸酶（β–glucuronidase）、果胶酶（pectinase）、崩溃酶（driselase）或几丁质酶（chitinase）制备原生质体，效果均不理想。单独使用 Novozym234 和 Lywallzyme 两种酶，制备糙皮侧耳、金针菇、香菇、黑木耳及双孢蘑菇等食用菌原生质体效果较好。将纤维素酶与蜗牛酶混用较单独使用一种酶效果好，在制备食用菌原生质体时，通常同时使用蜗牛酶和纤维素酶。

2. 酶浓度　在一定范围内增加酶浓度，产生原生质体的速度加快。超过一定的浓度范围，酶促反应速率则逐渐下降。溶菌酶中常含有对原生质体有害的酶类，如过氧化物酶、核糖核酸酶等。酶液配制时，应使用合适的渗透压稳定剂溶解，然后采用 0.22 μm 细菌过滤器进行过滤除菌。一般酶浓度为 1%～1.5%，浓度太低或太高都影响原生质体制备效果。当溶菌酶浓度过大时，有害酶类浓度也会随之提高，当其达到一定阈值时，会严重影响原生质体活性。此外，酶浓度过大，会产生毒副作用，使细胞壁彻底脱除，影响原生质体再生。

3. 酶解温度 温度对酶解作用具有双重影响。一般随着温度升高，酶解反应速度加快；在达到一定温度之后，随着温度上升，酶易钝化。当温度过低时，需要延长酶解时间才能获得大量原生质体，从而增加了酶对已形成的原生质体产生的毒害作用；当温度偏高时，虽然可以提高原生质体制备率，但可能影响原生质体自身酶系统的活性。由于温度偏高或偏低都会影响原生质体再生率，在选择酶解温度时，不仅要考虑原生质体制备率，还要以原生质体再生率进行校正，通常酶解温度控制在 28～42℃。

不同种属真菌的酶解最适温度不尽相同，同一种属的真菌酶解最适温度也可能不同。在制备灵芝原生质体时，31℃时原生质体产量最大。随着温度升高，原生质体数量稍有下降；当酶解温度低于 31℃时，原生质体数量迅速下降，28℃时原生质体产量仅为 31℃时的 1/7。

4. 酶解时间 充足的酶解时间是原生质体制备的必要条件。在一定范围内，酶解时间越长，原生质体得率越高；但当继续延长酶解时间时，原生质体得率不会继续增加，且原生质体再生率会随着时间延长而显著降低。这是因为，一方面酶解时间越长，细胞壁溶解越彻底，导致失去了原生质体再生的基本条件；另一方面酶解时间越长，溶菌酶中有害酶类对原生质体损伤越大，降低了原生质体活性。

食用菌原生质体制备的酶解时间通常为 2～3 h。例如，黑木耳、金针菇原生质体制备的最佳酶解时间分别为 2 h、3 h。

5. 渗透压稳定剂 渗透压稳定剂种类及其 pH 是影响原生质体释放的重要因素。常见渗透压稳定剂包括糖类（葡萄糖、蔗糖等）、糖醇类（甘露醇、山梨醇等）和无机盐类（氯化钾、硫酸镁等）。在制备食用菌原生质体时，通常渗透压稳定剂浓度在 0.4～1.2 mol/L，以 0.6 mol/L 最为常用。pH 主要影响酶的活性，一般 pH 为 5.4～6.5 较为合适。此外，缓冲剂也是影响原生质体释放及其得率的重要因素。在配制酶液时，有时需要加入合适的缓冲剂，如顺丁烯二酸、磷酸等。缓冲剂主要通过影响渗透压稳定剂和酶的活性而发挥作用。

（三）原生质体纯化及其得率

1. 原生质体纯化 原生质体纯化一方面是去除未被酶解的菌丝组织、细胞或已破碎的菌体物质，另一方面是去除酶液，获得纯的原生质体。

原生质体纯化方法很多，较简单的方法是将酶解后的原生质体悬浮液经脱脂棉过滤，去除菌丝残片，滤液在 4 000 r/min 下离心 20 min，去掉含酶的上清液；采用渗透压稳定剂，将离心得到的沉淀物悬浮、洗涤。必要时在上述条件下重复离心 1～2 次，以彻底去除酶液；最后将沉淀溶于适量的渗透压稳定剂中，即获得纯净的原生质体悬浮液。

2. 原生质体得率 采用血细胞计数板测定原生质体得率，一般以每毫升溶液中所含原生质体的个数来表示。在一定的酶解时间取样计数，则可以测得不同酶解时间原生质体形成的浓度；若以纯净的原生质体悬浮液计数，则可测得单位质量菌丝体或子实体释放原生质体的浓度；若以孢子为材料制备原生质体，则以原生质体化的孢子占孢子总数的百分比作为原生质体得率。

三、原生质体再生

原生质体再生包括细胞壁再生、功能恢复、分裂与萌发等 3 个相互联系而又相对独立的生理过程。酶解脱壁后的原生质体应具有高效的再生能力，这是原生质体技术运用的必要条件和关键环节。原生质体只有再生成正常的细胞，才能应用于实践。

（一）影响原生质体再生的因素

1. 菌龄 食用菌菌体的菌龄不同，原生质体再生表现也明显不同。菌龄偏短时，菌体经酶解后形成的原生质体可能存在细胞器不完全或营养供给不充足的情况，导致再生能力偏低。在一定的范围内菌龄较长时，原生质体再生率高，且再生时间短。但菌体培养时间偏长，原生质体再生率下降。古尼虫草小孢变种（*Cordyceps gunnii* var. *minor*）在菌体培养 12 h 时原生质体再生率最高，但随着菌龄继续延长，原生质体再生率会逐渐下降。

2. 酶浓度 酶浓度不仅影响原生质体制备，还影响原生质体再生，适合原生质体分离的酶浓度不一定适合原生质体再生。酶浓度偏高，细胞壁去除较完全，可有效提高原生质体的制备率。但细胞脱壁太彻底，必然影响原生质体再生率。在较低浓度的酶液下，原生质体再生率高；而在高浓度酶液下，原生质体再生率低。

3. 酶解温度 在原生质体制备过程中，酶解最佳温度通常是酶的最适反应温度。不同的真菌在细胞壁成分上存在差异，对酶的敏感性不同，酶解温度也不相同。在制备原生质体时，酶解温度偏高将影响原生质体活性，导致再生率降低。

4. 酶解时间 在酶浓度和酶解温度相同的情况下，酶解时间对原生质体再生影响极显著。当酶解时间超出一定范围后，原生质体再生率会随着酶解时间延长而显著降低。

5. 原生质体存放时间 原生质体较脆弱，在各种高渗溶液和偏高温度条件下保存时，再生能力普遍下降，不宜长时间保存。一般来说，低温较常温条件更容易保持原生质体的活性。在较低温度下储存原生质体，对再生率影响相对较小。

6. 培养基种类 培养基是原生质体顺利完成再生过程的基础，它对原生质体既起保护作用，又提供营养，直接影响再生率和再生栽培能否成功。

食用菌原生质体再生培养基主要包括以下几种。

（1）强化梭菌培养基（RCM） 蛋白胨 2 g、酵母膏 2 g、硫酸镁 0.5 g、磷酸二氢钾 0.46 g、磷酸氢二钾 1 g、葡萄糖 20 g、琼脂 20 g、蒸馏水 1 000 mL，渗透压稳定剂为 0.6 mol/L 山梨醇。

（2）RMDY：麦芽糖 10 g、葡萄糖 4 g、酵母粉 4 g、琼脂 20 g、蒸馏水 1 000 mL，渗透压稳定剂为 0.6 mol/L 硫酸镁。

（3）15% 供试菌株菌丝浸提液 1 000 mL，琼脂 20 g，渗透压稳定剂为 0.6 mol/L 硫酸镁。

（4）CYM：麦芽糖 10 g、葡萄糖 20 g、蛋白胨 2 g、酵母粉 2 g、硫酸镁 0.5 g、磷酸二氢钾 4.6 g、琼脂 20 g、蒸馏水 1 000 mL，渗透压稳定剂为 0.6 mol/L 甘露醇。

（5）纤维二糖再生培养基：纤维二糖 15 g、蛋白胨 2 g、酵母粉 4 g、琼脂 20 g、蒸馏水 1 000 mL，渗透压稳定剂为 0.6 mol/L 甘露醇。

在上述培养基中不加入琼脂，则为液体再生培养基。

7. 渗透压稳定剂 去除细胞壁后，原生质体非常脆弱。当胞外渗透压低于胞内，原生质体就会因为吸水膨胀而破裂。需要使用特定的高渗溶液，保证原生质体处于稳定状态，这类由相关化学药品配制的一定浓度的高渗溶液称为渗透压稳定剂（osmotic stabilizer）。

渗透压稳定剂对原生质体再生的影响较大。适宜的渗透压稳定剂和渗透压是原生质体不破裂的关键。一般情况下，在再生培养基中最适渗透压稳定剂和最佳渗透压与酶解制备原生质体时类似，可以参照酶解条件进行选择。KCl 作为渗透压稳定剂适合酵母原生质体制备，而蔗糖作为渗透压稳定剂适合酵母原生质体再生，应该根据具体情况选择渗透压稳定剂。0.6 mol/L 蔗糖适合作为灵芝原生质体再生时的渗透压稳定剂，0.6 mol/L 甘露醇适合作为茯苓原生质体再生时的渗透压稳定剂。

8. 再生培养方式 在食用菌原生质体再生过程中常采用涂布再生法和固体夹层再生法。

涂布再生法，也叫单层培养法，是将分离纯化的原生质体适当稀释后，涂布在高渗再生培养基平板上，经培养后获得原生质体再生菌株。涂布再生法操作比较简单，但在涂布时容易使脆弱的原生质体受到机械损伤，影响原生质体再生，导致再生率偏低。

固体夹层再生法也称为双层培养法，是将分离纯化的原生质体适当稀释后，与半固体再生培养基混合均匀，然后倾注于固体再生培养基平板上于适温下培养，最终获得原生质体再生菌株。这种方法在操作上略显烦琐，但易保持原生质体完整性，对原生质体再生的不利影响相对较小。

（二）原生质体再生效果

1. 原生质体再生率测定　原生质体再生效果以再生率指标进行衡量，计算公式如下：

$$原生质体再生率 = \frac{(A-B)}{C} \times 100\%$$

式中：A 为纯化后的原生质体在再生培养基上长出的菌落数（个 /mL），包括未脱壁的残存菌丝体长出的菌落数和原生质体再生的菌落数；B 为低渗条件下原生质体破裂后，在再生培养基上由菌丝残片长出的菌落数（个 /mL）；C 为显微镜镜检到的原生质体数目（个 /mL）。

试验表明，食用菌原生质体再生率极低，通常在 1% 以下，最高为 10%。原因是某些原生质体不包含细胞核，也可能是原生质体自身生理成熟度不足。

2. 提高原生质体再生率的方法　通常情况下，在较温和条件下制备的原生质体再生率高，如较低的酶浓度、较低的温度和较短的酶处理时间等。如果采用 37℃或更高的温度，原生质体处于钝化状态，有些酶可能失活；在高温条件下，膜透性增大，导致某些物质外渗丢失。因此，考虑到原生质体再生能力，不必追求过高的原生质体得率。

此外，培养基的营养成分、原生质体再生的培养方式及渗透压稳定剂对原生质体的再生影响也较大。并且不同菇种对渗透压稳定剂的要求有所不同，有研究发现使用组合的稳定剂要比单一的稳定剂得到的原生质体再生率高。此外，采用上述双层培养法，将原生质体包埋在固体培养基中，也能大大提高再生率。

四、原生质体融合

原生质体融合（protoplast fusion）是指不同遗传类型的细胞去除细胞壁后，原生质体在融合剂诱导下进行融合，最终达到部分或整套基因组（核基因、细胞质基因）交换与重组，产生新的品种或种质类型。

原生质体是去除细胞壁的裸露细胞，其各种细胞器仍完好无损，具有分裂和再生的性能。原生质体由于减少了细胞壁的屏障，提高了摄取外源大分子物质的能力，是遗传操作的好材料，也是克服远缘杂交障碍、实现多套基因表达、获得多样化优良菌株的好材料。

原生质体融合是一种不通过有性交配而实现遗传重组的育种手段。它可以在育种中克服不亲和性所造成的遗传障碍，为种内、种间及种属间远缘杂交创造可能。

（一）融合剂的种类

原生质体融合有两种情形。一种为自发融合（spontaneous fusion），这种现象非常罕见；另一种为诱导融合（induced fusion），即通过诱导促使原生质体发生融合。

能够诱导原生质体融合的物质，称为融合剂或助融剂。按其性质不同，融合剂又分为生物融合剂、化学融合剂与物理融合方式 3 类。生物融合剂最早被广泛使用，如仙台病毒（Sendai virus）、鸡新城疫病毒（Newcastle disease virus）等；20 世纪 70 年代开始使用化学融合剂，如硝酸盐、新生态 $Ca_3(PO_4)_2$、聚乙二醇等，并逐渐替代生物融合剂；20 世纪 80 年代兴起了物理融合方式，如电场融合、激光融合等。在食用菌原生质体融合中，报道最多的是聚乙二醇诱导融合，此外还有电场融合。

（二）助融机制

1. PEG 助融机制 PEG 即聚乙二醇（polyethylene glycol），是一种多聚化合物，分子量大小不一，以分子量 4 000 ~ 6 000 较为适用。PEG 既是一种高效的化学融合剂，又能对渗透压起稳定作用。

PEG 作用机制尚不十分清楚。一般认为 PEG 分子中带有醚键，从而带有弱的负电荷，可与水、蛋白质、糖类分子的正电基团形成氢键，使得原生质体发生凝集，Ca^{2+} 的存在使这种凝集作用得到增强。当 PEG 被洗涤之后，由于原生质体相互连接的表面较大，引起电荷再分布，这个过程导致原生质体之间发生融合。PEG 能以一种分子桥的形式沟通相邻的质膜，还能改变脂膜的流动性，或降低质膜表面的势能。PEG 还能使质膜中镶嵌的蛋白质颗粒凝聚，出现容易融合的无蛋白质颗粒的磷脂双层区域。

2. 电场助融机制 Zimmermann 等人 1981 年创立了电场诱导融合技术，并迅速应用到微生物原生质体融合中。由于电场力的作用，原生质体在交流电场中向电极处迁移。原生质体之间还存在偶极子相互吸引作用，从而使原生质体沿电力线方向排列成串，其中两个贴近的原生质膜之间产生无蛋白的脂层区，在脉冲作用下脂层区被击穿，导致原生质体融合。

（三）原生质体融合方法及其特点

1. PEG 诱导融合方法及其特点 先将两个亲本菌株的原生质体（含量在 10^6 个 /mL 以上）等体积混合，3 000 r/min 离心 10 min，去掉上清液；然后将沉淀物在剩余的溶液中混匀，加入 20% ~ 40% PEG 溶液，20 ~ 30℃保温 10 ~ 30 min；再加入含 Ca^{2+} 的缓冲液（0.05 mol/L $CaCl_2 \cdot 2H_2O$，0.05 mol/L 甘氨酸，pH7 ~ 9）稀释，放置 10 ~ 15 min；在相同条件下离心，去掉上清液，将沉淀物用渗透压稳定剂洗涤数次，去除 PEG；最后将沉淀物经适当稀释后，置于再生培养基上培养，使融合子得以再生。

PEG 诱导融合对仪器设备要求不高，操作简便。但原生质体聚集成团时，大小不易控制，且 PEG 本身对原生质体具有一定的毒性，影响原生质体再生，使融合率偏低。

2. 电场诱导融合方法及其特点 取带有两个亲本原生质体的混合悬浮液，放入高频交变电场（0.9 ~ 1.0 MHz，幅值 180 ~ 250 V/cm）中，再加上高压直流脉冲（幅值 7.0 ~ 15 kV/cm，脉宽 50 ~ 100 μs），然后置于再生培养基上培养，使融合子再生。

电场诱导原生质体融合对原生质体不产生毒性和损伤，对操作人员也较安全，且可在显微镜下观察融合过程，融合率较高；但电场诱导融合需要专门的电融合仪，且真正参与融合的原生质体极少。

五、原生质体技术的特点

原生质体为种内、种间及属间食用菌细胞杂交提供了可供融合的亲本。在原生质体融合过程中，对于同种真菌在一定程度上可克服体细胞不亲和或交配型的限制；对于种间或远缘原生质体融合，虽然染色体结构不同，导致遗传基因重组受到制约，但也提供了异源基因发生重组的机会，促进异核体或多倍体发生。

游离的原生质体除去了细胞壁，诱变剂更容易进入细胞，原生质体成为良好的诱变育种材料。此外，食用菌原生质体也与完整细胞一样，具有该菌株全部的遗传信息，在合适的培养条件下能发育成与其亲本相似的遗传材料。

许多菌体可以制备食用菌原生质体。各种无性和有性孢子、单核菌丝、双核菌丝和不同发育时期的子实体组织，均能用于制备食用菌的原生质体。但由于材料结构及性质不同，获得原生质体的数量差异较大。如孢子的细胞壁较厚且成分复杂，而子实体组织不易分散、不能全面接触溶壁酶，组织化的菌丝细胞壁也不利于原生质体释放。因此，目前主要采用食用菌幼龄菌丝制备原生质体。

原生质体能有效地摄取多种外源遗传物质，如 DNA 质粒、病毒和其他细胞器。在食用菌基因工程研究及基因工程育种方面，原生质体技术具有重要作用。

第二节 原生质体融合育种

在食用菌原生质体融合育种中，通常选择具有各自优良农艺性状且亲缘关系较远的两个亲本，进行种间、属间或更高层级的远缘原生质体融合。

一、亲本及遗传标记选择

由于细胞对异质性 DNA 的排斥作用，以及亲本之间非同源 DNA 存在不亲和性，远缘原生质体融合发生的频率极低，发生遗传物质交换或重组的可能性较小，但可能形成异核体。但必须选择适当的遗传标记，才能对融合子进行准确鉴定。

原生质体融合可能在同一亲本菌株内发生，也可能在不同亲本菌株之间发生，分别称之为同源融合和异源融合。异源融合子鉴定是原生质体融合育种的难点，两个亲本菌株必须有稳定可靠的遗传标记，才能在异源融合子鉴定中应用。

在食用菌原生质体融合育种中，一般采用 4 种遗传标记进行亲本标记和融合子鉴定。

（一）营养缺陷型标记

用于原生质体融合的两个亲本属于不同类型的营养缺陷型，由于两个亲本原生质体分别丧失了合成某种营养物质（如氨基酸、维生素、碱基等）的能力，因而不能在基本培养基（minimal medium，MM）上再生生长。当两个亲本原生质体融合后产生融合子，使缺陷的遗传物质得到互补，恢复为野生型，才可以在基本培养基上生长。

营养缺陷型可能是缺乏合成一种营养物质的能力，简称单缺；如果同时缺乏合成两种营养物质的能力，简称双缺；营养缺陷型不仅存在单缺和双缺类型，同时也存在缺乏合成三种甚至更多营养物质的类型。如佛罗里达侧耳担孢子经过 ^{60}Co 射线辐射后，获得一株可以在完全培养基上生长而在基本培养基中不能生长的突变菌株。经过进一步测定，确定此突变菌株为精氨酸营养缺陷型（单缺）。精氨酸营养缺陷型可作为亲本的遗传标记。

银耳芽孢经过高能脉冲紫外诱变和多代传代培养后，获得一株稳定的银耳肌醇、吡哆醇双突变的营养缺陷型（双缺）。此突变体在基本培养基中不能生长，但在培养基中添加肌醇和吡哆醇之后可以正常生长。这种双突变的营养缺陷型也可作为亲本的遗传标记。

营养缺陷型标记虽然可以对原生质体融合亲本和融合子进行标记和鉴定，但需要从大量的营养物质中筛选亲本属于何种营养缺陷型，工作量较大。有些菌株属于双缺营养缺陷型，确定亲本营养缺陷型较为困难，且有些营养缺陷型并不稳定，经过几次传代培养后会发生回复突变，失去标记价值。此外，有些营养缺陷型标记会干扰菌株正常代谢，影响菌株的某些性状。具有营养缺陷型标记的亲本材料常在高产、优质等性状方面存在某种缺陷，不适宜作为食用菌原生质体融合育种的亲本。

（二）灭活原生质体标记

在原生质体融合之前，将一个亲本原生质体进行灭活，使其丧失在再生培养基上生长的能力，但其细胞核得以继续存活。当它与另个一亲本菌株融合后，由于代谢上得到互补，融合子能够存活。在融合过程中，被灭活的原生质体起到遗传物质运载的作用。

灭活原生质体的方法很多，如热灭活（50～52℃）、紫外灭活以及化学灭活（碘乙酰胺）等，其中以化学灭活与热灭活效果较好。通过灭活原生质体融合技术，获得美味侧耳‘A76’和佛罗里达侧耳‘A95’的种间融合子，经过多代选育，获得了性状稳定的高产优质的杂交菌株。分别采用热灭活和紫外灭活的方法，将草菇两个亲本‘V23’（热灭活）和‘V3552’（紫外灭活）进行标记，筛选出耐低温的原生质体融合子。

灭活原生质体标记是原生质体融合育种中针对无遗传标记同种不同菌株间进行双亲标记的一种常用的有效方式。

（三）抗药性标记

抗药性是由遗传物质决定的。食用菌不同种质材料对某种药物的抗性可能存在差异，利用这种差异即可对亲本进行遗传标记，对融合子进行鉴定。筛选某种药物抑制亲本生长的临界浓度，在含药物临界浓度的培养基上，亲本不能生长。当亲本经过诱变或杂交之后，由于基因突变或发生重组，亲本的突变菌株或重组菌株可以在含有某种药物临界浓度的培养基上生长。因此，可以将亲本对不同药物的抗药性作为遗传标记。

抗药性标记虽然可以对原生质体融合育种的亲本及融合子进行标记和鉴定，但药物浓度影响标记效果。

（四）荧光色素标记

制备原生质体时，在酶液中加入荧光色素，使两个亲本原生质体分别带有不同的荧光色素。带有荧光色素的原生质体仍能发生融合，融合子带有两种荧光，在显微镜下可直接挑选带有两种荧光的融合子。在聚乙二醇的诱导下，经异硫氰酸荧光素标记的金针菇单核 W19 的原生质体与未经标记的单核 Y7 的原生质体进行融合，在显微操纵仪下直接挑取一个带有荧光而另一个不具荧光的成对原生质体团，从而获得融合子菌株。

荧光色素标记虽然操作简便直观，但荧光色素会影响原生质体再生能力，导致原生质体融合子再生率降低。

（五）同工酶标记

同工酶是具有相同催化功能的蛋白质分子，但它们在蛋白质分子结构上的差异，使得食用菌不同种属之间或不同菌株之间会形成不同的同工酶电泳谱带，这种特有的谱带是鉴定融合子真实性的生物化学依据。特别是酯酶同工酶非常稳定，重复性好，是常用的鉴定融合子的生物化学方法。

（六）DNA 分子标记

分子标记方法较其他方法更为准确。首先挖掘两个亲本菌株各自特有的 DNA 分子标记，然后对待鉴定的融合子进行 PCR 扩增，检测其扩增产物是否同时具有两个亲本各自特有的 DNA 分子标记。当待鉴定的融合子不仅具有两个亲本共有的 DNA 片段，同时还具有两个亲本各自特有的 DNA 分子标记片段时，才能确定其为真正的融合子。具体内容参见第三章第三节。

二、融合子鉴定

由于原生质体融合的亲本亲缘关系远近、染色体数目及大小等方面存在差异，大多数融合子是极不稳定的杂种异核体，继代培养后常分离成单一的亲本类型。因此，需要将检出的疑似融合子进行多次传代培养，进行稳定性测定。

对检出的疑似融合子需要进行真实性鉴定，保证所获得的材料属于真正的融合子。常采用营养缺陷型标记、抗药性标记、灭活原生质体标记、荧光色素标记、同工酶标记和 DNA 分子标记等，进行融合子真实性初步鉴定；再采用培养特性观察、生化标记鉴定、生物量测定等方法，对亲本和疑似融合子进行性状特征比较。无论是亲本遗传标记，还是各种生物学特性观察，都不能单独作为鉴定融合子的充分依据，必须将两者结合起来进行。

对融合子的培养特性进行观察，主要从菌落表型及营养体不亲和性两个方面进行。

（一）菌落表型

原生质体融合子是来自两个亲本的杂种异核体，已发生了核外的基因重组，融合子再生菌落与亲本有所不同，如菌丝浓密程度、生长速度、菌落形态及基质色素色泽等。将待测融合子与两个亲本接种在相同的培养基上，观察待测融合子与亲本表型是否存在差异。

（二）营养体不亲和性试验

将两个亲本与待测融合子接种在同一培养基上，待测融合子接种在中间，两个亲本分别接种在其两侧，相距约 1.5 cm，培养一段时间。如果待测融合子与两个亲本菌株遗传背景差异较大，则菌落彼此之间会呈现对峙状态，出现菌丝隆起型、沟壑型或隔离型现象，即产生了营养体不亲和反应。

生化标记鉴定主要是从蛋白质、酶水平上对融合子及其亲本进行鉴定，包括抗药性标记鉴定和同工酶标记鉴定。现代分子生物学技术在各个学科领域广泛应用，为食用菌原生质体融合子鉴定提供了新的方法。各种 DNA 分子标记可用于食用菌原生质体融合育种中亲本标记和融合子鉴定。

三、融合子稳定性与结实能力

（一）融合子稳定性

在所检出的融合子中，部分杂合子或异核体在传代中可能丢失其中一个亲本的遗传物质，成为其中某一亲本型。因此，尚需对检出的融合子进行遗传稳定性测定，筛选出稳定的融合子。

将待测融合子在培养基上依次传代 4～5 次以上，甚至 8～10 次以上，评价融合子的稳定性。根据融合子传代后菌落在系列选择培养皿上对应位置的生长情况，淘汰与双亲菌落特征相同的菌落，挑选出稳定的融合子。分别计数后，再计算出融合子稳定率。

$$融合子稳定率（S）（\%）=\sum C/A=\sum（A-B）/A$$

式中：A 为首次检出的融合子菌落总数；B 为分离出的双亲型的菌落数；$\sum C$ 为各种稳定融合子的总和，其中 $C=A-B$。

（二）结实能力检验

异宗配合真菌单核体菌丝是不育的，仅异核体菌丝能结实。融合子属于杂种异核体，它们可能会结实，也可能不结实。如果在人工栽培条件下，待测融合子能够长出子实体，且子实体具有与两个亲本显著不同的特征，则表明原生质体可能已发生了融合。

虽然结实试验是检验融合子真伪的有力证据，但还需要结合其他遗传标记加以佐证。亲本单核菌丝可能存在单核体结实能力，在待测融合子结实试验之前，必须排除亲本单核体存在结实能力。

原生质体融合育种的目标是获得集两个亲本优良性状于一体，并能在生产上推广应用的超级杂交菌株。但它们能否在生产上得到广泛应用，还需要做生产性能检测。检测内容主要包括定植率、菌丝萌发速度、抗杂能力、产量与质量性状等，并以当地主栽品种和亲本菌株作为对照，检测程序与杂交育种类似。经过上述程序逐级淘汰，最终筛选出能够在生产上推广应用且具有明显杂种优势的原生质体融合工程菌株。

食用菌原生质体融合育种通常以获得有性子实体为目标，而受细胞排斥性、染色体非同源性和性亲和基因等因素影响，食用菌原生质体远缘融合难以成功，或者仅融合形成短暂的异核体，这种异核体在栽培过程中难以形成子实体，在继代培养中极易单核化。

四、原生质体融合育种面临的问题

国内外曾经广泛开展食用菌原生质体融合育种研究，但研究人员发现尚存在许多问题。

（一）融合子极不稳定

两个不同种类的细胞核融入一个细胞后，由于它们在染色体数量、形态及功能上都存在较大差异，很难顺利完成核配过程。在娄地青霉（*Penicillium roqueforti*）与产黄青霉（*P. chrysogenum*）的融合子中，即使已选育出重组型菌株，但在选择培养基之外的其他培养基上，也非常容易分离出亲本型菌株。银丝草菇（*V. bombycina*）与草菇融合后，常丢失草菇的染色体。香菇与裂褶菌原生质体融合后，常丢失香菇的染色体。如果一个亲本的染色体全部丢失，也就意味着融合子失去了价值。

（二）种间融合子难以形成子实体

在已有的文献报道中，大多数仅对获得的融合子子实体与亲本子实体在形态特征差异方面进行了描述，较少对融合子及其后代进行严格的遗传分析。许多研究表明，食用菌物种之间的融合子难以形成子实体。采用侧耳属 4 个种的单核营养缺陷型菌株进行 4 个组合的原生质体融合试验，发现‘糙皮侧耳 lqu-14A’ × ‘凤尾菇（*P. sajorcaju*）3 s-11A’‘肺形侧耳 4x-3A’ × ‘凤尾菇 3 s-11A’‘鸽形侧耳（*P. columbrinus*）4f-11A’ × ‘凤尾菇 3s-11A’等 3 个组合均不能形成子实体，仅有糙皮侧耳 lqu-14A × 鸽形侧耳 4f-11A 组合既可以进行普通的有性杂交，又可以进行原生质体融合。

种内不亲和的单核体交配形成的融合子不产生子实体，这一点在香菇、长根鬼伞（*Coprinus macrorhizus*）中均已得到证实。由于种内不亲和的核之间遗传差异小于可亲和的核之间的遗传差异，种间融合子在子实体形成上还存在诸多困难。种间融合子的两个亲本间存在生殖隔离，一方面需要有明确而稳定的遗传标记进行融合子鉴定，另一方面融合子稳定地形成子实体也相当困难。

（三）融合子难以产生所需的优良性状

酵母及小型丝状真菌的育种目标多为提高某种代谢物的产量，涉及的基因数目较少。食用菌育种目标通常是子实体高产优质，需要许多基因进入协调、互补、增效的状态，才有可能实现育种目标。因此，期望通过原生质体融合培育出优良品种存在着较大困难。

为了准确检出稳定可靠的异源融合子，必须有恰当的遗传标记。目前应用较多的遗传标记是采用人工诱变获得的，如营养缺陷型和抗药性突变。通过诱变获得所需的遗传标记，往往伴随产生其他有害性状，尤其是营养缺陷型突变。这些有害性状多由隐性基因所控制，这些隐性基因的出现扰乱了在长期进化过程中基因与基因、基因与环境之间的平衡，常带来一系列不良后果，如菌丝生长缓慢、生活力减弱、酶活性下降等。

因此，不应盲目开展食用菌种间及属间远缘融合育种试验，而应有计划有步骤地对某些急需研究的重大科学问题进行深入研究，如融合机制、融合后的核行为、融合子遗传稳定性等。此外，应努力开拓原生质体技术在食用菌其他领域的应用，使原生质体技术在食用菌科学研究中发挥更大的作用。

第三节　原生质体技术的应用

一、构建真菌生理生化实验系统

（一）细胞壁的生物合成

真菌细胞分裂与细胞壁合成均是十分重要的生长过程，但细胞壁合成机制尚不十分清楚。因此，可借助原生质体再生过程研究细胞壁发生部位、所需前体、合成机制及影响因素等。

利用裂褶菌原生质体研究碱不溶性细胞壁葡聚糖的合成过程，发现骨架性细胞壁成分几丁质及α-1,3 葡聚糖等是由原生质体直接合成的，但β-1,3 葡聚糖合成滞后，这可能是由相关合成酶延误所造成。在一些多糖合成的次序上，原生质体细胞壁合成也不同于正常的细胞壁形成。总之，细胞壁在一个裸露的原生质膜上再生的过程与在正常菌丝顶端细胞上生长存在许多不同之处。深入研究原生质体再生过程，有助于揭示细胞壁的合成过程。

（二）酶学研究

许多丝状真菌分泌各种酶至外部环境中，这对于真菌扩展生存空间和吸收养分十分重要。原生质体系统对于研究真菌胞外酶分泌具有重要作用，细胞壁对大分子蛋白质穿过细胞膜存在必然的影响。

在构巢曲霉（*Aspergillus nidulans*）原生质体中，呋喃果糖苷酶的合成可被诱导，90% 以上新合成的蛋白质被分泌出来，可见原生质体存在旺盛的分泌活动。对酿酒酵母胞内分泌系统的研究表明，分泌涉及一系列与蛋白质运输相关联的有序过程，在粗面内质网上合成的蛋白质经光面内质网和高尔基体转运至泡囊，再被转至原生质膜表面或其他位置。从丝状真菌细胞器分布及菌丝顶端构造来看，丝状真菌蛋白质分泌机制与酿酒酵母类似。

（三）次生代谢物合成

与次生代谢有关的生物合成研究需要给细胞提供相应的前体。在某些情况下，给完整的细胞提供前体非常困难。α-aminoadiphlcysteinylvaline 是青霉素的一种前体物质，不能被产黄青霉菌丝细胞吸收，但可以人工方式将该前体物质移入原生质体中，表明细胞壁妨碍了前体物质的吸收。

原生质体能进行次生代谢物的合成。采用麦角菌（*Clavieps purpurea*）生产生物碱是原生质体在生物合成研究中具有重要价值的一个实例。采用含 ^{14}C 的色氨酸、苯丙氨酸和亮氨酸等放射性氨基酸进行示踪，发现麦角菌原生质体能产生生物碱，但在不同的研究中主要的最终产物有所不同。Robbers 等（1979）报道主要的最终产物为田麦角碱（agroclavine）和野麦角碱（elymoclavine）等，Maier 等（1980）报道最终产物为麦角胺（ergotamine）和麦角毒素（ergotoxin）等，Keller 等（1980）报道最终产物为麦角胺和麦角半胱氨酸（ergocysteine）等。进一步研究表明，生物碱合成仅出现在含液泡的原生质体中，表明液泡可能是生物碱合成所需氨基酸存在的位置。

采用产黄青霉和顶头孢霉菌（*Cephalosporium acremonium*）原生质体生产β- 内酰胺（β-lactams）青霉素和头孢菌素 C（cephalosporin C），以及用黄曲霉（*A. flavus*）原生质体研究黄曲霉毒素（aflatoxin）合成，表明相应的真菌原生质体均能产生相应的次生代谢物。在青霉素和头孢菌素 C 生产中，原生质体产率与完整细胞相当。

二、原生质体单核化在食用菌育种中的应用

与单孢分离获得单核体的常规方法相比，采用原生质体技术获得单核体具有以下优点：

1. 原生质体单核化是通过营养菌丝释放原生质体，经过原生质体再生获得单核体菌丝，这是无性繁殖获得的单核体。单孢分离需要经历子实体形成、孢子形成、孢子分离和孢子萌发等过程，这是有性生殖获得的单核体。原生质体单核化可更为简便和快速地获得无性单核体或同核体。

2. 对于单孢分离而言，如果一个亲本双核体的交配型为 *AxBx*＋*AyBy*（亲本型），经过结实可得到 4 种不同的交配型，其中两种为亲本型（*AxBx*、*AyBy*），另外产生两种重组型（*AxBy*、*AyBx*）。通过减数分裂不仅产生两种新的交配型，而且同一种交配型的孢子单核体之间在菌落形态、菌丝生长速度、羧甲基纤维素酶活性和酯酶同工酶酶谱等性状上也存在较大差异。这种变异给亲本单核体选择带来了一定的困难，即使是与亲本交配型相同的担孢子，其的遗传特征也可能已有所不同。

原生质体单核化过程中并没有经过减数分裂，不产生新的遗传重组，能较好地保留亲本两个单核体原有的遗传物质，这对于食用菌品种改良具有重要意义。

3. 采用单孢分离时，常根据锁状联合有无区分单核体或双核体。由于非亲和性组合（*AxBx*＋*AxBy* 或 *AxBx*＋*AyBx*）形成的菌落也无锁状联合形成，容易被误认为是单孢菌落。而原生质体单核化所用的材料为双核体菌丝，其本身只有两种亲本交配型，通过锁状联合镜检可以准确地将单核体与双核体区别开来。

原生质体单核化技术在食用菌育种中具有特殊的用途。例如，侧耳属无孢菌株对于避免过敏反应颇有利用价值，但这类菌株通常品质性状不佳，且由于无孢品种子实体不产孢子，难以获得单核体菌株用于杂交育种。许多食用菌野生菌株拥有某些优良特性，例如抗杂能力强、对极端温度耐受力较强等，但某些野生菌株在人工栽培条件下不能形成子实体，原生质体单核化技术可以使人们能够从这些野生菌株菌丝中获得单核体育种材料。

在香菇、金针菇等食用菌杂交育种中，许多优良品种均是采用原生质体单核化技术获得杂交亲本单核体，再将其与其他单核体或异核体进行杂交而选育获得的。例如，以香菇品种‘L939’和‘L135’为亲本，采用原生质体单核化技术获得单核体，再进行单核体杂交获得高产、高抗、短柄的新菌株‘S605’，定名为‘申香 16 号’。该品种改良了‘L939’品种的菌柄偏长和品种‘L135’抗性差、产量不稳定的不足之处，具有转潮快、产量高、易管理和优质菇比例高等突出特点。

三、原生质体作为食用菌遗传转化受体

将外源基因或 DNA 片段导入一个细胞，使其发生永久性遗传变化的过程，称为基因转化（gene transformation）。将同一物种某一个基因从一个细胞导入另一个细胞，称为同源表达（homologous expression）；将一个物种的基因导入另一物种的细胞，称为异源表达（heterologous expression）。基因转化对回答分子遗传学某些重大问题具有重要作用，如启动子结构和功能、外源基因表达机制和条件等。将一个与优良性状有关的基因导入特定的细胞，并使之高效表达，将成为未来食用菌遗传改良的重要手段之一。

基因转化在具有细胞壁的完整细胞上无法进行，必须制备优质的充满活性的原生质体以利于外源遗传物质的吸纳。原生质体制备是食用菌基因转化过程中不可或缺的重要步骤。

食用菌基因转化起步较晚，20 世纪 80 年代中期在无隔担子菌中开始进行基因转化，且多以营养缺陷型为标记，转化对象仅限于裂褶菌、灰盖鬼伞等少数模式真菌。灰盖鬼伞邻氨基苯甲酸合成基因 *trp3* 的突变基因在另一种鬼伞（*C. bilanatus*）中成功地进行了异源转化。香菇 1 个 *ras* 启动子 *Lras*、2 个 *gpd* 启动子 *Lgpd1*

和 *Lgpd2*，分别与 *gus* 基因连接构建了表达载体，采用电激转化法导入草菇 V34 原生质体中，检测显示 3 个片段都具有启动 *gus* 基因表达的能力。

在采用 RNAi 或基因敲除技术进行基因功能验证时，原生质体是遗传转化的极佳材料。有人构建了脂肪酸脱氢酶 *D9desA* 的 RNAi 载体，并将其转入灵芝的原生质体中，检测它对灵芝次生代谢的影响。

（执笔：孟丽和陈明杰；本章由边银丙统稿，鲍大鹏审稿）

本章思考题

1. 锁状联合可以作为判别原生质体种间融合成功的标志吗？
2. 原生质体技术在食用菌研究中的应用有哪些？
3. 原生质体融合育种中几种遗传标记各有什么特点？
4. 如何鉴定原生质体融合子的真实性？
5. 食用菌原生质体融合育种存在哪些困难和问题？
6. 制备原生质体时得率较低的主要原因有哪些？
7. 食用菌原生质体制备和再生条件有哪些异同点？
8. 食用菌原生质体得率与再生率有什么关系？它们受哪些因素的影响？

数字课程网上资源

教学课件　　本章思考题参考答案

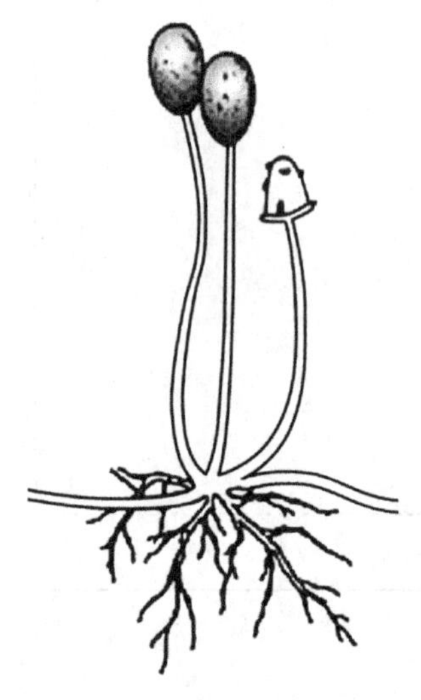

第十一章 基因工程育种

基因工程育种是指采用分子生物学技术和基因工程技术，将外源基因有目的有计划地插入、整合到受体的基因组中，使其在受体中得以表达和遗传，从而使受体获得新的性状，培育出新的优良品种的过程。传统的基因工程使基因在不同物种间实现转移，利用基因转移扩大作物遗传变异，已在作物育种中广泛应用，并培育出第一代、第二代转基因作物。

食用菌品质、产量、抗性等重要性状之间通常存在负相关关系，导致以表型选择为主的传统育种技术，难以实现优良性状多基因有效聚合。传统育种工作周期长、工作量大、定向性差，随着基因组学、生物信息学、分子生物学等学科迅速发展和技术进步，多学科深度交叉融合催生了分子育种技术。基因工程技术在食用菌新品种选育中逐步得到应用，已经应用 CRISPR-Cas9 基因编辑技术获得了双孢蘑菇抗褐化品种。食用菌的某些重要功能基因已经被克隆和研究，为开展基因工程育种奠定了基础。

第一节　分子生物学研究方法

一、概述

20 世纪兴起的分子生物学技术、基因工程技术、蛋白质工程技术、代谢工程技术等现代生物技术迅速渗透到食用菌各个学科，并被广泛应用于多个研究领域，展现出广阔的发展前景。

传统生物技术或生物工程学（biotechnology）应用历史虽可追溯久远，但现代生物技术诞生于 20 世纪 90 年代。生命科学领域微生物学、遗传学、生物化学、细胞生物学和分子生物学在理论和方法上的技术革命，以及计算机技术和信息技术在生命科学中的应用，形成了包括基因工程技术、细胞工程技术、酶工程技术、发酵工程技术和生物化学工程技术等在内的现代生物技术。

现代生物技术是 20 世纪人类科技最伟大的成就之一。食用菌育种技术同其他生命科学领域一样，面临从传统育种技术向基因工程育种技术的转变。应用基因工程技术进行食用菌新品种培育和改良具有十分广阔的前景。随着基因组测序技术及分子育种技术的发展，越来越多食用菌的基因组内部结构和遗传机制呈现在人们眼前，在分子水平上改良或干预食用菌的遗传特性也逐步成为现实。

20 世纪中叶分子生物学高速发展的主要原因是基因操作技术的进步。基因操作（gene manipulation）主要包括 DNA 分子切割与连接、核酸分子杂交、凝胶电泳、细胞转化、核酸序列分析、基因人工合成、基因定点突变和 PCR 扩增等。

基因工程（gene engineering）技术是将从某种生物体中分离的目的基因或 DNA 序列，通过体外重组技术构建重组 DNA 分子，并将其转移至受体细胞基因组中，使其独立地在受体细胞中复制表达，并通过无性或有性生殖过程将重组 DNA 遗传给后代，使之在新的遗传背景下实现功能表达。基因工程也可以称为 DNA 重组技术（recombinant DNA technique）、遗传工程（genetic engineering）、基因克隆（gene clone）或分子克隆（molecular clone）等。

二、DNA 基本操作技术

（一）核酸凝胶电泳

将某种分子置于特定的电场中，其会以一定的速度向适当的电极移动。某种物质在电场作用下的迁移速度，称为电泳速率（electrophoresis rate）。电泳速率与电场强度成正比，与该物质分子所携带的净电荷数成正比。核酸分子中磷酸基团呈离子化状态，实际上 DNA 和 RNA 呈多聚阴离子状态（polyanions）。将 DNA 或 RNA 置于电场中，其将会由负极向正极移动。因此，在一定的电场强度下，DNA 分子电泳速率取决于其本身的大小和构型。

琼脂糖是从海藻产物琼脂中提取出来的一种线性多糖聚合物，由 D-半乳糖和 3,6-脱水半乳糖通过 β-1,4 键和 α-1,3 键连接，形成交替重复的双糖单位。琼脂糖凝胶电泳常用于分离和鉴定核酸，用于构建 DNA 限制性内切核酸酶图谱等分子图谱。其设备简单，操作方便，样品需求量少，分辨能力强，已成为分子生物学研究中常用的实验方法之一。

琼脂糖或聚丙烯酰胺浓度影响凝胶分离的 DNA 片段大小（表 11-1）。溴化乙锭（ethidium bromide，EB）能插入 DNA 或 RNA 分子中相邻碱基之间，并在 300 nm 波长的紫外光下发出荧光。在琼脂糖或聚丙烯酰胺凝胶电泳中，加入溴化乙锭染料对核酸分子进行染色，然后在紫外光下观察，可快捷灵敏地检测出凝胶介质中 DNA 条带的位置。即使每条 DNA 条带中仅含有 0.05 μg 微量 DNA，也可以被检测出来。

表 11–1 不同凝胶及浓度下分离的 DNA 片段大小

凝胶类型及浓度	分离 DNA 片段大小范围 /bp
0.3% 琼脂糖	1 000 ~ 50 000
0.7% 琼脂糖	1 000 ~ 20 000
1.4% 琼脂糖	300 ~ 6 000
4% 聚丙烯酰胺	100 ~ 1 000
10% 聚丙烯酰胺	25 ~ 500
20% 聚丙烯酰胺	1 ~ 50

DNA 片段迁移率与碱基对数量成反比。通过比较未知片段与已知分子量的标准物（DNA marker）的迁移距离，便可测定未知片段的分子量大小。当 DNA 分子超过 20 kb 时，其电泳迁移率不再依赖于分子量大小，常规琼脂糖凝胶就难以将它们分开，而需要进行脉冲场凝胶电泳（pulsed-field gel electrophoresis，PFGE）。

（二）聚合酶链式反应

聚合酶链式反应（polymerase chain reaction，PCR）技术是 1983 年由美国科学家 Kary Mullis 提出的，简称 PCR 技术。PCR 技术是通过模拟生物体内 DNA 复制方式，在体外选择性地将 DNA 某个特殊区域进行扩增。PCR 技术可以应用于目的基因的直接克隆，或通过 RT–PCR 进行 cDNA 克隆，还可以制备 DNA 探针后用于分子检测。PCR 扩增反应包括 DNA 变性（denaturation）、退火（annealing）和延伸（elongation）3 个步骤。PCR 扩增反应需要准备微量的模板 DNA、与待扩增基因或 DNA 片段两端序列互补的一对寡核苷酸引物、dNTP、DNA 聚合酶及含有 Mg^{2+} 的缓冲液，在 PCR 仪中进行扩增反应。

当前核酸分子定量有 3 种方法，其中吸光光度计法基于核酸分子的吸光度来定量；实时荧光定量 PCR（quantitative real-time PCR，qRT–PCR）基于 *Ct* 值，*Ct* 值是指 PCR 反应时荧光信号达到设定阈值时所经历的循环数，多用于相对定量；数字 PCR（digital PCR，dPCR）是基于单分子 PCR 技术进行计数的核酸定量新技术，是一种绝对定量的方法。

数字 PCR 采用当前分析化学热门研究领域的微流控或微滴化方法，将稀释后的核酸溶液分散至芯片的微反应器或微滴中，每个反应器的核酸模板数少于或者等于 1 个，经过 PCR 循环之后，有 1 个核酸分子模板的反应器就会发出荧光信号，没有核酸分子模板的反应器就没有荧光信号（图 11–1）。根据相对比例和反应器的体积，就可以推算出原始溶液的核酸浓度。

（三）DNA 序列分析

双脱氧链终止法由 Sanger 等于 1977 年发明，是用一段寡聚核苷酸作为引物，与均一的单链 DNA 模板在相同位置上退火，在 DNA 聚合酶作用下合成准确的 DNA 互补链。在 DNA 互补链合成反应中，需要加入模板 DNA、单一引物（如 T7、T3、M13 等通用引物）、DNA 聚合酶、4 种脱氧核糖核苷酸（dATP、dTTP、dGTP、dCTP）及少量双脱氧核糖核苷酸（ddATP、ddTTP、ddGTP、ddCTP），每种双脱氧核糖核苷酸都标记了不同的荧光标记物。DNA 聚合酶不能区分脱氧核糖核苷酸和双脱氧核糖核苷酸，当双脱氧核糖核苷酸掺

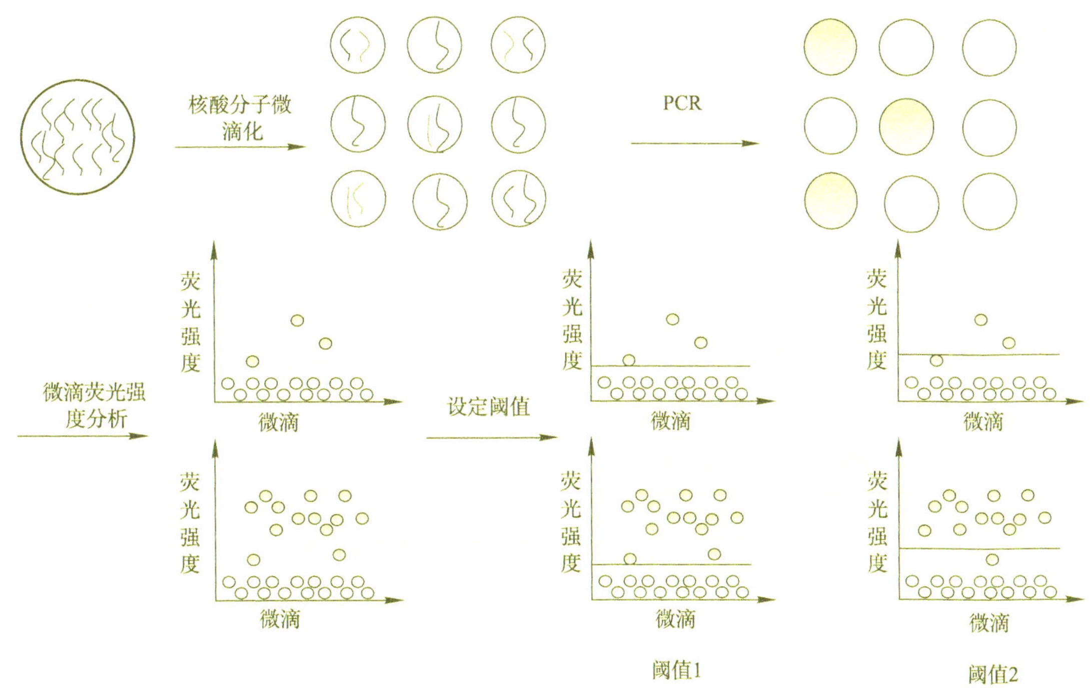

图 11-1 数字 PCR 原理示意图（Sofie，et al.，2018）

入新生寡核苷酸链的 3′ 端，由于双脱氧核糖核苷酸缺少与下一个核苷酸形成连接所需的 3′- 羟基，使其延伸反应终止。反应完成时，产生了一系列长度不同的 DNA 分子，每个分子末端都是 1 个荧光标记的双脱氧核糖核苷酸。将反应产物进行毛细管电泳，同时用荧光检测器检测电泳过程中从小到大依次通过的 DNA 分子，根据双脱氧核糖核苷酸标记的荧光就可读取 DNA 序列。

（四）基因定点诱变

使已克隆的基因或 DNA 片段中任何一个特定碱基发生替代、插入或缺失变化，称为基因定点诱变（site-directed mutagenesis）。基因定点诱变可以采用体外合成基因、PCR 定点诱变或重叠延伸技术等方法进行。

（五）核酸分子杂交

将经过凝胶电泳分离的 DNA 或 RNA 分子，按其在凝胶中的位置原封不动地"吸印"转移到滤膜上。常用的滤膜有尼龙膜、硝酸纤维素膜、叠氮苯氧甲基纤维素滤纸（DBM）和二乙氨基乙基纤维素滤膜（DEAE）。将核酸样品转移到滤膜等固体支持物上的过程，称为印迹（blotting）。再将此滤膜与带有放射性标记或其他标记的 DNA 或 RNA 探针进行杂交，称为核酸杂交（nucleic acid hybridization）。

（六）基于 DNA 与蛋白质互作的核酸检测

基于 DNA 与蛋白质互作的核酸检测技术包括凝胶滞缓实验（gel retardation assay）和 DNase Ⅰ 足迹分析（DNase Ⅰ foot printing assay），前者又称为 DNA 迁移率变化试验（DNA mobility shift assay，EMSA）。

采用 ^{32}P 标记 DNA 双链末端，并用限制性内切酶切去一端；加入细胞特定周期的蛋白质提取物，温育；加入适量 DNase Ⅰ 或硫酸二甲酯 - 六氢吡啶，使 DNA 链发生断裂。通过控制 DNase Ⅰ 或硫酸二甲酯 - 六氢吡啶用量，保证每一条 DNA 链只发生一次磷酸二酯断裂；沉淀 DNA 及与之相结合的蛋白质，最后进行 DNA 凝胶电泳分析（图 11-2）。如果某个蛋白质已经与 DNA 的特定区段相结合，那么它会保护该区段 DNA

免被消化或降解。在电泳凝胶的放射自显影图片上，对应于与蛋白质结合的部位不产生放射性标记的条带，而是出现一个空白的区域，称之为足迹（foot printing），这就是电泳迁移率变动分析（electrophoretic mobility shift assay，EMSA）的原理。

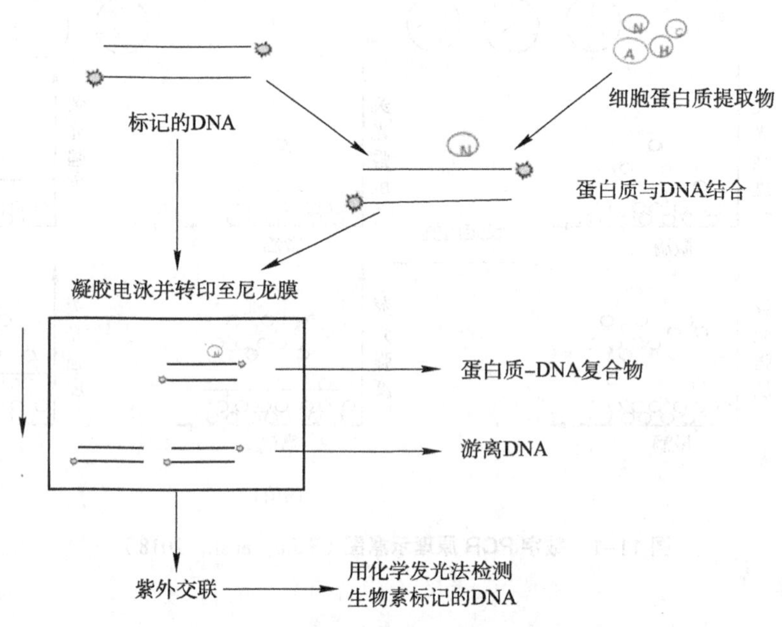

图 11-2 DNA 迁移率变动分析原理示意图

（七）基因组 DNA 文库

高等真菌基因组中不仅具有基因编码序列、表达调控序列和内含子序列，还有非编码序列、间隔序列、重复序列和假基因序列。从众多的序列中分离有效的目的基因，通常需要先构建基因组 DNA 文库，进行 PCR 扩增或反转录，然后进行基因分离。

真菌基因组 DNA 文库构建是指将真菌基因组所有的 DNA 信息（包括所有的编码区和非编码区）先切割成 DNA 片段，再贮存在某种载体中，形成克隆群体（图 11-3）。基因组 DNA 文库常被用于分离特定的基因片段，分析特定的基因结构，研究基因表达调控，还可以用于全基因组物理图谱构建及序列测定。

在构建基因组 DNA 文库时，首先是制备大小合适的随机 DNA 片段，在体外将这些 DNA 片段与载体相连成为重组子。将重组子转化到大肠杆菌或其他受体细胞中，再从转化子克隆群体中筛选出含有目的基因的克隆。基因组文库中全部克隆所携带的 DNA 片段必须尽可能覆盖整个基因组。

λ 噬菌体是构建基因组 DNA 文库最常用的载体，能连接 15～20 kb 的 DNA 克隆片段。经体外包装后，用重组噬菌体感染大肠杆菌受体细胞，产生噬菌斑，组成包含该真菌基因组绝大部分序列的 DNA 文库，称为 λ 噬菌体文库。λ 噬菌体文库构建方法简单高效，易于采用分子杂交法进行筛选，被广泛应用于基因组较小的真菌等物种的研究。

除了 λ 噬菌体之外，柯斯质粒、细菌人工染色体（BAC）、P1 源人工染色体（PAC）、酵母人工染色体（YAC）等其他高容量的克隆载体，都可用于基因组 DNA 文库构建。

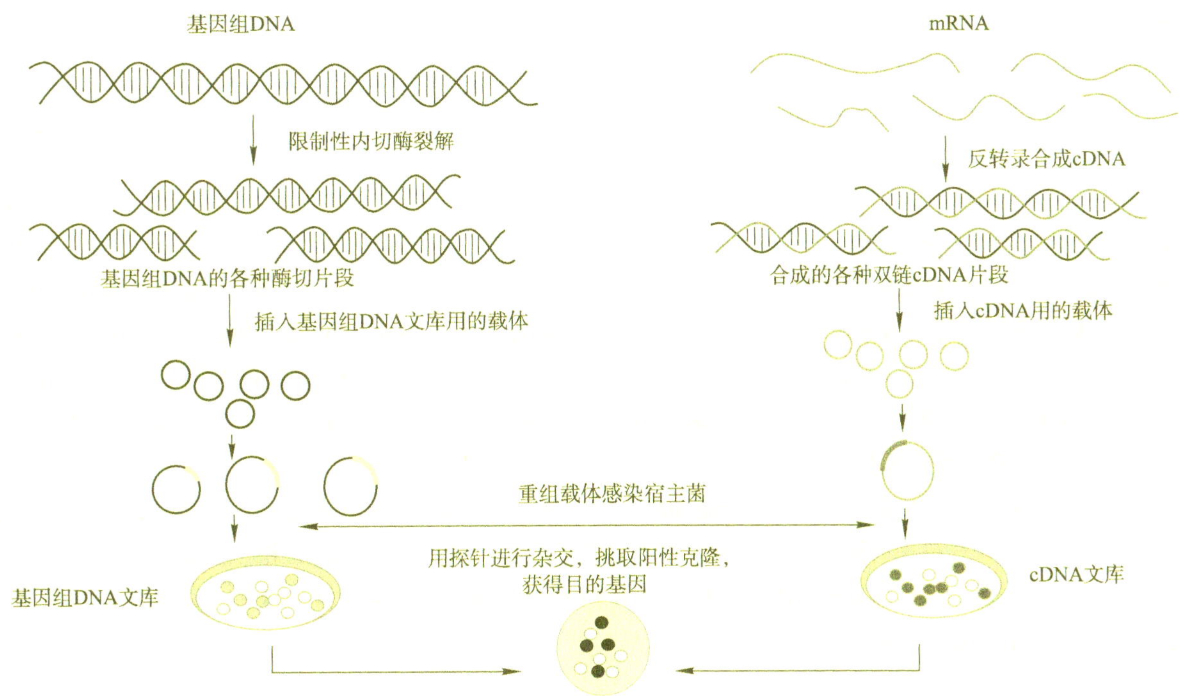

图 11-3 基因组 DNA 文库和 cDNA 文库的构建和筛选

三、RNA 基本操作技术

真菌基因组较大，且含有大量重复序列，无论是电泳分离技术还是杂交方法，都难以直接分离到目的基因片段。而 cDNA 片段则反转录自 mRNA，不含冗余序列。通过特异性探针筛选 cDNA 文库，可以较快地分离到编码基因。RNA 分子敏感脆弱，在自然状态下难以被扩增。研究 mRNA 所包含的功能基因信息时，一般将 RNA 反转录成稳定的 cDNA（complementary DNA），再插入可自我复制的载体中。高质量的 cDNA 文库代表了生物体特定生长发育时期、处理后特定时间点或者特定组织 mRNA 中所含的全部或绝大部分遗传信息。

（一）总 RNA 提取

细胞中总 RNA 包括 mRNA、rRNA、tRNA 及某些小 RNA（sRNA），其中 mRNA 占总 RNA 的 1%～5%。mRNA 呈单链状，容易被核糖核酸酶降解，相关操作要求十分严格，必须保证所用器皿及试剂均没有被核糖核酸酶污染。

总 RNA 抽提方法较多，常用异硫氰酸胍－苯酚（Trizol）抽提法。将 RNA 样品通过一个硅胶膜纯化柱，使 RNA 吸附在硅胶膜上。再在低盐浓度下从硅胶膜上直接洗脱 RNA，得到纯度较高的 RNA，通过琼脂糖凝胶电泳可以检测 RNA 质量，再用甲醛等将 RNA 变性后进行电泳。若 rRNA 大小完整，且 28S rRNA 和 18S rRNA 亮度接近 2∶1，mRNA 分布均匀，则表明 RNA 质量较好。

（二）mRNA 纯化

真核细胞 mRNA 分子最显著的结构特征是具有 5′ 端帽子结构和 3′ 端的 poly（A）尾。这种 poly（A）尾结构为 mRNA 分离提取提供了选择性标志，实验中常用 Oligo（dT）－纤维素层析法获得高纯度 mRNA。在高盐缓冲液的作用下，当 RNA 流经 Oligo（dT）－纤维素柱时，由于 mRNA 3′ 端含有 poly（A）尾，mRNA

先被特异性地结合在柱上，再用低盐溶液或蒸馏水洗脱 mRNA。经过两次 Oligo（dT）- 纤维素柱后，可得到较高纯度的 mRNA。

（三）cDNA 合成

cDNA 合成包括第一链和第二链 cDNA 的合成，cDNA 文库构建以合成双链 cDNA 为前提。第一链 cDNA 合成以 mRNA 为模板，常以 Oligo（dT）或随机寡核苷酸为引物，通过 RNA 依赖的 DNA 聚合酶（也称反转录酶）合成。不同的反转录引物获得的反转录产物各有不同，以 Oligo（dT）为引物时，受 mRNA 质量及反转录酶 DNA 合成效率等因素影响，多数 cDNA 第一链缺少对应于 mRNA 的 5′ 端序列；以随机寡核苷酸为引物时，虽然可以获得与 mRNA 的 5′ 端序列对应的 cDNA 第一链，但不同基因的 mRNA 大小和组成不同，引发效率不尽相同。合成的 cDNA 第一链通常以 cDNA–mRNA 杂合体形式存在，第一链合成产物即可用于 RT–PCR，分析目的基因表达水平。

构建 cDNA 文库时，以第一链为模板合成 cDNA 第二链，产生双链 cDNA 是必要的步骤。以第一链合成产物 cDNA–mRNA 杂合体作为模板，在核糖核酸酶 H 的作用下，在杂合体 mRNA 链上造成缺刻或空隙，形成一系列 RNA 引物，再由 DNA 聚合酶 I 利用这些 RNA 引物合成 cDNA 第二链，这种方法也被称为置换合成法（replacement synthesis method）。

（四）cDNA 文库构建

cDNA 文库（complementary DNA library）是包含特定条件下某一组织或细胞所表达的全部 mRNA 经反转录合成的 cDNA 序列的克隆群体，它以 cDNA 片段的形式贮存该组织或细胞基因表达的信息。分别将各个 cDNA 片段插入载体，形成重组子，再导入宿主细胞克隆扩增。

cDNA 文库筛选是指通过某种特殊方法，从文库中鉴定出含有所需的重组 DNA 分子的特定克隆。常用的筛选方法包括核酸杂交法、PCR 筛选法和免疫筛选法。其中核酸杂交法具有广泛的适用性，PCR 筛选法使用的前提是事先获得基因的特异性引物，而免疫筛选法适用于表达文库的筛选。

第二节 基因工程原理与技术

跨越天然物种屏障，将来自任何生物的基因置入毫无亲缘关系的新受体生物细胞之中，是基因工程技术区别于其他育种技术的根本特征。

基因工程操作步骤包括：首先，分离获取目的基因；其次，在体外将目的基因与合适的载体连接，形成重组 DNA 分子；再次，通过遗传转化或感染试验，将重组 DNA 引入受体细胞（也称宿主细胞），并与之一起增殖；最后，从大量受体细胞中筛选出带有重组 DNA 的细胞，进一步分析研究，或实现功能表达，生产目标产品。

酵母和丝状真菌可以通过发酵方式生产各种食品、药物和酶蛋白产品，既包括氨基酸、核苷酸、糖类等初级代谢产物（primary metabolite），也包括抗生素、生物碱、生长因子等次级代谢产物（secondary metabolite）。这些发酵产品均可以通过基因工程手段，将外源目的基因导入酵母或丝状真菌中，通过菌体发酵或子实体培育进行规模化生产。

利用基因工程技术既可以大量生产多肽或代谢产物，用于医药、食品等工业生产中，也可以定向改造基因结构，生产品质优良的农产品，提高经济价值，还可以用于真菌基础科学研究。

一、基因克隆技术

基因克隆涉及一系列分子生物学技术，如目的 DNA 片段获得、载体选择、各种工具酶选用、体外重组、DNA 片段导入宿主细胞和重组子筛选等。

（一）目的 DNA 片段获得

基因克隆第一步是获得包含目的基因在内的 DNA 片段，这些 DNA 片段或来自目的生物基因组 DNA，或来自目的细胞 mRNA 反转录合成的双链 cDNA。由于基因组 DNA 较大，需要将其剪切成适宜克隆的 DNA 小片段，常用方法包括机械切割和限制性核酸内切酶消化。若基因序列已知，且序列片段比较小，可采用人工化学合成。如果基因的两端部分序列已知，则可根据已知序列设计引物，采用 PCR 技术从基因组 DNA 或 cDNA 中扩增，获得目的基因。

（二）目的基因的克隆

基因表达载体构建是将目的基因与载体结合，是基因工程的核心。将目的基因与载体结合的过程，实际上是不同来源 DNA 重新组合的过程。在基因工程操作中，形成重组 DNA 分子涉及 DNA 分子切割和重新连接两个步骤。酶切连接是基因克隆的经典方法，这一过程依赖两类酶的作用，即限制性核酸内切酶和 DNA 连接酶。为了实现有效的酶切、连接等重组操作，还需对 DNA 分子进行各种必要的修饰处理。

采用酶切连接法构建基因表达载体时，首先使用特定的限制性核酸内切酶切割质粒，使质粒出现一个缺口，露出黏性末端；然后用同一种限制性核酸内切酶切割目的基因，使其产生相同的黏性末端；部分限制性核酸内切酶可切割出平末端，具有类似的效果。将切下的目的基因片段插入质粒的切口处，由于碱基互补配对而使两个黏性末端吻合在一起，碱基之间形成氢键。再加入适量 DNA 连接酶，催化两条 DNA 链之间形成磷酸二酯键，从而将相邻的 DNA 连接起来，形成一个重组 DNA 分子。

1. 限制性核酸内切酶及其作用　限制性核酸内切酶（restriction endonuclease）扮演着剪刀一样的角色，可以剪切核酸分子，获得所需要的序列片段。根据水解底物的不同，可以将核酸酶分为特异性水解断裂 RNA 链的核糖核酸酶（RNase）以及专门水解断裂 DNA 链的脱氧核糖核酸酶（DNase）。按照核酸酶水解核酸分子的位置不同，又可将其分为外切核酸酶（exonuclease）和内切核酸酶（endonuclease），前者是从核酸分子末端开始逐个消化降解多核苷酸链，后者是从核酸分子内部切割磷酸二酯键，使核酸链断裂成更小的片段。

限制性内切核酸酶主要有 3 种类型，其中Ⅰ型和Ⅲ型酶在基因工程研究中应用价值较小。Ⅱ型限制性内切核酸酶切割点识别的特异性强，识别序列和切割序列一致，广泛应用于基因工程操作中。通常Ⅱ型酶能够识别 4～8 个核苷酸的特定序列，这些序列是限制性内切核酸酶的识别序列，同时也是这些酶的切割位点或称靶序列。限制性内切核酸酶所识别的序列呈回文序列（palindromic sequence），其特征是在识别序列中可以找出一条对称轴，轴两侧序列是两两对称互补配对的，而且两条互补链 5′→3′ 的序列相同，将一条链旋转 180° 后可与另一条链重叠。

例如 *Hind*Ⅲ和 *Bam*HⅠ的识别位点分别为 5′-AAGCTT-3′ 与 5′-GGATTCC-3′，它们正向阅读和反向阅读的顺序是一样的，切割后形成黏性末端或平末端。对 DNA 样品进行单一的限制性内切核酸酶切割，通过切割可获得具有特定切点末端的小片段 DNA 链。在基因工程研究中，常使用两种或两种以上的限制性内切核酸酶切割 DNA 样品，以获得目的片段。如果使用同样两种酶切割另一个 DNA 分子（如载体 DNA），也可形成一个新的重组 DNA 分子。

有时限制性内切核酸酶的反应条件并不相同，需要分步进行酶切。一般先进行低温酶切，再进行高温酶切，即仅需要先加入较低温度的酶，在它所需要的温度下酶切 1～2 h，再使用另一种酶在它所需的较高温度下继续酶切。若限制性内切核酸酶需要不同的盐浓度，则首先采用低盐浓度的限制性内切核酸酶切割，随后调节盐浓度，再用高盐浓度的限制性内切核酸酶切割。

2. DNA 连接酶及其作用 DNA 连接酶（DNA ligase）具有修复单链和双链的能力，催化 DNA 分子连接，使 DNA 相邻核苷酸的 3′-OH 和 5′- 磷酸形成共价的磷酸二酯键，能使原先断裂的 DNA 连接起来。目前已发现多种不同来源或作用于不同底物的连接酶类，主要包括大肠杆菌 DNA 连接酶、T4 DNA 连接酶、热稳定 DNA 连接酶和 T4 RNA 连接酶。

体外进行 DNA 片段连接的方法分为四大类。第一类是黏性末端 DNA 片段的连接，即采用 DNA 连接酶连接具有互补黏性末端的 DNA 片段；第二类是平末端 DNA 片段的直接连接，即采用 T4 DNA 连接酶直接将平末端的 DNA 片段连接起来；第三类是多聚脱氧核苷酸接尾连接，即先采用末端脱氧核苷酸转移酶，给平末端 DNA 片段加上多聚脱氧核苷酸尾之后，再使用 DNA 连接酶将它们连接起来；第四类是接头连接，即先在平末端 DNA 片段末端加上化学合成的接头（linker），使之形成黏性末端，再用 DNA 连接酶将各黏性末端 DNA 片段连接起来。

3. Gateway 技术 Gateway 是基于 λ 噬菌体位点特异重组系统（attB × attP → attL × attR）的一种大规模克隆技术，该技术需时短、操作简单，易于实验室之间交流。Gateway 技术由 BP 和 LR 两个反应构成。BP 反应是利用一个 attB DNA 片段或表达克隆与另一个 attP 供体载体之间的重组反应，创建一个入门克隆。LR 反应是一个 attL 入门克隆与一个 attR 目的载体之间的重组反应，它被用来在平行的反应中转移目的序列至一个或多个目的载体。通过简单高效的 BP 和 LR 反应，目的基因被克隆进入门载体后，可以同时转移目的基因到多个目的载体上，实现将 PCR 产物定向转入克隆质粒和表达质粒，以及将 PCR 产物在各种质粒间进行平行转移。

4. 基因工程载体 携带外源目的基因或 DNA 片段进入宿主细胞的工具，称为载体（vector）。载体在本质上主要是 DNA 分子，少数为 RNA 分子。

基因工程载体具有以下特性：①能在宿主细胞中自我复制；②容易从宿主细胞中分离纯化出来；③载体 DNA 分子中存在不影响它们扩增的非必需区域，插入其中的外源基因可以像载体正常组分一样复制和扩增；④必须有限制性酶切的克隆位点，以便于目的基因组装；⑤能赋予细胞特殊的遗传标记，以便对导入的重组体进行鉴定和检测；⑥用于表达目的基因的载体还应具有强启动子、增强子、SD 序列和终止子等。

常用的真菌基因工程载体有质粒载体（plasmid），噬菌体载体（phage），柯斯质粒载体（cosimid），单链 DNA 噬菌体载体（ssDNA phage），噬菌粒载体（phagemid）及酵母人工染色体（YAC）等。根据使用载体的目的不同，又可以将载体分为克隆载体、表达载体、测序载体和穿梭载体等。

（三）目的基因导入受体细胞

目的基因片段与载体在生物体外连接形成重组 DNA 分子后，下一步是将重组 DNA 分子导入受体细胞中进行扩增。在基因工程中常用的受体细胞有大肠杆菌、土壤农杆菌、酵母和其他动植物细胞等。目的基因在导入受体细胞后，可以随着受体细胞的繁殖而复制，在较短的时间内能获得大量的目的基因。

在载体 DNA 分子上，具有能被原核宿主细胞识别的复制起始位点，因此可在原核细胞如大肠杆菌中复制。重组载体中目的基因随同载体一起被扩增，最终获得大量相同的重组 DNA 分子。

将外源重组 DNA 分子导入原核宿主细胞的方法包括转化（transformation），转染（transfection）和转导（transduction）3 种。使用转化技术可以将重组质粒导入宿主细胞中，重组噬菌体 DNA 也可通过转染技术导入宿主细胞中。由于转染效率不高，将重组噬菌体 DNA 或柯斯质粒体外包装成有侵染性的噬菌体颗粒。借助这些噬菌体颗粒，将重组 DNA 分子导入宿主细胞，这种转导技术的导入效率明显高于转染技术。

在获得的转化子中鉴定出含有目的基因的转化子，这个过程就是重组子筛选。含有目的基因的转化子就是阳性克隆。成熟的重组子筛选方法主要包括如下 4 种。

1. 插入失活法 外源 DNA 片段插入位于筛选标记基因（如抗生素基因或β-半乳糖苷酶基因）的多克隆位点后，会造成标记基因失活，表现出转化子相应的性状变化，如抗生素抗性消失或转化子颜色改变。通过观察这些性状，可以初步鉴定出转化子是重组子还是非重组子。常用的有β-半乳糖苷酶显色法，即蓝白筛选法，其中白色菌落是重组质粒。

2. PCR 筛选和限制性内切核酸酶酶切法 提取转化子中重组 DNA 作为 PCR 扩增模板，根据已知目的基因两端序列设计特异引物，通过 PCR 技术筛选阳性克隆。对 PCR 法筛选出来的阳性克隆，再用限制性内切核酸酶酶切法鉴定插入片段的大小。

3. 核酸杂交法 制备目的基因特异的核酸探针，通过核酸杂交，从众多的转化子中筛选目的克隆。目的基因特异的核酸探针可以是已获得的部分目的基因片段，或依据目的基因表达蛋白的部分序列推测的一群寡聚核苷酸，或者是其他物种的同源基因。

4. 免疫学筛选法 先获得目的基因表达的蛋白抗体，即可采用免疫学筛选法获得目的基因克隆。这些抗体既可以是从生物体自身纯化出的目的基因表达蛋白抗体，也可以是从目的基因部分开放阅读框（ORF）片段克隆至表达载体中获得的表达蛋白的抗体。

无论是哪一种方法获得的阳性克隆，最后都需要进行测序分析，以最终确定目的基因。

（四）目的基因表达与检测

目的基因在导入受体细胞后，只有通过检测与鉴定才能知道其是否可以稳定维持和表达其遗传特性。受体细胞中真正能够摄入重组 DNA 分子的细胞是极少数，必须通过一定的技术手段，对受体细胞中导入了目的基因的细胞进行检测筛选。抗药性标记筛选是常用的检测方法。例如，大肠杆菌的某种质粒具有青霉素抗性基因，当这种质粒与外源 DNA 组合在一起形成重组质粒，并被转入受体细胞后，可根据受体细胞是否具有青霉素抗性，判断受体细胞是否获得了目的基因。重组 DNA 分子进入受体细胞后，受体细胞必须表现出特定的性状，才能表明目的基因完成了表达过程。

二、基因工程表达系统

（一）酵母基因工程表达系统

酵母基因工程表达系统包括表达宿主酵母细胞、酵母表达载体及酵母细胞转化体系等 3 个方面。

宿主酵母细胞必须满足以下基本要求：第一，安全无毒，没有致病性；第二，遗传背景清晰，容易进行遗传操作；第三，外源 DNA 容易导入宿主细胞，转化效率高；第四，培养条件简单，容易进行高密度发酵；第五，蛋白质分泌能力较强；第六，具有蛋白质翻译后的修饰加工能力。

在各类酵母中，酿酒酵母最早成为基因表达系统的宿主，现已广泛用于表达各种外源基因。采用酿酒酵母作为宿主表达的乙肝疫苗、人胰岛素和人粒细胞集落刺激因子等基因工程产品，均已正式上市。

人们已在其他许多酵母菌中发展出多个性能优良的表达系统，它们各有特点，在外源基因表达的实际应用中取得了较好的效果。近年来，巴斯德毕赤酵母（*Pichia pastoris*）应用最为广泛，被认为是最具有发展前景的异源蛋白生产工具之一。毕赤酵母表达系统发酵密度较高，分泌蛋白质能力强，糖基化修饰功能更接近其他高等真核生物，弥补了酿酒酵母的不足。

常见转化酵母的方法包括电击转化法、PEG 法和 Li^+ 盐转化法等，其中电击转化法效率较高。PEG 法和

Li^+ 盐转化法操作简单，但转化效率较低。在进行酵母转化时，主要采用电击转化法和 Li^+ 盐转化法，其中电击转化效率明显高于 Li^+ 盐转化法。

（二）丝状真菌基因工程表达系统

曲霉属（*Aspergillus*）、青霉属（*Penicillium*）、木霉属（*Trichoderma*）、镰孢属（*Fusarium*）等属于高等丝状真菌，根霉属（*Rhizopus*）、毛霉属（*Mucor*）等属于低等丝状真菌。

许多丝状真菌能够用于生产重要的工业酶制剂、药品和食品，如分泌淀粉酶的曲霉菌、高产纤维素酶的木霉菌、合成β-内酰胺类抗生素的青霉菌和头孢霉菌（*Cephalosporium*），以及发酵豆豉的根霉菌等。

在各种真核生物受体系统中，丝状真菌某些种属具有明显的优势。如能表达分泌大量的蛋白质，能生产多种产品，发酵过程成本低廉，可操作性强等。DNA 重组技术与传统诱变技术相结合，在丝状真菌生产菌株改良中取得了显著进展。

1. 丝状真菌转化的选择性标记　丝状真菌转化载体的选择性标记以 *argG* 和 *pyrG* 最为常见，*argG* 编码精氨酸生物合成途径中乙酰谷氨酸激酶，来源于构巢曲霉的 *argB* 基因几乎可在所有曲霉属、脉孢霉属和木霉属真菌中表达。*pyrG* 基因编码尿嘧啶生物合成途径中的乳清酸核苷 -5′- 单磷酸脱羧酶，来源于粗糙脉孢霉的 *pyrG* 则可在曲霉属和青霉属真菌中表达。除上述天然标记基因外，还可以将大肠杆菌 *lacZ* 基因与构巢曲霉 *trpC* 编码序列重组在一起，构成 *lacZ-trpC* 融合基因，将之作为筛选标记，插入载体质粒中。将含有这种融合基因的曲霉属真菌转至色氨酸缺陷培养基上进行筛选，也可在 X-gal 平板上通过蓝色反应进行筛选。这种颜色筛选系统同样适用于木霉属真菌和黄孢原毛平革菌。

在 *pyrG* 营养缺陷型筛选的基础上进行改进，发现了一种反筛选药物 5- 氟乳清酸（5-FOA），它几乎对所有生物体都有毒性，是乳清酸的结构类似物，可代替乳清酸进入嘧啶合成通路。在乳清酸核苷 -5′- 单磷酸脱羧酶、胸苷酸合成酶等一系列酶作用下，5-FOA 产生对细胞有毒的物质，导致细胞死亡。因此在含尿嘧啶的培养基中，加入 5-FOA 可用于尿嘧啶营养缺陷型突变体的反向筛选，筛选效率大大提高，且回复突变率降低。

2. 丝状真菌基因工程的载体系统　丝状真菌基因工程中广泛使用的载体系统包括整合型质粒和自主复制型质粒两大类。前者转化各种丝状真菌受体均能获得稳定的转化子，但绝大多数供体 DNA 片段均整合在丝状真菌染色体 DNA 同源位点的外侧，这与酵母完全不同。自主复制型质粒在丝状真菌中稳定性较差，仅在少数受体系统中转化成功，主要原因是丝状真菌呈现多核生长状态，强烈抑制了该类质粒在子代细胞中的拷贝数及其分配。

大多数丝状真菌不含可作为载体构建骨架的天然质粒，构建克隆载体所需的复制元件只能来自染色体 DNA。酵母染色体 DNA 上自主复制序列（ARS）在丝状真菌细胞中并无活性，需要在丝状真菌中寻找 ARS 序列。

小香菇属真菌含有一种线粒体型的线状质粒 pLLEl（11 kb），质粒上一个 1 434 bp 的 DNA 片段在酵母中显示出较高的 ARS 活性。将 pUC19 载体中含有鬼伞属（*Coprinopsis*）真菌 *TRP1* 基因的 DNA 片段插入整合型载体 pCc1001 中，并用获得的重组质粒转化鬼伞属真菌 *trp1* 突变株，可使转化效率提高数倍。此外，脉孢霉属 *ga-2* 基因、*am* 基因也可以提高质粒的转化效率。

3. 丝状真菌基因转化的方法　可采用多种方法进行丝状真菌基因转化，包括原生质体转化、农杆菌介导转化、电击转化以及基因枪转化等。迄今为止，已经在 100 多个丝状真菌物种中建立了相应的转化系统。

（1）丝状真菌的原生质体转化　早在基因工程技术问世之初，丝状真菌粗糙脉孢菌原生质体 DNA 转化程序就已经建立。与酵母相似，通常丝状真菌原生质体由芽生的单核化分生孢子或幼嫩菌丝体制备。担子菌原生质体则多采用担孢子、双染色质菌丝体或粉孢子进行制备。一般丝状真菌原生质体转化的条件为原生质

体浓度 $10^7 \sim 10^8$ 个/mL，转化体系含 10~50 mmol/L 的 $CaCl_2$、0.4 g/mL PEG4000 或 PEG6000、10 g/L 二甲基亚砜、0.05~0.1 g/L 肝素和 1 mmol/L 亚精胺，待转化的 DNA 浓度通常为 300 ng/μL。

（2）丝状真菌的农杆菌介导转化　由农杆菌直接介导丝状真菌分生孢子的非原生质体转化，其转化效率较经典原生质体转化高达数百倍乃至上千倍，且适用范围广。包括糙皮侧耳、双孢蘑菇等在内，在许多模式真菌、动植物病原真菌、食用菌和药用菌中，农杆菌介导的基因转化均获得成功，已成为丝状真菌主流的转化技术。

农杆菌介导丝状真菌转化是将目的基因片段插入一个二元载体质粒的 T-DNA 上，处于 T-DNA 左边界（LB）和右边界（RB）各 24 bp 正向重复序列之间。该质粒含有用于筛选农杆菌阳性克隆的卡那霉素抗性标记，以及用于筛选丝状真菌阳性转化子的潮霉素抗性标记——潮霉素磷酸转移酶基因 *hygB*。目的基因、绿色荧光蛋白等报告基因以及 *hygB* 等筛选标记基因都位于 T-DNA 的 LB 与 RB 之间。T-DNA 以随机形式插入基因组 DNA 中，可以构建 T-DNA 插入突变体库。

4. 丝状真菌转化效率问题　丝状真菌的基因转化效率受制于 DNA 同源重组的低频率（通常仅 0~30%）。在丝状真菌中，实现同源重组至少需要数百乃至数千对碱基的同源区，而酿酒酵母仅需要 30~50 bp。丝状真菌极低的同源重组率不仅呈现显著的物种依赖性，还取决于重组位点处染色质的转录状态。整合型载体转化成功不仅意味着外源 DNA 分子能进入受体细胞，还包括外源 DNA 分子能顺利接触并整合到受体丝状真菌的基因组上。因此，提高外源 DNA 与丝状真菌染色体 DNA 之间的同源重组频率，可以提高转化效率。

克服丝状真菌同源重组频率低下的策略之一是使用非同源末端连接（NHEJ）途径缺陷型的菌株。真核生物 DNA 片段整合进入基因组是基于 DNA 双链断裂修复机制，而同源重组和非同源末端连接则是真核生物高度保守的两条主要的 DNA 修复途径。同源重组涉及 DNA 同源序列之间的相互作用，属于靶向性整合；与之相反，非同源末端连接介导非同源型 DNA 链断口之间的连接，属于随机性整合。删除丝状真菌中非同源末端连接途径组分能强烈抑制 DNA 随机插入，从而间接提高同源重组介导的序列特异性整合效率。

5. 丝状真菌的表达分泌系统　丝状真菌基因结构、表达调控机制及蛋白质加工与分泌都具有真核生物典型的特征。但在密码子选用上，丝状真菌似乎又倾向于原核生物细菌。极少数大肠杆菌蛋白质编码序列可在丝状真菌受体细胞中高效表达。

原核生物蛋白质编码基因不含内含子，从而限制了它们在丝状真菌中的翻译。丝状真菌生产内源性蛋白质的能力显著优于其他生物，但异源蛋白表达则略为逊色。即使使用丝状真菌基因表达调控元件如启动子和终止子，非真菌来源的异源蛋白表达水平也远低于大肠杆菌和酵母系统，表明丝状真菌转录后尤其是翻译后修饰机制具有其自身的特殊性，包括蛋白质转位、糖基化、折叠、运输、加工、分泌和降解等。

三、蛋白质工程

（一）蛋白质工程的基本原理

蛋白质工程（protein engineering）是第二代基因工程。蛋白质工程是在 DNA 分子水平上位点专一性地改变结构基因编码的氨基酸序列，使之表达出较天然蛋白质性能更为优异的突变蛋白（mutein，也称蛋白变体）；或通过基因编码区的融合操作，合成兼有多种天然蛋白质性质的杂合蛋白；或采用体外分子进化技术建立蛋白突变体文库；或借助基因化学合成技术设计制造自然界不存在的全新工程蛋白。这种通过人工突变基因达到操纵蛋白质结构和性质的过程，称为蛋白质工程。

蛋白质工程与重组 DNA 技术、DNA 诱变筛选技术、蛋白质侧链修饰技术等具有本质的区别。重组 DNA 技术所使用的目的基因均是天然存在的，在目的蛋白的编码区中未做任何改动，因而表达产物仍为天然蛋白质。诱变筛选技术能创造一个突变基因，并产生相应的突变蛋白，这种诱变方式是随机的，一般在细胞、孢子或生物个体水平上进行，导致目的基因定点发生改变的频率极低。在多肽链水平上进行化学修饰也能在一定程度上改变天然蛋白质的结构和性质，但其工艺十分繁杂，且由于基因未发生突变，所修饰的蛋白质不能再生。蛋白质工程是在基因水平上特异性地定制一个非天然的优良工程蛋白或变体。

（二）蛋白质工程设计的基本流程

蛋白质工程设计的基本流程包括4个步骤：首先，克隆一个酶或功能蛋白的编码基因，测定核苷酸序列；其次，演绎出相应的氨基酸序列，确定蛋白质生物学性质，建立蛋白质三维空间结构，设计工程蛋白的分子蓝图；再次，借助DNA定点突变技术更换密码子，分析突变蛋白的生物学特性和化学特性，确立蛋白质序列、结构与功能三者之间的对应关系；最后，将此对应关系反馈至DNA定点突变，并进行新一轮操作，直至构建出所期望的工程蛋白（图11-4）。在上述流程中，工程蛋白分子设计需要生物学、化学和物理学等多种学科知识的综合运用。

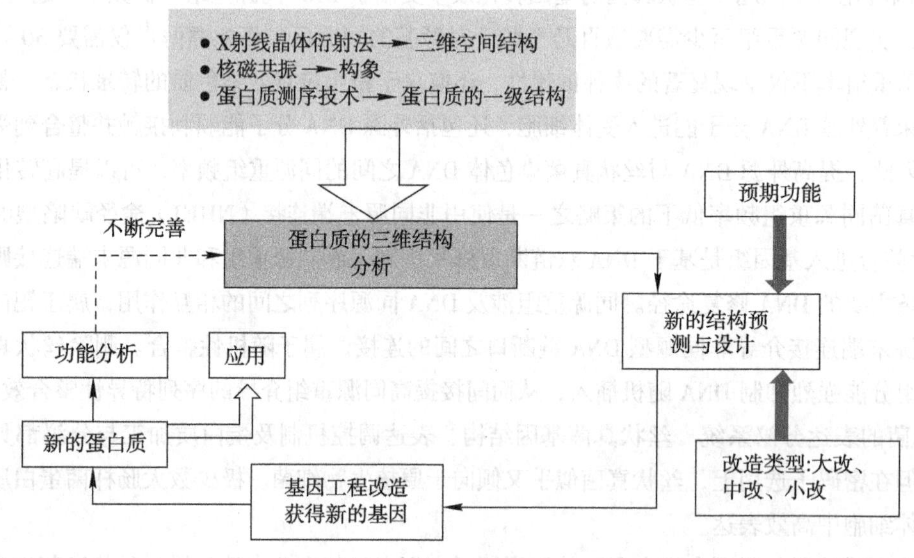

图 11-4 蛋白质工程的基本流程

四、代谢工程

借助于分子生物学理论与技术，人们不仅能精确描述基因表达和调控的分子机制，而且对细胞内物质或能量代谢途径和信号转导途径也有了全面认知。DNA重组技术能使人们对生物体内固有的两大生理途径进行倾向性和功利性的设计与修饰，甚至实现细胞天然生理途径的局部重建。

以单基因克隆和表达为主的DNA重组技术，属于第一代基因工程技术；在基因水平、蛋白质结构和功能方面进行局部修饰，属于第二代基因工程；利用重组DNA技术对生物细胞内固有物能代谢途径和信号转导途径进行改造设计，属于第三代基因工程，即代谢工程（metabolic engineering）。

代谢工程是利用分子生物学原理，系统分析细胞物能代谢网络和信号转导网络，并进行理性设计和遗传修饰，从而完成细胞特性改造的学科。对于实际应用而言，生物细胞自身固有的物能代谢途径并非最优。人们需要对之进行功利性修饰，代谢工程基本理论及其应用战略应运而生。

途径工程（pathway engineering）及代谢工程的基本原理和技术建立在多学科相互渗透的基础上。人们通常从完全不同的学科理论体系出发，采取完全不同的研究路线，达到改造或重构细胞物能代谢途径的目的。从研究内容、研究方法和技术路线上，区分途径工程和代谢工程非常必要。

途径工程注重以酶学、化学计量学、分子反应动力学及现代数学的理论和技术为研究手段，在细胞水平阐明代谢途径与代谢网络之间局部与整体的关系，阐述胞内物能代谢过程与胞外物质传输之间的偶联，以及代谢流流向与控制的机制，在此基础上借助相关的工程和工艺操作，达到优化细胞性能的目的。

代谢工程侧重于利用分子生物学和遗传学原理，分析代谢途径所有反应在基因水平上的表达与调控机制，并借助重组 DNA 技术，扩增、删除、插入、转移、调控编码途径反应的相关基因，筛选出具有优良遗传特性的工程菌或细胞。代谢工程本质上属于基因工程应用的高级阶段。

代谢工程通过定向改变细胞内物能代谢途径的分布及代谢流，新构代谢网络，提高代谢物产量。外源基因的准确导入及其编码蛋白的稳定表达，可拓展细胞内现有代谢途径，以获得新的生物活性物质或优良的遗传特性。

（一）代谢工程的基本过程

1. 靶点设计　相对于随机诱变而言，工作的定向性是代谢工程的显著特点之一，代谢工程在修饰靶点选择、实验设计以及数据分析方面占据绝对优势。从自然界分离具有特殊品质的微生物野生菌株，以及利用传统诱变程序筛选遗传性状优良的物种，是途径设计和靶点选择的重要信息资源和理论依据。

代谢工程应用成功的范例都是从庞大的数据库中获得创作灵感，这个过程称为反向代谢工程。生物化学家已对相当数量的细胞内物能代谢途径进行鉴定，并绘制出较完整的代谢网络图。

正确的靶点设计还需要对已有的物能代谢途径和网络信息进行更深入的分析。首先，需要根据化学动力学和计量学原理，定量测定网络中代谢流的分布，即代谢流分析（MFA），其中最重要的是细胞内碳和氮元素的流向比例关系；其次，在代谢流分析基础上调查代谢流控制状态、控制机制和影响因素，即代谢流控制分析（MCA）；最后，需要根据代谢流分布和控制分析结果，确定途径操作的合理靶点，包括拟修饰基因的靶点、拟导入途径的靶点或拟阻断途径的靶点等。靶点设计对代谢工程成败具有关键作用，任何精细的靶点选择都必须经得起细胞生理特性及代谢网络热力学平衡的检验（图 11–5）。

2. 基因操作　在分子水平上对目的基因或基因簇进行遗传操作是代谢工程的核心，包括基因或基因簇克隆、表达、修饰、敲除和调控，以及重组基因在目标细胞染色体 DNA 上稳定整合，后者是代谢工程重要的特征操作技术。在基因工程和蛋白质工程中，通常 DNA 重组分子独立于受体细胞染色体而自主复制。

实现目的基因或基因簇在受体细胞染色体 DNA 上的定位整合，主要依赖于同源重组和非同源重组。同源重组采用质粒或病毒载体输入含有同源序列的目的基因，通过载体上同源序列与宿主基因组内相关序列之间的体内重组反应，将外源基因插入染色体 DNA 的特定位点上，或定向敲除某一目的基因。非同源重组则借助于转座元件，将外源基因随机导入宿主基因组内，同时使不期望的功能基因失活。

在代谢工程某些应用实例中，代谢流分布和控制通常绕过基因操作，直接通过发酵和细胞培养工艺及工程参数进行，提高细胞代谢流，并胁迫代谢流向所期望的目标产物流动。在此过程中，向反应体系内施加溶氧、调节 pH、补料等操作，在酶或相关蛋白因子水平上激活目的基因的转录，调节酶的活性，从而达到改变和控制细胞代谢流的目的。

从提高目标产物的产量而言，非基因水平操作与代谢工程操作的效果也许没有显著差异。但在新产物合成尤其是遗传性状改良方向上，基因操作是不可替代的。只有引入外源基因或基因簇，才能从根本上改造细胞的物能代谢途径，甚至重新构建新的代谢旁路（图 11–5）。

3. 效果分析　一次代谢工程设计和操作并不能达到实际生产要求，因为大部分只涉及与单一物能代谢途径相关的基因、操纵子或基因簇改变。对新途径进行效果分析，由初步途径操作构建的细胞所表现的限制与缺陷，可以作为新一轮实验的改进目标。如此反复进行迭代式遗传操作是获得优良物种的重要保证，这种代谢工程循环操作已有多个成功的范例。每一次操作所积累的经验，都有助于判断哪一类遗传操作对细胞功能的期望改变相对有效（图 11–5）。

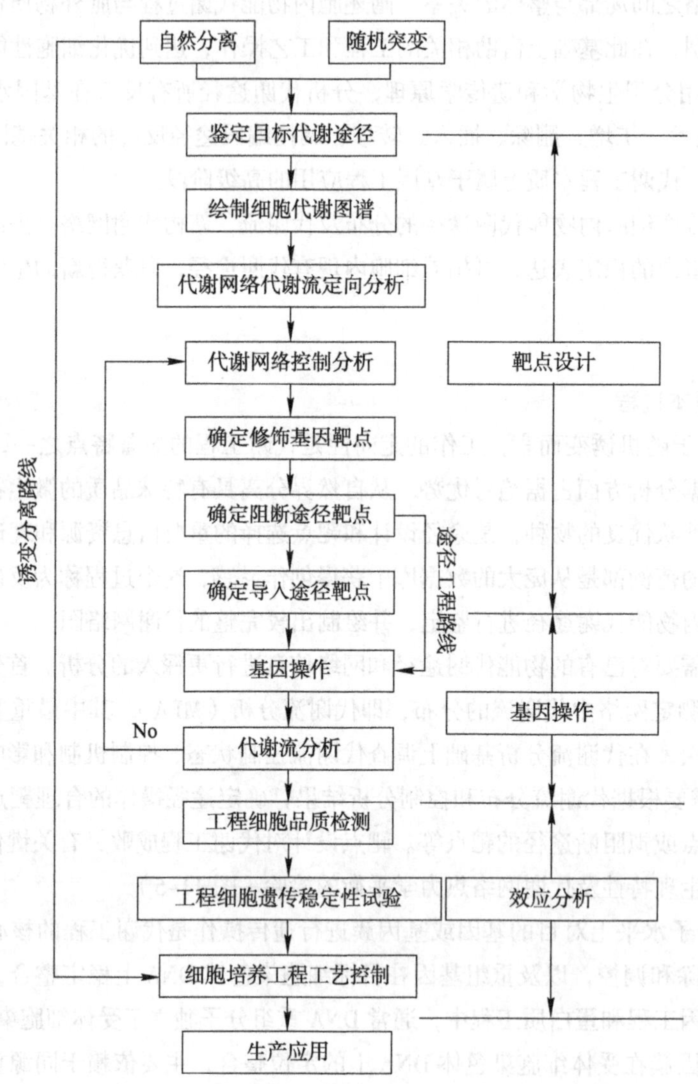

图 11–5 代谢工程基本操作流程（刘志国，2010）

（二）代谢工程的基本原理

代谢工程既涉及细胞物能代谢规律及途径组合的生物化学原理，也涉及细胞物能代谢流及其控制分析的化学计量学、分子反应动力学、热力学和控制学原理，还涉及途径代谢流推动力的酶学原理，以及细胞生理状态平衡的细胞生理学原理。

代谢工程包括细胞间和细胞内通信的信号转导，需要明确生物体信息传递、转换和效应发挥的分子机制与途径网络；代谢工程提供了基因操作的整套相关技术，也是代谢速率和生理状态表征研究的理想平台。

代谢工程的最终目标是特定产物的高效生产，涉及发酵或细胞培养工艺和工程控制的生化工程和化学工程。代谢工程是将工程学方法运用于生物系统研究最合适的渠道。这种方法在生物系统研究中融入了综合、定量、相关等概念，为速率过程受限制的系统分析提供了独特的工具，在代谢工程领域中具有重要意义。

此外，代谢工程还涉及生物信息收集、分析与应用，与基因组学、转录组学、蛋白质组学和代谢组学有关。以基因组学为核心的组学研究不断深入，各种生物基因的物理信息与其生物学功能信息交汇，为代谢途径设计奠定了基础。

（三）代谢工程的研究策略

1. 在天然代谢途径中提高目标产物的代谢流 在处于正常生理状态下的生物细胞内，对某一特定产物的生物合成途径而言，代谢流变化规律通常是恒定的。可从以下五个方面着手，增加目标产物积累。

（1）增加代谢途径中限速步骤酶编码基因的拷贝数 这一策略增加了关键酶基因在细胞内的数量，提高细胞内酶分子浓度，加快限速步骤的生化反应，从而导致目标产物产量增加。

（2）强化以启动子为主的关键基因表达系统 重组质粒在受体细胞中拷贝数并未增加，强启动子高效率促进转录，合成更多 mRNA，并翻译出更多的关键酶蛋白分子。

（3）提高目标途径激活因子的合成速率 激活因子是生物体内基因表达的开关，能触发相关基因的高效转录。提高激活因子的合成速率，理论上能促进关键基因表达。

（4）失活目标途径抑制因子的编码基因 通过敲除代谢途径中具有抑制作用的某些抑制因子，或者敲除与这些抑制因子作用的 DNA 靶位点（如顺式作用元件），解除其对代谢途径的反馈抑制，提高目标代谢流。

（5）阻断与目标途径具有竞争作用的代谢途径 细胞内各相关途径的偶联是代谢网络存在的形式，任何目标途径必定会与多个相关途径共享同一种底物分子和能量形式。在不影响细胞基础生理代谢的前提下，阻断或者降低竞争途径的代谢流，使更多的底物和能量进入目标途径，有利于提高目标产物产量，但这种操作容易破坏代谢网络的综合平衡。

上述措施单独使用或合理组合能在一定程度上提升目标产物代谢流，达到产物积累的目的。

2. 在天然代谢途径中改变物质流的性质 主要是指在原有途径中更换初始底物或中间物质，以达到获得新产物的目的。下列两种方法可以改变代谢途径物质流的性质。

（1）利用某些代谢途径中酶对底物的相对专一性，投入非理想型的初始底物，使其参与代谢转化反应，从而合成细胞原本并不存在的化合物。

例如，采用己糖及其衍生物代替葡萄糖。参与次级代谢的酶编码基因多数是从初级代谢基因池（gene pool）中演化而来的，酶分子对底物结构表现出一定程度的宽容性。在投入非理想型初始底物的过程中，细胞代谢途径在基因水平上并未发生改变，但其物质运输功能可能需要基因修饰。通常生物体并不具有非理想型底物分子转运机制，改变底物转运机制需要进行基因操作。

（2）在酶对底物专一性较强的情况下，通过蛋白质工程技术修饰酶分子结构域或功能域，扩大酶对底物识别和催化的范围。在基因水平上，通过修饰酶的结构，拓展酶对底物的兼容性，甚至改变酶的催化程序。

3. 利用已有途径构建新的代谢旁路 在已有的生物合成途径基础上，通过比较相似途径，利用多基因间协同作用构建新的代谢途径。这种策略包括以下两个方面。

（1）补充完善细胞内部分途径，合成新的产物 对于许多天然的生物而言，现存的代谢途径并非最优，可通过拓展天然代谢途径而提高生物的性能。通过导入少数精心选择的异源基因，天然代谢物可转变为优良的新型产物。

（2）移植多个途径，构建杂合代谢网络 将编码某一完整生物合成途径的基因转移至受体细胞中，构建具有较高经济价值的生产菌株。它们或者能提高目标产物的产率，或允许使用相对廉价的原材料。这种策略在链霉菌抗生素生物合成途径改良中具有天然的便利条件，因为这些相关功能基因常以基因簇的结构存在。

五、食用菌基因工程

食用菌优良品种是保证产业稳步健康发展的基础。目前我国食用菌育种技术水平远不能满足生产发展的需求，能在实际生产中大规模应用的具有自主知识产权的新品种相当缺乏。

在食用菌育种研究领域中，杂交育种技术和分子辅助育种技术取得长足发展。但食用菌育种仍然面临着重要性状改良困难、育种周期过长、定向性较差等问题。在原生质体技术应用之后，食用菌基因工程育种研究正迅速展开，并逐步深入。

（一）食用菌遗传转化技术

目前主要栽培食用菌均已建立了遗传转化体系，如双孢蘑菇、草菇、茶薪菇、香菇、糙皮侧耳和银耳等。遗传转化技术开发和应用为食用菌遗传育种提供了新的技术手段，食用菌导入外源基因主要采用 PEG 法和农杆菌介导转化法。

1. PEG 法　利用溶壁酶处理食用菌菌丝体、孢子或子实体组织，获得原生质体，然后将原生质体与外源 DNA 混合后放入一定浓度 $CaCl_2$ / PEG 溶液中，在特定的条件下进行遗传转化，再通过合适的抗性选择，获得阳性转化子。该方法被广泛应用于真菌的遗传转化，在不同食用菌中转化效率不同。原生质体浓度、$CaCl_2$ / PEG 溶液浓度、外源 DNA 浓度及片段大小、转化时间及温度等条件，都会对转化效率产生较大影响。PEG 技术被应用于糙皮侧耳遗传转化中，获得了稳定表达潮霉素抗性基因的阳性克隆。

2. 农杆菌介导转化法　农杆菌介导转化法操作方便，成本较低。农杆菌介导转化法被成功地应用于双孢蘑菇子实体遗传转化中，极大地提高了双孢蘑菇的遗传转化效率。在香菇、糙皮侧耳、金针菇等多种食用菌分子生物学研究中，农杆菌介导转化法是目前最主要的遗传转化方法。

3. 其他转化方法　除上述两种方法之外，外源基因导入食用菌的方法还有电转化法、醋酸锂法和基因枪法。

电转化法是利用高压脉冲电压，在原生质体膜上通过瞬间高压“击穿”细胞，形成可逆的通道，同时伴随着迅速极化，使得外源 DNA 进入细胞。利用电转化法将编码二氢乳清酸脱氢酶的基因 *URA1* 导入杨树菇营养缺陷型菌株中，获得了该基因正常表达的菌株。此外，电转化法在双孢蘑菇、糙皮侧耳等多种食用菌中也得到了应用。

醋酸锂转化法是利用碱性 Li^+ 改变细胞膜通透性，从而使细胞易于吸收外界 DNA。醋酸锂转化法在灰盖鬼伞、香菇、糙皮侧耳和金针菇等食用菌中均得到了应用。

基因枪法是利用金粉或钨粉等将外源 DNA 包裹制成微弹，通过惰性气体产生的高压使微弹瞬间进入受体细胞，但并不杀死细胞，细胞经过一段时间恢复培育以后，获得相应的阳性转化子。基因枪法在双孢蘑菇、草菇和糙皮侧耳等食用菌中得到了应用。

总体而言，这 3 种方法操作较为复杂，转化效率偏低，对实验条件要求较高。农杆菌介导转化法在食用菌研究中得到应用之后，这 3 种方法已经极少被应用。

食用菌遗传转化研究还处于起始发展阶段，但在多数人工栽培食用菌中已经建立了遗传转化体系，推动食用菌基因工程技术迅速发展，加快了食用菌遗传育种学的发展步伐。

（二）基因工程在食用菌遗传育种中的应用

1. 以食用菌为基因工程受体生产蛋白质类产品　以各种食用菌作为基因工程受体，通过遗传转化技术获得符合人们期望的基因编码产品，生产一些蛋白质类产品。食用菌作为生物反应器的受体，表达编码蛋白更为安全可靠，产物更易于纯化，易于保持活性。食用菌基因组较小，也便于遗传操作，但该技术应用极度依赖遗传转化技术，且涉及食用菌基因组的安全性，因而发展较为缓慢。

2. 采用基因工程技术定向培育食用菌新品种　随着基因测序技术和遗传转化技术发展，食用菌具有抗逆、增强基质降解能力、延长货架期、增强活性成分表达等重要经济性状的基因陆续被挖掘。这些重要的基因包括香菇热激蛋白基因 *DnaJ*、双孢蘑菇热激蛋白基因 *Hsp20*、香菇木质纤维素酶基因 *lecel-7* 及转录因子 *lelcrp1*、双孢蘑菇酪氨酸激酶基因、灵芝转录因子 *AreA* 等。利用原生质体、孢子和菌丝体作为受体，构建携带潮霉素筛选标记 *hygB* 的载体，采用农杆菌介导转化法或 PEG 法将这些基因转化到各种食用菌中。

随着基因工程技术应用日益普遍，优良品种选育效率必将得到显著提高。基因工程技术应用离不开食用菌遗传转化技术的发展，遗传转化技术的发展也将为食用菌基因工程育种奠定坚实基础。

第三节 基因沉默

基因沉默（gene silencing）是生物体基因表达调控的重要方式之一，普遍存在于各种生物体中，可以分为转录基因沉默（transcriptional gene silencing，TGS）和转录后基因沉默（post-transcriptional gene silencing，PTGS）。前者是指由于 DNA 修饰、DNA 甲基化、异染色质化等原因，基因正常转录受阻；后者是 DNA 转录后因反义 RNA、共抑制、基因突变等原因，mRNA 不能翻译，是 RNA 水平调控机制之一。两者都与基因同源性有关，被统称为同源依赖型基因沉默。

基因沉默现象于 1986 年由 Peerbolte 在转基因植物相关研究中发现，随后在线虫、果蝇、哺乳动物及真菌中相继被发现。基因沉默技术是真核生物细胞基因表达调节的重要手段，包括反义核酸技术、RNA 干扰技术（RNAi）和基因敲除技术等。

一、反义核酸技术

反义核酸能够与特定 mRNA 序列精确互补，并特异阻断其翻译的 RNA 或 DNA 分子。反义核酸技术是利用反义核酸特异地封闭某些基因，使之低表达或者不表达，从而获得基因沉默效果的技术。反义核酸主要包括反义 DNA 和反义 RNA，它们可以在基因的复制、转录、翻译等多个水平上发挥功能。不同的反义核酸的功能和作用方式不尽相同。

（一）反义 DNA 技术

反义 DNA 是指能够与基因组 DNA 双链中正义链互补结合的短小 DNA 分子。反义 DNA 技术主要通过抑制基因组 DNA 转录而发挥作用，属于转录基因沉默。反义 DNA 可以与基因组 DNA 双螺旋的调控区特异结合，形成 DNA 三聚体；或者与 DNA 编码区相结合，终止 mRNA 的转录与延伸。反义 DNA 技术效率低，定向效率低，因而没有得到广泛应用。

（二）反义 RNA 技术

与反义 DNA 相对比，反义 RNA 是指能与 mRNA 完全互补的一段小分子单链 RNA 片段。反义 RNA 主要通过与靶向 mRNA 结合，形成空间位阻效应，阻止核糖体与 mRNA 结合，从而阻断 mRNA 翻译，起到沉默基因的作用。

针对番茄成熟过程中重要乙烯合成酶基因 *ACC*，反义 RNA 技术成功地使乙烯合成水平被抑制了 97%。反义的 NADH 结合亚基基因被导入马铃薯中，使得马铃薯花粉发育受到影响，引起雄性不育，为马铃薯育种提供了育种材料。由于反义 RNA 技术特异性较弱，抑制效率较低，逐渐被 RNA 干扰技术等基因沉默技术代替。在食用菌遗传育种研究中，反义 RNA 技术发展较为缓慢。

二、RNA 干扰技术

1990 年 Napoli 等人将一段基因导入矮牵牛（*Petunia hybrida*）后，发现能同时抑制该基因和相似的内源基因表达，引起基因沉默。在研究秀丽隐杆线虫（*Caenorhabditis elegans*）过程中，研究人员意外发现反义 RNA 和正义 RNA 均能切断目的基因表达，这与传统反义 RNA 技术的原理完全不同。在后续研究中证明，这些基因沉默均是由一种双链 RNA 引起的，称之为 RNA 干扰（RNA interference，RNAi）。

RNAi 是以同源基因的 mRNA 为靶标，由双链 RNA 诱导产生的基因沉默现象。RNAi 是一种生物内源性的基因沉默现象，具有简便、高效及特异性强的优点。RNAi 技术可以在各种生物系统中广泛应用，目前已用于研究微生物、线虫、昆虫、植物和哺乳动物等的功能基因组。尤其是对粗糙脉孢菌、拟南芥（*Arabidopsis thaliana*）、黑腹果蝇（*Drosophila melanogaster*）和小鼠（*Mus musculus*）等模式生物 RNAi 机制的深入研究，增强了人们对 RNA 干扰技术的认识，拓展了应用范围。

在真核生物中，RNAi 在进化上非常保守，调节特异基因表达，对细胞生长发育具有重要的调节作用。RNA 干扰主要包括 3 个阶段。

（一）起始阶段

当病毒基因、人工转入基因、转座子等外源基因随机整合到宿主细胞基因组内，并利用宿主细胞进行转录时，常产生一些 dsRNA。dsRNA 可分为分子间双链和分子内双链。分子间双链由分开的两个独立 RNA 分子互补形成，而分子内双链由 1 个 RNA 分子回折，自身互补形成。当细胞中 dsRNA 扩增达到一定量时，外源或内源 dsRNA 被 RNase Ⅲ家族中 Dicer 酶特异识别，并将其逐步切割成长 21 ~ 23 nt 的 dsRNA 片段，即 siRNA（small interference RNA）；siRNA 是 RNAi 作用赖以发生的重要的中间效应分子，具有独特的特征性结构，其两条单链末端分别为 5′- 磷酸基团和 3′- 羟基基团（图 11-6），siRNA 与目标 mRNA 具有高度的核苷酸序列同源性。

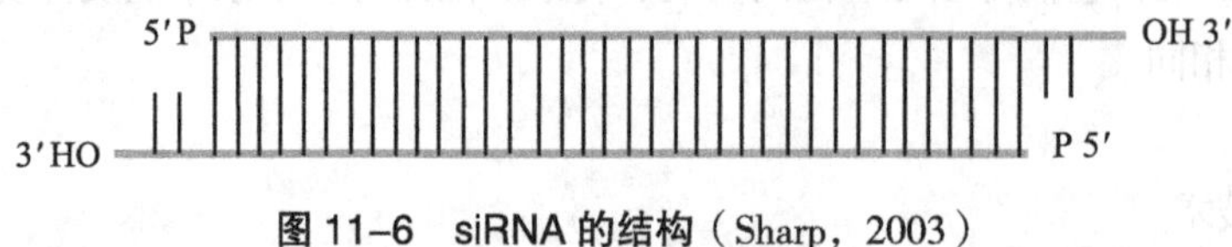

图 11-6 siRNA 的结构（Sharp，2003）

每条 siRNA 单链的 3′ 端均有 2 ~ 3 个突出的非配对的碱基残基，其化学性质相对稳定，这是细胞区分真正 siRNA 和其他小 dsRNA 的基础。

（二）效应阶段

siRNA 与一系列特异蛋白结合，形成 RNA 诱导沉默复合体（RNA-induced silencing complex，RISC）。RISC 与 siRNA 在细胞内的同源 mRNA 进行特异性结合。RISC 具有核酸酶的功能，在结合部位切割目的 mRNA，切割位点即与 siRNA 中反义链互补结合的两端。被切割后的目的 mRNA 随后被降解，致使目标 mRNA 翻译受到抑制，最终引起目的基因沉默。

（三）扩增阶段

当 siRNA 引导 RISC 切割同源单链 mRNA 后，siRNA 的反义链与目的 mRNA 的上游部分序列互补，且可作为引物与目的 mRNA 结合，并在 RNA 依赖性 RNA 聚合酶（RNA-dependent RNA polymerase，RdRP）作用下合成更多新的 dsRNA。新合成的 dsRNA 再经 Dicer 酶切割，产生大量的次级 siRNA，从而使 RNAi 的作用放大，形成更多的 RISC，并作用于 mRNA，最终将目的 mRNA 完全降解。

RNAi 为一种高效的基因沉默技术，已广泛应用于真菌基因功能研究。研究表明，RNAi 分子作用机制在高等动植物和真菌细胞中不尽相同。在动植物细胞中，依据 dsRNA 分子来源，存在两种相关但不同的 RNAi 途径，即 siRNA 途径和 miRNA（microRNA）途径。其中 siRNA 是由外源 RNA 或外源载体等导入细胞后产生的一系列小 RNA，它能与靶 mRNA 完全互补，并使其降解；而 miRNA 是一类由含发夹或折叠结构的前体 Pre-miRNA，经 Dicer 酶剪切而形成的非编码小 RNA，它与目的 mRNA 的 3′ 端非编码区结合，抑制目的 mRNA 的降解和翻译表达，从而导致特定基因的沉默。大多数 miRNA 参与生长发育、生理代谢或压力应激反应过程。

在真菌细胞中，RNAi 途径属于广泛存在的保守途径。miRNA 途径仅在新生隐球菌（*Cryptococcus neoformans*）中有报道，在其他真菌中并没有发现。因此，在真菌细胞中 siRNA 途经是主要的 RNAi 利用机制和方法，可以根据目的基因的结构在体外构建可以转录形成双链 RNA 的载体，导入宿主细胞后引发目的 mRNA 降解，从而研究目的基因的功能。

在生物生长发育过程中，抑制或沉默特定基因表达通常用于研究该基因在某个生理过程中的作用。目前基因沉默技术已成为基因功能研究中最常用的基因工程技术。与反义 RNA 技术相比，RNAi 作为一种高效特异的基因阻断技术，作用迅速、稳定性高、操作相对简便，一次操作可针对多个目的基因，优势明显。在食用菌基因工程育种研究中，RNAi 被广泛应用于基因沉默，将 RNAi 技术与遗传转化技术结合，可以快速地获得目的基因表达沉默的转化子，从而获得性状定向改良的转化菌株。

三、基因敲除技术

基因敲除（gene knockout）是通过同源重组将外源 DNA 定点整合进入目的基因组上某一特定位点，以达到阻碍基因表达、定点修饰或改造染色体等目的，属于基因打靶技术。基因敲除克服了随机整合的盲目性和偶然性，是一种理想的修饰和改造遗传物质的方法。

随着基因工程技术不断发展，基因敲除在真菌基因组研究中备受关注。基因敲除技术可以针对序列已知，但功能未知的基因，从分子水平上设计实验，将该基因敲除或用其他序列相近的基因取代，根据宿主形态、生理生化特性等变化，推测相应基因的功能。在动植物基因工程研究中，基因敲除技术包括基于同源重组（homologous recombination，HR）的基因敲除、基于双链断裂（double-strand break，DSB）的基因敲除和基因编辑技术。

在真菌细胞中，基于同源重组的基因敲除是最常见的基因敲除方法。同源重组是真菌细胞内普遍存在的一种现象，它是真菌细胞用于纠正自身复制过程中产生或因外界因素所致突变的一种内在机制。发生同源重组的外源 DNA 载体序列与目的基因组序列高度同源，基于宿主细胞内的同源重组机制进行序列重组，将外源 DNA 序列定点整合到目的基因组上的特定位点，或与目的基因组上特定片段进行替换，从而达到基因敲除和调控的目的（图 11-7）。

与动植物基因组相比，真菌基因组较小、变异性强、重复序列较多，通常具有较高的同源重组率。因此，对众多真菌包括食用菌而言，基于同源重组的基因敲除方法将具有较高的重组效率。据不完全统计，超过 100 种以上的丝状真菌实现了基于同源重组的基因敲除，该技术成为真菌最主要的基因敲除技术。

在基因敲除过程中，阳性转化子筛选相当困难。虽然借助农杆菌介导转化等多种遗传转化方法可以极大地提高遗传转化效率，但由于同源 DNA 序列的同源重组效率远低于 T-DNA 插入效率，基因敲除的转化子数量远少于随机插入的转化子。通常需要筛选大量转化子，才可能得到基因敲除的阳性转化子。通过基因重

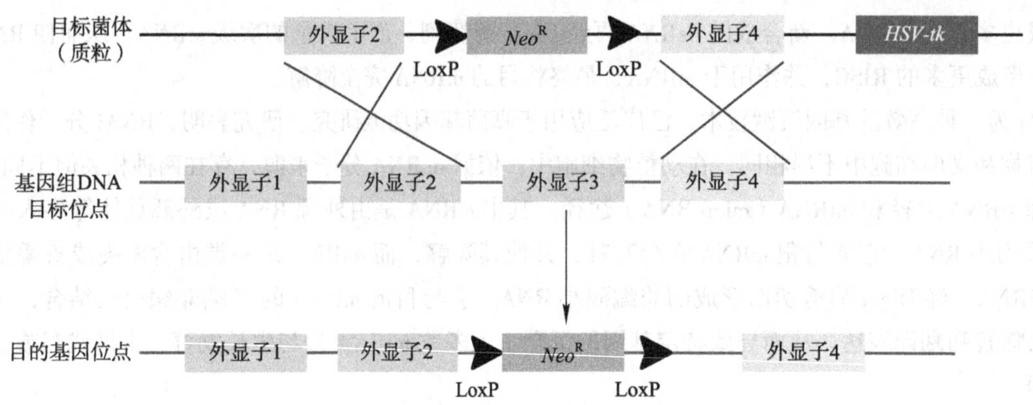

图 11-7 基于同源重组的基因敲除（Leavitt，2011）

组进行基因敲除，还需要明确已知目的基因序列两端的侧翼序列。但在不同真菌物种中，所需的侧翼序列长度不同。

在酿酒酵母和粟酒裂殖酵母（*Schizosaccharomyces pombe*）中，同源臂的序列为 50 ~ 100 bp 即可实现同源位点的基因替换，且同源重组效率可达 50% ~ 100%。而丝状真菌通常则需要 500 ~ 1 000 bp，甚至更长的同源序列，重组效率才能达到 10%。此外，丝状真菌中外源 DNA 序列与目的基因 DNA 序列的相似度需接近 100%。不同真菌物种相似序列的些许变化都可能导致同源重组失败，且在大部分菌株中同源臂长度与同源重组效率呈反比。在同源重组研究中，需要根据不同的研究对象进行不同的实验设计。

在真菌中基因敲除技术主要应用在以下两个方面。

（一）真菌功能基因研究

基因敲除应用在真菌功能基因研究中，为基因功能验证提供了直接证据。目前，基因功能的直接证据主要来自基因缺失突变体功能分析，其他技术方法都仅能提供间接的证据。

烟曲霉（*Aspergillus fumigatus*）在免疫受损的患者中，常引起具有致命危险的侵袭性肺曲霉病。Alcazar-Fuoli 等研究了烟曲霉 *erg3A* 和 *erg3B* 两个基因在固醇合成和对抗真菌药物耐受性中的作用，利用同源重组分别敲除了基因 *erg3A* 和 *erg3B*，进行双基因共同敲除。结果显示 *erg3A* 编码 C-5 固醇脱氢酶，而 *erg3B* 对麦角固醇合成没有明显的作用。

丙酸盐可以作为丝状真菌的碳源，但将它添加到含葡萄糖的培养基中时，又能抑制烟曲霉真菌生长。Brock 等从构巢曲霉基因组序列中，确定了柠檬酸循环中的一个关键酶——异柠檬酸裂合酶的编码基因。采用同源重组技术将该基因敲除，发现缺失突变体在以丙酸盐为碳源的培养基上不能生长，但在其他物质作为主要碳源且含有丙酸盐的培养基上生长受到抑制。

（二）真菌遗传育种研究

基因敲除技术与代谢工程和基因工程相结合，通过阻断细胞代谢途径或引入 DNA 序列，调控目的产物的产量或类别，达到改良食用菌品种的目的。与其他生产生物相比，真菌具有较强的蛋白质分泌能力，能正确地进行各种翻译后加工，包括肽链剪切和糖基化等，且其糖基化方式与高等真核生物类似。但利用真菌进行工业化生产，又可能产生一些有害物质。采用基因敲除技术特异性地敲除有害物质代谢途径，对真菌基因工程育种具有现实意义。

棉阿舒囊霉（*Ashbya gossypii*）是一种棉花上的病原真菌，能够过量生成维生素 B_2，但其合成受到甘氨酸限制。将编码丝氨酸羧甲基转移酶的 *shm2* 基因敲除后，维生素 B_2 生成量显著提高。与传统育种方法相比，应用基因敲除技术进行食用菌代谢控制育种的研究报道较为少见，主要在基因结构和功能方面开展研究。

四、基因沉默技术的应用

食用菌遗传育种是一个周期较长的过程，高产、优质和抗逆是食用菌遗传育种的主要目标，而口感、品质和营养价值也是食用菌极为重要的性状。在制定育种目标时，不仅要拓宽食用菌生长发育适宜的温度范围，还要培育抗逆性强、耐储存、基质利用率高、抗病能力强的优良品种。虽然传统育种方法可以部分实现这些目标，但是耗时长，耗费人力和物力较多，难以获得同时具备多种优良性状的优良品种。此外，食用菌基因组较小，传统遗传学研究相对较为困难。分子生物学、组学技术和生物信息学技术为食用菌遗传育种研究开辟了新的领域，基因组测序对全面了解食用菌物种分子进化、基因组成和基因调控具有重要意义。因此，食用菌功能基因组学研究将为遗传育种奠定坚实基础。

食用菌子实体既是重要的繁殖体，也是主要的商品形式。多数食用菌属于异宗配合担子菌，需要不同交配型的单核体菌丝交配融合成为异核体菌丝后，才能完成有性生殖，形成子实体。交配过程通常由一个或两个交配型因子控制，分别称为二极性交配系统或四极性交配系统，克隆和鉴定食用菌有性繁殖过程中交配型基因十分重要。

灰盖鬼伞是大型真菌模式生物。到目前为止，通过基因沉默技术已经确定了一些突变体的表现，获得了与异核化、子实体形成和减数分裂相关的基因。

在子实体发育的特定阶段或有性生殖的决定阶段，利用基因沉默技术特异性地进行基因表达调控，可以对相关性状进行定向控制，获得菇形良好的子实体。例如，对控制香菇菌柄长度的基因进行基因沉默，获得短柄菌株，其子实体将具备更高的市场价值；针对双孢蘑菇菌褶形成的特异基因，利用基因沉默技术，促使其生长发育缓慢，以达到菌褶减少或者延迟产孢的目的，从而提高双孢蘑菇子实体的经济价值。

食用菌在生长发育过程中还面临着病毒和环境胁迫的压力。在双孢蘑菇、香菇、糙皮侧耳、金针菇和刺芹侧耳等食用菌中均发现了病毒。采用与外源病毒同源的 dsRNA 对食用菌进行转化，利用食用菌细胞的剪切机制形成 siRNA，从而提高食用菌对病毒的抗性，在理论上是可行的。此外，采用基因敲除技术，将病毒入侵宿主细胞所需的基因组位点 DNA 进行突变或敲除，阻断病毒的复制机制，可以实现食用菌对病毒的长久免疫。

食用菌生长发育与环境条件密切相关，不适宜的环境条件将严重影响食用菌的生长发育。针对食用菌对不同环境条件的适应情况，采用基因沉默技术特异性地沉默相应的基因，可以提高食用菌对逆境的耐受性或抗性，降低生产成本，提高产量和品质。

食用菌营养成分和储藏特性研究已经取得了重要进展，但控制这些性状或生理过程的关键基因及其作用机制仍缺乏研究。针对这些重要的功能基因，采用 RNA 干扰技术或者基因敲除技术可以调控相关代谢产物基因表达。例如，利用基因敲除技术特异地增强灵芝某些活性成分基因表达，提高目标成分含量。此外，还可以利用 RNAi 技术对多种食用菌进行储藏性状改良，对食用菌子实体褐化或细胞死亡过程中关键酶类基因进行沉默，从而达到低温下延长保鲜储藏期的目的。

基因沉默技术作为一种新的生物育种技术，已经充分显示了其优越性。但在食用菌研究和应用领域中，基因沉默技术仍存在着诸多问题。

第一，基因沉默所需设计较为复杂。无论是 RNA 干扰技术、基因敲除技术，还是反义 RNA 技术，均需要认真进行前期设计。

第二，基因沉默技术对不同基因的抑制效率不同。不同基因具备不同的结构，在抑制效率上会存在差异，而基因沉默技术对不同基因抑制效率的影响机制仍不清楚。

第三，基因沉默技术仍有待改进。RNAi 技术转化效率高，但并不能完全抑制基因表达，限制了其在基因功能研究中的应用；基因敲除技术虽然能完全抑制基因表达，但其转化效率较低，限制了技术推广应用。

第四，基因沉默技术高度依赖高效的遗传转化体系，限制了该技术的快速应用。

第五，基因沉默技术普遍具有脱靶效应。即非特异性地结合非目的基因序列，会导致人们对食用菌食品安全和生态安全的担忧。

第四节 基因编辑及其应用

当前食用菌优良品种选育的方法都存在局限性。如何快速简便地开展食用菌品种改良，始终是育种学家思考的重要问题之一。采用原生质体技术与基因工程技术相结合，应用于食用菌遗传育种中，可以避免两种技术各自的局限性，因此备受关注。基因编辑（gene editing）技术的兴起极大地推动了育种技术发展。

基因编辑是指对 DNA 序列进行删除或插入等操作，使得可以根据人类的意愿改写由 DNA 写成的生命之书。几种基因编辑技术相继被开发，其中 ZFN（zinc-finger nuclease，锌指核酸酶）技术和 TALEN（transcription activator-like effector nucleases，类转录激活因子效应核酸酶）技术在动植物中成功地得到应用。

与 ZFN 系统和 TALEN 系统相比，2012 年发展起来的 CRISPR（clustered regularly interspaced short palindromic repeats）-Cas（CRISPR-associated）9 系统因其相对简单的原理和方法，以及更高的编辑效率，在生命科学多个领域得到了广泛应用。早期基因编辑仅能通过物理诱变、化学诱变或同源重组等方式实现，存在编辑位置不确定、成本高和周期长等缺陷。CRISPR-Cas9 系统的诞生与逐步成熟，使人们能够精确且便捷地对 DNA 序列进行编辑。

一、CRISPR-Cas9 系统

CRISPR-Cas9 系统本质上是细菌中存在的一种应对外来 DNA 入侵的免疫系统。在某些细菌基因组中存在一系列成簇排列的 DNA 序列，称作“规律间隔成簇短回文重复序列”（CRISPR），这些重复序列中的间隔序列与许多能够侵入细菌的噬菌体 DNA 序列相同。进一步研究发现，这些序列在被转录成为 RNA 后，能够与细菌产生的一类 Cas9 蛋白形成复合体，从而对 Cas9 蛋白起到指导作用，这段 RNA 被称为指导 RNA（guide RNA，gRNA）。当复合体检测到与 gRNA 序列一致的入侵 DNA 序列时，Cas9 蛋白能够切割入侵的 DNA，起到某种防御作用。CRISPR-Cas9 系统能够精确切割 DNA，是 DNA 编辑的理想工具（图 11-8）。

细菌中 CRISPR-Cas9 系统极为多样，其中化脓链球菌（*Streptococcus pyogenes*）的 CRISPR-Cas9 系统研究得最为透彻。研究人员对该系统进行了改造，将编码 Cas9 蛋白的序列及其附属元件序列共同构建成一个单一的载体。只需合成一段与目的 DNA 同源的 20 个碱基，插入这个载体，并转入宿主细胞，转录所产生的 gRNA 就能介导 Cas9 蛋白切割宿主细胞的目的 DNA，从而达到基因编辑的目的。CRISPR-Cas9 系统已成功应用于多种动物、植物和微生物的遗传改良中，如鼠、线虫、斑马鱼、酵母、水稻、马铃薯等。

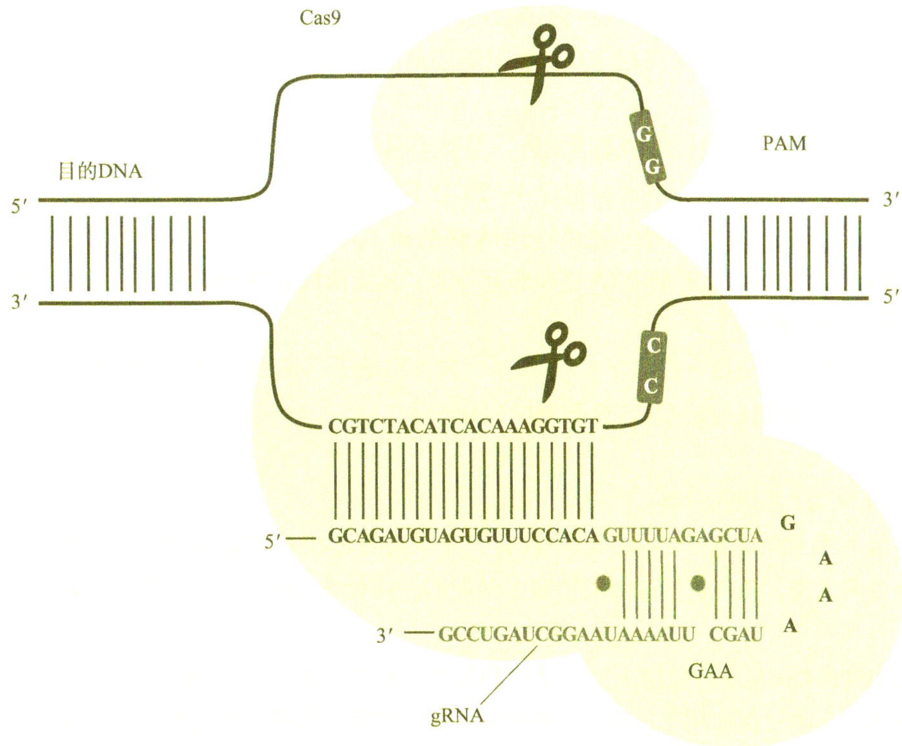

图 11-8 CRISPR-Cas9 系统（Doudna，2013）

（一）CRISPR-Cas 系统的基本结构

CRISPR-Cas 系统是古细菌在长期进化过程中与病毒进行斗争形成的免疫工具，一般细菌中都含有 1～2 个 CRISPR-Cas 基因座。典型的 CRISPR-Cas 系统由 CRISPR 簇、Cas 基因以及前导序列（leader sequence）组成（图 11-9）。

1. CRISPR 簇　CRISPR 簇由不连续的重复序列（repeat）和长度相似的间隔序列（spacer）按一定顺

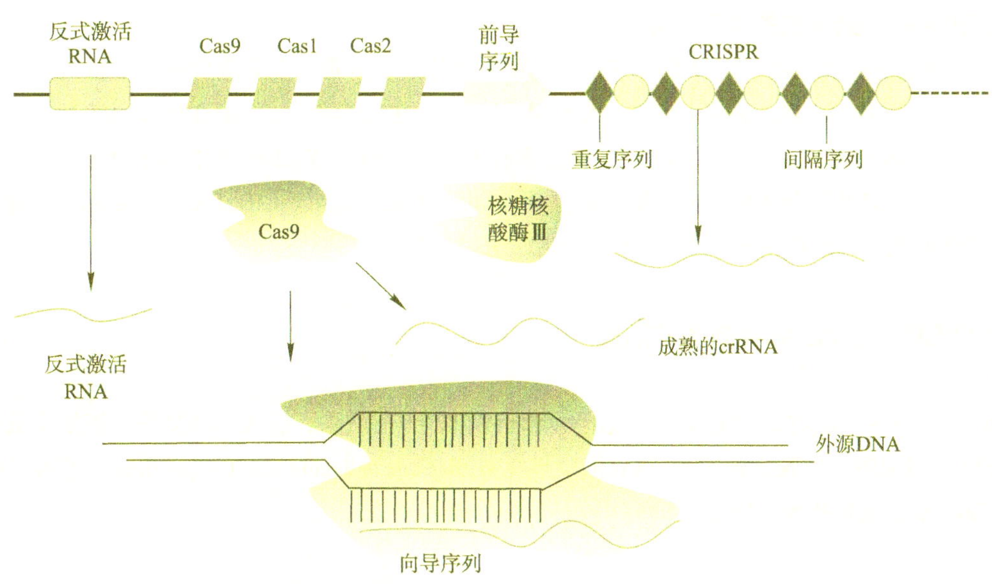

图 11-9 细菌 CRISPR-Cas 免疫系统的基本结构（王芳，2016）

序排列而成。重复序列是指一系列短的高度保守的正向序列，长 21 ~ 47 bp，一般为 32 bp，且具有回文结构或发夹样二级结构，重复次数可高达 250 次；间隔序列是指来源于病毒或者其他外源基因的片段，长 26 ~ 72 bp。

2. Cas 基因　Cas 基因是一类保守的基因家族，主要编码核酸酶、DNA 解旋酶、聚合酶等与切割和修饰相关的蛋白。一个 CRISPR-Cas 基因座通常包含 4 ~ 20 个不同的 Cas 基因，这些基因可以位于 CRISPR 重复间隔序列的上游或者下游；Cas 蛋白是一种双链 DNA 核酸酶，具有 HNH 和 RuvC 两个活性位点，可以分别切割与 CRISPR RNA（crRNA）互补的 DNA 链和非互补链，从而形成双链断裂，它与 folk 酶功能相似，但并不需要形成二聚体而发挥作用。

3. 前导序列　前导序列是指一段富含 A / T 碱基、包含启动子、长 20 ~ 534 bp 的序列，通常位于重复间隔序列的 5′ 端。前导序列被认为是 CRISPR 序列的启动子。

（二）CRISPR-Cas 系统的分类

大多数古细菌及约 50% 的细菌在基因组中都有大量不同的 CRISPR-Cas 系统。最新的 CRISPR-Cas 分类方案将它们划分为两大类，各自包括 3 种类型和多种亚型。两大类 CRISPR-Cas 系统在效应器模块的组成方面存在较大差异。

1. 第 1 类 CRISPR-Cas 系统　包括Ⅰ型、Ⅲ型和Ⅳ型，存在于细菌和古细菌中，包含 4 ~ 7 个 Cas 蛋白亚基组成的效应物复合物，例如用于抗病毒防御的 CRISPR 相关复合物，以及Ⅲ型系统的 Csm/Cmr 复合物。第 1 类效应物复合物的大部分亚基，特别是 Cas5、Cas6 和 Cas7 都含有 RNA 结合结构域的 RNA 识别基序（RRM）。虽然Ⅰ型和Ⅲ型效应复合物的单个亚基之间序列相似性较低，但两者具有显著相似的总体结构，可能起源于共同的祖先，同属于第 1 类系统。

2. 第 2 类 CRISPR-Cas 系统　包括Ⅱ型、Ⅴ型和Ⅵ型，几乎仅存在于细菌中，效应复合物由单个多结构域蛋白组成。其中 Cas9（Ⅱ型）是第 2 类系统中的典型代表，RNA 依赖性内切核酸酶包含两个核酸酶结构域 HNH 和 RuvC。Ⅴ型效应子 Cpf1 则含有一个核酸酶结构域 RuvC 和另一个类似于 HNH 的结构域。将 Cpf1 中新的核酸酶结构域插入 RuvC 结构域中，会导致 DNA 靶链被切割。而Ⅵ型效应子 Cas13a 含有 HEPN 超家族的两个核糖核酸酶结构，可以靶向单链 RNA，导致 RNA 链被切割。

（三）CRISPR-Cas 系统的作用机制

CRISPR 介导的适应性免疫可以分为适应、表达和干扰等 3 个步骤。在适应阶段，来自入侵元件的外源 DNA 片段被处理，并作为新的间隔片段并入 CRISPR 阵列中。在表达阶段，CRISPR 阵列转录，之后再将前体转录物加工为成熟的 crRNA。将 crRNA 与一种或多种 Cas 蛋白组装成 CRISPR 核糖核蛋白（crRNP）复合体。在干扰阶段，crRNP 复合体内 Cas 核酸酶定向切割同源病毒或质粒。CRISPR-Cas 系统的多面体和模块化结构，使其能够在基因编辑中发挥不可替代的作用（图 11-10）。

二、影响 CRISPR-Cas9 编辑效率的因素

CRISPR-Cas9 技术可以对基因组特定位点进行靶向编辑，包括敲除、插入、修复等。该技术虽然可以高效快速地进行基因编辑，但脱靶效应和 PAM 依赖性（protospacer adjacent motif-dependent）等因素严重制约了 CRISPR-Cas9 基因编辑技术的应用。

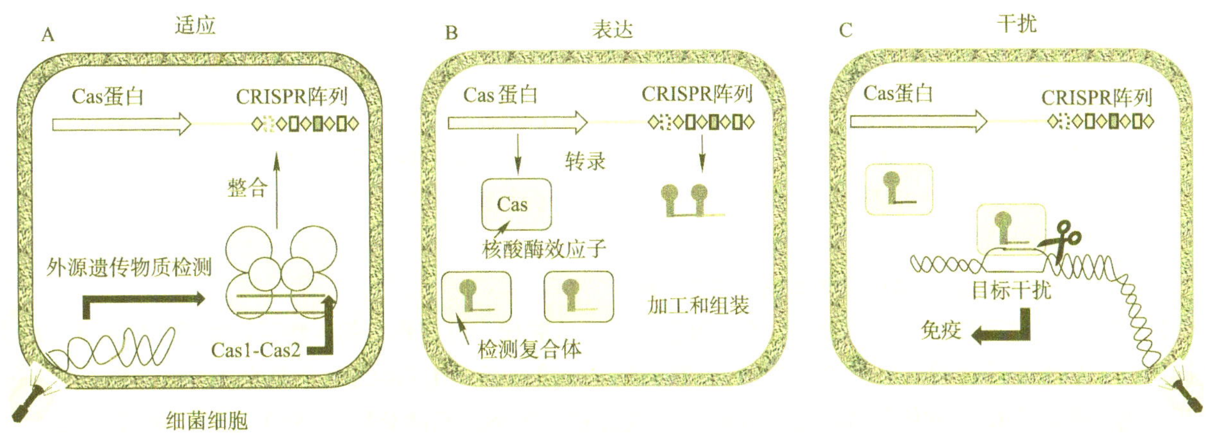

图 11-10　CRISPR 介导的适应性免疫机制（Doudna J A，2018）

（一）脱靶效应

脱靶效应（off-target effect）是指 gRNA 没有与靶点 DNA 序列相匹配，从而引入非预期基因突变的现象。在编辑过程中，gRNA 与靶 DNA 序列碱基出现错配或 gRNA 序列中 DNA 形成凸起，都可以导致 gRNA 与其他碱基配对，从而产生脱靶效应。gRNA 与目的基因组结合的 20 nt 序列决定系统的靶向特异性，gRNA 的长度对脱靶效应也有较大的影响。此外，脱靶效应还具有细胞特异性。

（二）PAM 依赖性

PAM 序列是 CRISPR-Cas 基因编辑系统可以准确切割目的基因的前体条件，决定了 CRISPR 的靶向特异性。PAM 序列位于靶 DNA 的 3′ 端，为 2～9 bp。来自化脓链球菌的 CRISPR 系统中 PAM 序列为 3 bp，即 NGG，而来自嗜热链球菌（*S. thermophilus*）的 CRISPR 系统中 PAM 序列为 NGGNG 和 NNAGAAW，但来自脑膜炎双球菌（*Neisseria meningitidis*）的 CRISPR 系统中 PAM 序列为 NNNNGATT，它们都具有高度的保守性。如果不存在 PAM 序列，即使靶序列与 gRNA 序列完全匹配，Cas9 蛋白也不会对目标序列位点进行切割。因此，PAM 依赖性也导致 CRISPR-Cas 基因编辑系统具有碱基识别偏好性，限制了基因编辑的应用范围。此外，PAM 序列的碱基数目对基因编辑系统识别的特异性也会造成影响，PAM 序列越长，其特异性越高。

三、CRISPR-Cas9 在高等真菌中的应用

（一）CRISPR-Cas9 在酿酒酵母中的应用

酿酒酵母是一类单细胞真菌，可用于酿造生产。使用组成型 Cas9 表达和瞬时 gRNA，在酿酒酵母中建立了 CRISPR-Cas9 表达体系，将单链寡核苷酸同源重组率提高 5 倍，使双链寡核苷酸供体同源重组率提高 130 倍。在稳定表达 Cas9 的细胞中，gRNA 质粒和外源 DNA 共转化导致重组率近 100%。

基于 CRISPR-Cas 的多基因编辑体系，可以在酿酒酵母中同时使多个基因产生双链断裂。设计携带 iCas9（野生型 Cas9 变体）、反式编码 RNA（tracrRNA）和 crRNA 的超高拷贝数质粒，提高基因破坏效率。这种同源结合的 CRISPR（HICRISPR）策略是创建具有多个基因敲除的酵母工程菌株的有力工具。

采用多重 CRISPR-Cas9 系统对 5 个不同位点进行基因编辑。Tadas Jakociunas 等人应用多种基因工程工具，对所有可能的单、双、三重、四重和五重基因破坏组合进行了探索性分析，筛选到可以大量生产甲羟戊酸的菌株，甲羟戊酸浓度较野生菌株提高了 41 倍。多重基因编辑方法加速了功能基因组学和代谢工

程的发展。

酿酒酵母通常是二倍体或多倍体，对其进行基因编辑极具挑战性。Stovicek 等利用 CRISPR-Cas9 技术，在多种工业酵母菌株中实现了对一个基因的两个等位基因的同时敲除。

Horwitz 等利用酵母具有较高同源重组率的特性，将多个 DNA 载体同时转化到基因组中，实现多重位点的突变。这种方法可以对一组基因的功能进行快速检测，分析其代谢途径。

（二）CRISPR-Cas9 系统在大型真菌中的应用

1. 灵芝 灵芝可以合成类固醇、生物碱等多种具有抗肿瘤、抗菌作用的生物活性物质，但灵芝 *URA3* 基因阻碍了生物活性物质灵芝酸的合成。Han 等在灵芝中建立了 CRISPR-Cas9 介导的基因编辑系统，通过使用密码子优化的 Cas9 和体外转录的 gRNA，在灵芝基因组中形成双链断裂（DSB），诱导非同源末端连接（NHEJ），促进灵芝 *URA3* 基因被破坏。将体外转录的 gRNA 转入成功表达，获得了能够产生灵芝酸的新菌株，使其成为真正的次级代谢产物生产工厂。

2. 灰盖鬼伞 灰盖鬼伞是研究子实体发育的模式真菌，全基因组测序分析表明，它拥有合成萜类化合物及酶的大量关键基因。Sugano 等人使用高通量检测分析与冷冻保存的灰盖鬼伞原生质体，确定了一个新的启动子 *CcDED1*，该启动子活性较常规启动子 *GPD2* 提高约 7 倍。再利用 *CcDED1* 启动子驱动 Cas9 表达，采用灰盖鬼伞 *U6-snRNA* 启动子驱动 gRNA 表达，并构建相应的载体，在灰盖鬼伞中建立了高效的基因组编辑体系。利用上述体系在稳定的绿色荧光蛋白（GFP）表达系统中，进行 CRISPR-Cas9 介导的 *GFP* 基因突变，成功检测到 GFP 功能丧失。

（三）CRISPR-Cas9 在工业丝状真菌中的应用

1. 里氏木霉 里氏木霉（*Trichoderma reesei*）是商业化生产木质纤维素分解酶制剂的一种丝状真菌，是不同的异源蛋白和分泌蛋白潜在的细胞工厂。根据里氏木霉密码子的偏好性，优化了化脓链球菌 *Cas9* 基因和核定位信号 *SV40*。利用融合增强的绿色荧光蛋白（eGFP）对其进行检测，获得能永久表达 Cas9 蛋白的菌株。gRNA 在体外转录后引入细胞，通过同源重组引入里氏木霉基因组的靶位点，实现基因编辑。通过共转化不同靶标的 gRNA 和外源 DNA，可以同时对多个基因进行修饰。随着共转化 gRNA 数量增加，多基因编辑效率明显降低。单个位点基因编辑时成功率为 93%～100%，2 个位点基因编辑的成功率仅为 16%，3 个位点基因编辑成功率降至 4.2%。

2. 产黄青霉 产黄青霉是青霉属的一种丝状真菌，常分布于土壤、空气及腐败有机质中，以高产青霉素而闻名。此外，它还能产生多种酶类及有机酸，在重金属及废水处理中常被用作吸附剂。2016 年，Pohl 等开发了无筛选标记的 CRISPR-Cas9 基因编辑工具用于产黄青霉 DS68530 和 DS54468 两个菌株中，一方面将体外合成的 gRNA 和 Cas9 蛋白与外源 DNA 共同转入 DS68530 菌株的原生质体中，另一方面使菌株表达 Cas9 蛋白，并在细胞中转录或导入体外合成的 gRNA，从而获得了 *amds* 和 *pks17* 突变菌株。由于基于 AMA1 的质粒表达 Cas9 的质粒会在无抗性压力时将其丢掉，从而避免了 CRISPR-Cas9 系统对菌株的影响。

3. 米曲霉 米曲霉（*Aspergillus oryzae*）是一种丝状真菌，可以产生蛋白酶、淀粉酶、糖化酶、纤维素酶、植酸酶等。Katayama 等构建载体 pUNAFNC9gwA1-4、pUNAFNC9gyA 和 pUNAFNC9gpG，分别用于基因 *wA*、*yA*、*pyrG* 的突变体分析。采用 *amyB* 作为 cas9 的启动子，来自米曲霉 RNA 聚合酶Ⅲ识别的 *U6* 作为 gRNA 启动子，*SV40* 作为核定位信号，FLAG-tag 作为检验蛋白表达与否的标记。结果显示，在突变体目的基因位点敲除或插入 1 bp 序列，且 Cas9 表达不会对米曲霉生长造成影响。

4. 粗糙脉孢菌 数百年来，粗糙脉孢菌一直是生物遗传学研究的模式生物。将 *Cas9* 基因与 *trpC* 启动子、*SV40* 核定位信号序列和 *trpC* 终止子融合，将 gRNA 与 *SNR52* 启动子和 *SUP4* 侧翼区融合。同时，利用

β-微管蛋白的启动子替换了粗糙脉孢菌中调节纤维素酶表达的核心转录因子 *clr-2* 的启动子，并将成簇调控因子 *csr-1*（cluster-situated regulator-1）基因座替换为 *gsy-1* 启动子（调节葡萄糖转化为糖原）调控的荧光素酶基因。由于 β-微管蛋白启动子驱动的 *clr-2* 纤维素酶表达量显著增加，同时荧光素酶也高量表达，可以采用生物发光测定法筛选遗传转换阳性菌株。

（执笔：第一节和第二节　龚钰华；第三节和第四节　沈祥陵；
本章由赵明文修改，边银丙统稿）

本章思考题

1. 哪些原因导致了食用菌性状发生遗传变异？
2. 如何保证真菌 RNA 的提取质量？如何制备 cDNA 文库？
3. 获得真菌目的基因片段的方法有哪些？
4. 酵母和丝状真菌基因表达系统各有什么特点？
5. 蛋白质工程设计的基本原理是什么？
6. 简述代谢工程设计的原理及流程。
7. 简述食用菌基因工程研究概况。
8. 食用菌基因沉默、RNA 干扰和基因敲除等技术各有哪些优缺点？
9. 简述基因沉默、RNA 干扰和基因敲除等技术在食用菌中的应用情况。
10. 试述 CRISPR-Cas9 系统结构和工作原理及其在真菌中的应用现状。
11. 哪些因素会影响 CRISPR-Cas9 系统的编辑效率？

数字课程网上资源

教学课件　　本章思考题参考答案

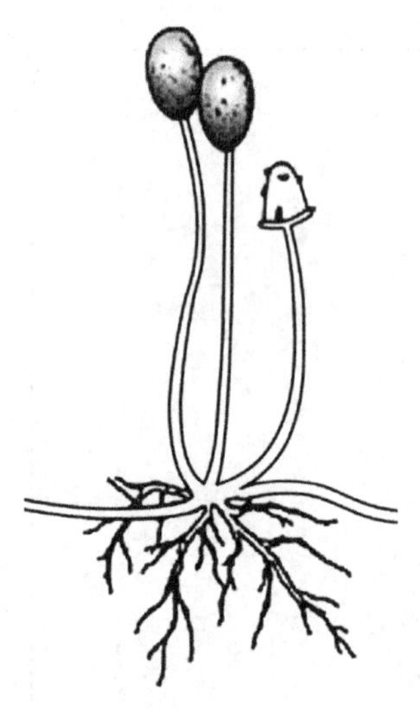

第十二章　食用菌诱变育种

诱变育种是指人为地利用物理、化学等因素对出发菌株进行诱变处理，使其发生基因突变，再采用适当的程序和方法将符合要求的优良变异菌株筛选出来。按照突变体表型特征，可将基因突变分为形态突变型、生化突变型、致死突变型和条件致死突变型4种类型，本质是DNA上出现碱基置换、移码、缺失或重复。

在食用菌遗传育种中，经常利用的突变株包括营养缺陷型突变株、温度敏感型突变株和抗药性突变株。诱变方法包括物理诱变和化学诱变，种类较多，诱变原理存在差异。诱变育种过程主要包括诱变和筛选两步。用诱变剂处理出发菌株，诱导遗传物质发生突变，筛选变异菌株，最终筛选出性状优良的菌株。

食用菌诱变育种的困难在于诱变材料选择、诱变条件选择和优良突变菌株筛选，定向诱变极其困难。在食用菌育种工作中，诱变育种存在难以获得单细胞的诱变材料，突变菌株筛选工作量极大和遗传性状不稳定等问题，难以获得综合性状优良的栽培品种。

第一节　诱变育种的原理

诱变育种是指采用物理或化学方法处理食用菌细胞群体，使其中少数细胞的遗传物质结构发生改变，引起各种生物学性状发生不可逆的变异，最后从群体中筛选出少数具有优良性状的变异菌株。

食用菌诱变育种程序包括：第一，出发菌株选择；第二，诱变材料（孢子悬液、原生质体或菌丝碎片）制备；第三，诱变处理；第四，涂布培养；第五，移植与扩大培养；第六，初筛和复筛；第七，特异性鉴定；第八，区域试验和示范栽培。

一、基因突变

突变是指遗传物质发生了稳定的可遗传的变异。根据突变发生的方式，可分为自发突变（spontaneous mutation）和诱发突变（induced mutation）。根据变异发生的范围，突变分为染色体畸变和基因突变两大类。染色体畸变是指染色体数量增减或染色体结构在较大范围出现了变化，如染色体缺失、重复、倒位或易位等。

基因突变指染色体上遗传物质 DNA 发生改变，出现了 DNA 片段插入、缺失、碱基置换或移码等，使基因结构及序列位置发生改变。基因突变所引起的遗传信息改变包括 3 种类型：一是错义突变，即突变使不同氨基酸相互置换；二是同义突变，即突变氨基酸与野生氨基酸相同；三是无义突变，即碱基突变后形成终止密码子，使蛋白质合成提前终止。

基因突变是重要的遗传学现象和生物进化动力。具有某种基因突变型或染色体畸变型的细胞或个体，被称为突变体（mutant）。对突变体进行研究有利于人们认识基因的本质和功能。

（一）基因突变的类型

按突变体表型特征，可将基因突变分为 4 种类型。

1. 形态突变型　形态突变型指细胞形态、菌落形态或子实体形态等发生改变的突变型。

2. 生化突变型　生化突变型指未发生形态改变，但生化特性发生改变的突变型。营养缺陷型是由于代谢功能缺陷，某些营养缺陷型菌株可以在完全培养基上正常生长，但在基本培养基中培养时必须添加某些特定的营养物质之后才可以正常生长，是最常见的生化突变型。对抗生素产生耐药性的抗性突变也属于生化突变型。

3. 致死突变型　致死突变型指由于基因突变而造成个体死亡或生活力下降的突变型。

4. 条件致死突变型　条件致死突变型指在某些条件下可成活，但在某些特定条件下致死的突变型。如温度敏感突变型菌株通常在某一温度条件下能生长，但在另一温度条件下则不能正常生长，甚至死亡。

（二）基因突变的分子基础

1. 碱基置换　碱基置换是指 DNA 序列中一个碱基被另一个碱基所取代。例如，如果一个嘌呤被一个嘧啶或一个嘧啶被一个嘌呤所取代，称为颠换（transversion）；如果一个嘌呤被另一个嘌呤或一个嘧啶被另一个嘧啶所取代，则称为转换（transition）。单个碱基置换的结果是改变了一个密码子，引起同义突变、错义突变和无义突变。碱基置换可以引起蛋白质一级结构中某个氨基酸被替代，或造成多肽链合成终止而产生不完全的肽链；若起始密码子突变，则蛋白质完全不能合成。

2. 移码 移码是在DNA编码区插入或缺失非3的整数倍的核苷酸而导致的阅读框的位移。遗传信息按3个碱基为一组密码子在DNA链上依次排列，蛋白质翻译从起始密码子开始，按密码子顺序依次向下读码；当在起始密码子后面加入或减少非3的整数倍碱基后，则后面所有密码子的阅读框就会发生改变，使翻译的氨基酸序列与野生型完全不同。若插入或缺失的碱基正好是3的整倍数，则在翻译的多肽上可能出现多或少1个至几个氨基酸，而不是完全打乱整个氨基酸序列。在自发突变中，移码突变占较大比例。

3. 缺失或重复 大片段DNA缺失或重复是基因突变的主要原因之一。

（三）常见的突变株类型

在食用菌遗传育种中，经常利用的突变株有下列3种类型。

1. 营养缺陷型突变株 营养缺陷型突变株是指由于代谢障碍而必须添加某种营养物质才能生长的突变株。例如，在基本培养基中必须添加腺嘌呤才能生长的突变株，称为腺嘌呤突变株，用Ade^-表示；在不添加腺嘌呤的基本培养基中也能生长的菌株，称为野生型菌株，用Ade^+表示。野生型菌株在完全培养基和基本培养基上均能生长，而营养缺陷突变株则只能在完全培养基上生长，两者容易区分。

2. 温度敏感型突变株 温度敏感型突变株是指在某一温度下可以生长而在另一温度下不能生长的突变株。由于某种蛋白质的氨基酸发生改变，这种被改变了的蛋白质仅在一定温度下才能保持其空间结构和生物活性，当达到或超过其限制温度时，该蛋白质会变性，失去其生物活性。

3. 抗药性突变株 抗药性突变株是指对某种药物具有一定抵抗能力的突变株。这种突变株能在添加某种药物的培养基上生长，而野生型菌株不能在添加该药物的培养基上生长。

（四）基因突变的规律

1. 随机性 某一生物群体中，基因突变发生的时间、个体、位点和所引起的表型变化等，都具有较明显的随机性。

2. 独立性 某一生物群体中，基因突变是独立发生的，某一个基因突变与另一个基因突变之间是互不相关的。

3. 稳定性 基因突变是遗传物质发生变异的结果。突变型基因和野生型基因一样具有相对稳定的结构，是可遗传的。例如，将证实具有药物抗性的突变株在未添加该药物的培养基上连续传代，其抗药性也不会发生改变。

4. 可逆性 野生型菌株可通过基因突变成为突变型菌株，突变型菌株又可通过基因突变成为野生型菌株。通常把野生型基因转变为突变型基因的过程，称为正向突变；把突变型基因转变为野生型基因的过程，称为回复突变。正向突变获得的菌株称为突变株，回复突变获得的菌株称为回复突变株。

5. 稀有性 对个体而言，发生突变的具体细胞、时间和位点等均具有偶然性和随机性。对于群体而言，突变总是以较低的频率发生。突变率是指在一个世代或规定的时间内，在特定的环境条件下一个细胞发生某一突变的概率。自发突变率通常仅为10^{-10} ~ 10^{-5}，经过某些物理或化学因子处理后可显著提高突变率。

二、诱变剂和诱变机制

在食用菌育种实践中，为了获得优良菌株，改善或提高某种食用菌产量或品质等遗传性状，经常采用诱变剂对出发菌株进行诱变，提高突变率。不同的诱变剂具有不同的诱变机制，其诱变效率也不尽相同。凡是能引起生物遗传物质改变，使染色体畸变或基因突变达到自然水平以上的物质或因素，统称为诱变剂。大多数诱变剂在诱发生物体发生突变的同时，也会造成生物体细胞大量死亡，具有致癌、致畸的特性。诱变剂可分为化学诱变剂、物理诱变剂和生物诱变剂三类。

（一）化学诱变剂

1. 碱基类似物　碱基类似物是指在分子结构上与DNA碱基非常相似的一类化合物。在DNA复制过程中，这类化合物可替代正常的天然碱基进入DNA链中。由于这些碱基类似物的配对能力不同于正常碱基，在DNA复制过程中可能会使其对应位置上插入不正确的碱基，引起配对错误而发生突变。

5-溴尿嘧啶（BU）是一种常用的碱基类似物诱变剂，通常以酮式结构存在，成为胸腺嘧啶的类似物，与腺嘌呤（A）配对；有时又会以较低的频率发生互变异构而以烯醇式结构存在，不与腺嘌呤配对，而是与鸟嘌呤（G）配对。

2. 脱氨基诱变剂　某些诱变剂能使DNA分子中嘌呤或嘧啶脱氨，改变核酸结构和性质，造成DNA复制紊乱而引起基因突变。

亚硝酸能引起含NH_2的碱基（A、G、C）发生氧化脱氨基反应，使氨基变为酮基，从而改变配对性质，发生碱基置换突变。亚硝酸与碱基类似物的突变机制相似，差别仅在于碱基类似物是在DNA复制时由外界掺入，而亚硝酸氧化脱氨作用于DNA链上已有的碱基，需要两轮复制才能产生稳定的突变。在亚硝酸作用下，胞嘧啶可以转变为尿嘧啶，复制后可引起GC→AT的转换；腺嘌呤可以转变为次黄嘌呤，复制后可引起AT→GC的转换；鸟嘌呤可以转变为黄嘌呤，它依然与胞嘧啶（C）配对，不引起突变。

3. 羟化剂　羟胺（hydroxylamine）是典型的羟化剂，主要作用于DNA分子上的胞嘧啶，使之形成羟化胞嘧啶。羟化后的胞嘧啶不再与鸟嘌呤配对，而与腺嘌呤配对，引起GC→AT的转换。羟胺专一性的诱变作用在pH为6.0的环境中特别突出，在不同pH和不同羟胺浓度时产生不同的产物。此外，羟胺还能与细胞中某些其他物质发生反应产生过氧化氢，是专一性的突变剂。

4. 烷化剂类化合物　烷化剂是一类重要的诱变剂，被广泛应用于微生物人工诱变中。该类化合物带有一个或多个活泼的烷基，通过烷基置换，取代其他分子的氢原子，称为烷化作用。烷化作用主要作用于核酸，导致DNA断裂、缺失或修补，造成基因突变，这类化合物包括氮芥（NM）、乙烯亚胺（EI）、硫酸二乙酯（DES）、甲基磺酸乙酯（EMS）、亚硝基胍（NTG）等。其中甲基磺酸乙酯能使鸟嘌呤的N位置上带有乙基，转变为7-乙基鸟嘌呤。该嘌呤不能与胞嘧啶配对，而与胸腺嘧啶配对，故发生GC→AT的转换。此外，烷化剂也能使嘌呤完整地从DNA链上脱落下来，从而产生缺口。复制时在与缺口对应的位点上，可能会配对上任何一种碱基，从而发生转换或颠换。在失去嘌呤后，DNA链也容易发生断裂，引起缺失或其他突变。

亚硝基胍是一种诱变作用超强的诱变剂，使一个群体中任何一个基因的突变率达到1%，还能诱导邻近位置的基因同时发生并发突变（comutation），且特别是在复制叉附近发生并发突变。

5. 移码诱变剂　移码突变（frameshift）是由于DNA分子中一对或少数几对核苷酸的增加或缺失而造成的突变。引起移码突变的化学试剂称为移码诱变剂，如吖啶橙、吖啶黄等吖啶衍生物，它们都是平面的三环化合物，大小与嘌呤-嘧啶碱基对大致相等。这类化合物在水溶液中能与碱基堆积在一起，并插入2个碱基对之间，称为嵌入。在DNA分子复制和转录时，在其序列中出现了1个或2个额外“碱基”，造成识别和阅读错误，产生移码突变。

（二）物理诱变剂

物理诱变剂很多，包括非电离辐射类的紫外线、激光和离子束等，还包括能引起电离辐射的X射线、γ射线和快中子等。在食用菌诱变育种中紫外线和γ射线使用较多，其中紫外线对食用菌正向诱变较多。

辐射诱变作用一般分为直接作用和间接作用。直接作用是使DNA发生断裂、缺失等；间接作用是使细胞染色体以外的物质发生变化，这些物质又作用于染色体而引起突变。X 射线、紫外线、激光、离子束等都可以引起基因突变。

1. 紫外诱变 紫外线是常用的非电离辐射诱变因子，波长 136 ~ 390 nm，诱变有效波长是 200 ~ 300 nm。波长 254 nm 时紫外线最易被（嘌呤和嘧啶）碱基所吸收，此波长诱变效果最强。采用紫外线进行诱变处理时，常采用波长 254 nm 的 15 W 紫外线灯管，距离 28 ~ 30 cm，照射处理时间因物种而异。各种微生物对紫外线的敏感性并不相同，相差几千倍，甚至上万倍。多数微生物细胞在紫外线下暴露 3 ~ 5 min 即可死亡。

紫外线诱变机制主要是引起 DNA 断裂、DNA 双链的交联、胞嘧啶和尿嘧啶的水合作用以及嘧啶二聚体形成等，最主要的效应是形成稳定的胸腺嘧啶二聚体，从而影响 DNA 复制。通常胸腺嘧啶二聚体发生在同一 DNA 链上两个相邻的胸腺嘧啶之间，但也可以发生在两个单链之间，这种二聚体相当稳定。如果它发生在两条链之间，就会因交联而阻碍双链分开，影响复制。如果在同一 DNA 链上形成二聚体，就会阻碍腺嘌呤的正常掺入，在复制时就会在此处突然停止或在新链上出现错误碱基，引起突变。紫外线引起的突变包括各种形式的转换、颠换、缺失、重复和移码突变。

紫外线强度（单位 erg/mm^2）测定较困难，在诱变工作中常用间接法进行计量，即用紫外线照射的致死时间或致死率作为相对剂量单位。微生物接受紫外线照射的剂量取决于紫外线灯管的功率、紫外线灯管与微生物的距离和照射时间。如果照射距离和紫外线灯管功率固定，那么剂量与照射时间成正比，即可用照射时间作为相对剂量。紫外线照射剂量随着灯管与被照射物的距离缩短而增加，在小于灯管长度 1/3 的距离内，照射强度与距离成反比关系。因此，适当增加照射距离和延长照射时间，与缩短照射距离及照射时间可以取得相同的结果。此外若照射时间等条件固定，分次处理与一次处理结果也类似。

有时紫外线照射剂量还会用微生物死亡率来表示。每种微生物在一定条件下对紫外线的抗性是相对稳定的，一定的照射剂量对应一定的死亡率。紫外线强度会随时间的延长而下降，采用照射时间表示剂量不甚确切，用微生物死亡率表示剂量则更实用。

2. 电离辐射诱变 X 射线、γ 射线等电离射线均带有较高的能量，能引起被照射物质中原子的电离，称为电离辐射。能量越大，产生的正离子越多。X 射线波长是 0.06 ~ 136 nm，γ 射线的波长是 0.006 ~ 1.4 nm，短波 X 射线也是 γ 射线。尽管电离辐射在诱变育种方面开展较早，机制方面也早已提出靶子说，但其对 DNA 的作用尚不完全清楚。

X 射线的诱变作用分为直接作用和间接作用两种。直接作用指引起 DNA 双螺旋氢键断裂、DNA 单链断裂、DNA 双链之间的交联、不同 DNA 分子之间的交联等；间接作用指电离辐射从水或有机分子上产生自由基。自由基作用于 DNA 分子，引起缺失和损伤，自由基对嘧啶的作用更强。此外，X 射线还能引起染色体畸变，即因染色体断裂引起染色体的倒位、缺损或重组等。发生染色体断裂的细胞常不稳定，复制时会引起分离，这是 X 射线诱变的一个缺点。生物学上所用的 X 射线一般由 X 光机产生，γ 射线通常来自放射性元素钴、镭或氡等。

3. 快中子诱变 快中子在微生物诱变育种中广泛应用。中子是原子核中不带电荷的粒子，可以从回旋加速器、静电加速器或原子反应堆中产生。中子具有很高的能量，其中快中子的能量最高，达到 0.2 ~ 10 MeV。中子能与被照射物质的原子核相撞击而将能量转移给后者，接收了中子能量的原子核释放出质子，带正电荷，且具有很高的能量。

当这些质子透过物质时，可引起物质电离。在受快中子照射的物质中，质子被不定向地打出来，电离在受照射物体内沿质子轨迹集中分布。质子的电离作用所引起的生物学效应与 X 射线和 γ 射线相似，但快中子较 X 射线和 γ 射线具有更大的电离密度，因而能够引起基因突变和染色体畸变，特别是正向突变，近年来得到广泛应用。

4. 离子束诱变 离子束诱变又称离子注入诱变，它对诱变对象的生理损伤小，突变率高，突变谱广，具有一定的可重复性和方向性。在作物诱变育种中已经成功选育出多个优质抗病的新品种，在微生物和动物诱变育种方面也积累了许多经验。

离子源是离子注入诱变的重要部件，决定着离子的种类和束流强度，可以将需要注入的元素电离成离子，许多离子注入机能够单独或同时产生金属和气体离子束。生物诱变育种中常用 N^+ 离子束。辐射诱变是能量交换，化学诱变是分子基团交换，而离子注入诱变同时存在能量传递、动量交换、离子沉积及电荷积累等过程，兼有辐射诱变和化学诱变的特点及功能，且可以精确控制离子种类和注入剂量等参数。此外，根据需要使离子的能量、动量及电荷等进行适当组合，能使诱变具有一定的可重复性和方向性，还可使产生的生物学效应比单一辐射更加丰富，为筛选有利的突变型奠定了基础。

5. ARTP 诱变 常压室温等离子体（ARTP）诱变育种技术是伴随着等离子体理论和应用研究而出现的一种新型高效生物育种技术，它采用氦气进行射频辉光放电，等离子体与 DNA、蛋白质、微生物细胞发生相互作用，从而产生细胞致死和亚致死效应。大量活性氧化物和活性氮化物引起 DNA 断裂、真核细胞 DNA 损伤响应（DNA damage response，DDR）和原核细胞 SOS 响应等。等离子体辐照首先会改变活细胞的细胞膜通透性，耐受能力因细胞膜结构不同而不同。在膜结构被破坏之后，活性粒子及其与水分子、胞内脂质或蛋白质等生物分子进一步反应生成的有机氧化物，会引发 DNA 易错性修复机制。当 ARTP 辐照强度过高时，细胞死亡；当辐照强度适中时，则会产生基因突变，胞内基因转录水平、翻译水平等都将随之变化。

相对于其他传统诱变技术，ARTP 诱变育种不仅具有操作简便、设备简单、条件温和、安全性高和诱变速度快等优点，而且突变率高，突变库容大（突变库可达 10^6 ~ 10^8），大幅度减少筛选工作量；ARTP 对遗传物质独特的作用机制使突变种类更加丰富；ARTP 对环境无污染，能保证操作者人身安全。因此，ARTP 不仅为优良菌株选育提供了一种高效安全的新方法，也成为高效获得生物突变库，以及借助分子生物学技术获得高产菌株的有力工具。

6. 太空诱变 太空环境对生物基因具有诱变效应。亿万年来地球生物的形态、生理和进化始终深受地球重力的影响，一旦生物进入太空呈现失重状态，同时受到其他物理辐射的作用，将可能产生在地面上难以获得的基因变异。辐射、微重力和高真空等太空环境因子对生物体生理和遗传性状具有强烈影响。

7. 激光诱变 激光与普通光在本质上都属于电磁波，其发光的微观机制均与组成发光物质的原子及分子的能量状态变化有关。普通光源主要是自发发射，而激光则是在激光器内对光发射过程进行控制下产生的受激发射。自第一台激光器问世以来，激光已广泛应用于国防、医学、工业及农业等众多领域。近年来，科学家利用激光对微生物进行诱变育种，获得了较好的效果。

（三）生物诱变剂

生物诱变剂实际上是一段 DNA 片段，如转座因子 Is、Tn、Mu。转座因子是细胞中能改变自身位置的一段 DNA 序列，它可以从染色体上一个位置转移到另一个位置，或者从质粒转移到染色体上，引起基因突变。

诱变噬菌体（mutator phage）是大肠杆菌的温和噬菌体，为线性双链 DNA 分子。但不同于 λ 噬菌体，诱变噬菌体 DNA 几乎可插入宿主染色体的任何一个位点上，当诱变噬菌体发生转座插入宿主染色体上时，会引起突变，是典型的生物诱变剂。此外还有其他的生物诱变剂，如抗生素、除草剂等。总体上生物诱变剂的应用较少。

第二节 食用菌诱变育种方法

确定诱变筛选流程是诱变育种的核心内容，诱变育种方法选择则需要考虑实验条件、育种材料和育种目标等因素。

一、诱变育种方案设计

拟将出发菌株的生产能力或生物学效率提高约 20%，可设计两种方案进行。第一种方案是一次诱变筛选大量样本，从中筛选生产能力提高 20% 以上的材料；第二种方案是进行两次诱变，初次仅选取生产能力提高 10% 左右的材料，第二次再选取提高 10% 左右的诱变材料。第一种方案筛选工作量大，但整个育种周期可能会较短，第二种方案虽然增加了一次诱变，但每次筛选的工作量会降低，且对达到筛选目标相对较有把握。

在实际育种工作中，对于既往诱变史较少的低产菌株，采用第一种方案将有利于提高育种工作进度。对于已经进行过多次诱变处理的高产菌株，第二种方案远比第一种方案更加有效。因此，在具体育种工作中，应视具体情况设计合理的工作方案。

二、诱变育种流程与技术

诱变育种流程主要包括诱变与筛选两步。用诱变剂处理出发菌株，诱发遗传物质发生突变，从变异群体中筛选优良菌株，然后再诱变，再筛选。如此反复多次，最终选育出理想的优良菌株。

多步累积诱变选育法是目前微生物高产菌株诱变育种中常用的育种方案，大致包括出发菌株选择、诱变材料选择、诱变菌株培养、诱变菌悬液制备、诱变剂选择、诱变处理、后培养和高产突变株分离与筛选等步骤。

（一）出发菌株选择

诱变育种的目的是提高产量或改进品质。出发菌株选择对诱变效果影响极大，应从以下几方面考虑。

1. 尽量选择既往诱变较少的高产菌株　用于诱变育种的出发菌株通常包括以下几类。

（1）从自然界分离的野生型菌株　这类菌株对诱变因素敏感，容易发生变异，且容易产生正向突变。

（2）在生产实践中表现良好的菌株　这类菌株通常是经自发突变而筛选获得的菌株。一方面，从细胞内酶系统和染色体 DNA 完整性上看，它们类似于野生型菌株，产生正向突变的可能性较大。另一方面，由于出发菌株已经是生产菌株，对培养条件等已具备了较好的适应性，经过诱变育种所获得的正向突变株易于推广到生产中。

（3）已进行多次诱变改造的菌株　这类菌株通常进行再次诱变时，容易产生负向突变，继续提高产量或改进品质较困难。如果能结合其他针对性较强的育种方法，例如杂交育种或原生质体融合育种等，对其遗传背景进行较大幅度的改变，再作为诱变出发菌株，则有可能获得较理想的结果。

2. 挑选纯系菌株　纯系菌株遗传背景较单一，作为出发菌株进行诱变育种的效果较好。如果出发菌株的遗传性不纯，应先进行分离纯化，然后再进行诱变处理。遗传性不纯现象在采用丝状真菌菌丝体进行诱变时更为常见。例如，出发菌株本身是异核体，这对诱变及其诱变后筛选都会带来极大困难和不利影响。

3. 选择对诱变剂敏感的菌株　不同的菌株对同一诱变剂的敏感性有时差异较大。在许多情况下，有些菌株遗传物质具有抗诱变作用，遗传性能稳定，这种特性在生产上是非常有益的，但作为出发菌株则不合适。作为出发菌株，需要对诱变剂具有较高的敏感性。不同菌株对某种诱变剂的敏感性的测定方法较多，在实际工作中通常测试同一剂量下的致死率，以及同一剂量处理诱发回复突变的频率，作为选择出发菌株的依据。

4. 采用多个出发菌株　在诱变育种工作中，在尚不能确定出发菌株对诱变剂敏感性的情况下，为了缩短育种周期，可以采用多个出发菌株进行诱变。一般情况下，可以选择 3～4 株具有不同遗传背景的菌株作为出发菌株，有利于提高诱变育种效率。

5. 对出发菌株的其他要求　出发菌株选择单倍体的单核细胞为宜。单倍体细胞中仅有一套染色体，单核细胞中只有一个细胞核，诱变所造成的某一变化就是单细胞中唯一的变化，不会发生性状分离现象。若是双倍体或多核细胞，一般情况下突变仅发生在双倍体其中一条染色体或多核细胞中的某一个核，该细胞在诱变之后进行培养的过程中会出现性状分离现象。因此，在丝状真菌诱变育种中，通常选择其单倍体孢子进行诱变，而不使用其菌丝体。诱变材料选择需要与诱变剂选择一起统筹考虑，因为有些诱变剂对休眠孢子作用效果极差，甚至没有诱变效果，这种现象与诱变剂的诱变机制有关。

为了获得较理想的诱变效果，通常选择在生产中广泛使用的发生了一定程度自发突变的菌株，尤其是具有生长快、营养需求低、出菇早、适应性强等特性的菌株，以及对诱变因素较为敏感的野生菌株。

（二）诱变材料选择

为了使每个细胞都能均匀地接触诱变剂，以达到较好的诱变效果，被用于诱变的材料应呈单细胞分散状态好，这样不仅可以使待诱变细胞均匀接触诱变剂，还可有效避免多细胞体系中未突变细胞对突变细胞的掩蔽作用。

不同食用菌具有不同的生活史，在诱变材料选择和育种程序上也存在差异。草菇和双孢蘑菇的部分担孢子是异核体，由这些担孢子萌发而来的单核菌丝具有结实性。因此，可直接诱变处理担孢子，经筛选后获得符合育种目标的诱变菌株。对于异宗结合的食用菌如香菇、糙皮侧耳等，其担孢子萌发所得的单核菌丝不能结实，仅可作为杂交育种的亲本单核体材料，经杂交后才能形成具有结实性的异核菌丝，不能直接进行优良品种选育。

去壁的原生质体不仅呈单细胞分散状态，而且无细胞壁阻隔，诱变剂更容易作用于细胞 DNA。若处理双核原生质体，其再生菌株可直接进入出菇筛选程序，育种程序得到简化，诱变育种周期可显著缩短。

诱变材料的生理状态与诱变效应密切相关。虽然各种诱变剂对诱变材料的诱变效应不尽相同，但处于转录状态或翻译状态的 DNA 对于诱变剂的敏感性，明显超过处于静止状态或休眠状态的 DNA。为了使待处理的诱变材料处于转录或翻译的生理状态，应考虑采用担孢子预培养，促使担孢子萌发，或采用处于对数生长期的幼嫩菌丝体作为制备原生质体的材料，或选用菌落边缘的幼嫩的异核菌丝体。

对于某些不产孢的食用菌，可直接采用幼嫩菌丝体进行诱变处理。

1. 对菌丝尖端进行诱变处理　取灭菌后的盖玻片，紧贴于平皿内的琼脂培养基表面，在盖玻片上滴加数滴液体培养基，然后接种菌丝。培养至菌丝刚延伸至盖玻片以外的培养基上，揭去盖玻片，使盖玻片周围部分菌丝尖端断裂且留在培养基上，然后对这些培养皿中的断裂菌丝进行诱变处理。

2. 对单菌落边缘菌丝进行处理　取生长于琼脂培养基平板上的幼嫩菌落（每个平板上 1 个或少数几个菌落），利用紫外线、X 射线、γ 射线等物理因素对菌落直接进行诱变处理，或在培养基中加入致死率较低的一定剂量的化学诱变剂进行处理。继续进行培养，使菌落生长延伸，之后从菌落边缘延伸的菌丝尖端挑取小段菌丝，接种于斜面培养基，培养后进行筛选。

3. 对菌丝片段悬浮液进行诱变处理 取培养后相当幼嫩的菌丝体，用玻璃研磨器进行匀浆处理，过滤后制成菌丝片段悬浮液，然后进行诱变处理。

（三）诱变菌悬液制备

在食用菌诱变育种时，一般选择单核孢子进行诱变，而不直接诱变处理双核菌丝。诱变处理时，最好使细胞处于悬浮状态，并采用无菌的玻璃珠将成团的孢子分散开来。

在进行物理诱变时，一般采用生理盐水配制悬浮液。在进行化学诱变剂处理时，因诱变剂可引起悬浮液pH改变，或诱变剂因pH改变而产生不同的诱变效应，通常需使用缓冲液进行配制。

诱变所用的食用菌孢子悬浮液浓度应控制在10^6个/mL左右，悬浮液孢子浓度可用平皿稀释计数法、吸光光度计法或血细胞计数板进行测定，最好先测定孢子悬浮液中活孢子数。采用平皿稀释计数法测定不同浓度下孢子悬浮液中活孢子数，同时测定其光吸收值，制作标准曲线。后期只需测定光吸收值，即可从标准曲线上查出活孢子数。

（四）诱变剂选择

诱变剂选择不仅需要考虑食用菌育种者使用和操作的便利，还需要考虑育种成本和效果。选择不同的诱变剂，诱变育种成本和效果的差异明显。在实际工作中，除了使用单一种类的诱变剂之外，还可考虑将具有不同诱变机制的诱变剂结合使用。例如，紫外线主要作用在DNA分子的嘧啶碱基上，而亚硝酸则主要作用在DNA的嘌呤碱基上。将紫外线与亚硝酸复合作用，可使突变谱变宽，提高诱变概率。

对不同的食用菌诱变材料而言，最适合的诱变方法和诱变条件也是不同的，同一种诱变方法对不同的食用菌材料的诱变效果也不尽相同。通常而言，采用不同的诱变方法对同一菌株进行多次诱变处理，诱变效果显著优于使用同一种诱变方法进行多次诱变处理。

（五）诱变处理

在诱变育种工作中，常用致死率来表示各种诱变剂的相对剂量。诱变既可能产生正向突变，使食用菌产量、品质等性状得到改善，也可能产生反向突变。因此，适宜的诱变剂量应该是在确保诱变率的基础上，尽可能使变异朝正向突变方向进行，这需要多次反复试验摸索。一般来说，诱变率随剂量的增加而提高，但诱变效果并不是剂量越高越好。

有关紫外线、X射线和乙烯亚胺等诱变效应的研究发现，使用偏低剂量进行诱变，正向突变出现的概率较大；使用偏高剂量进行诱变，反向突变出现的概率较大。因此，育种者更多倾向于采用较低诱变剂量来处理待诱变材料。以紫外线诱变为例，过去常采用致死率高达99.9%～99.99%的剂量，近年来则倾向于采用致死率为30%～70%的剂量。

由于不同种类诱变剂最佳剂量差异很大，在选择剂量时，需要通过大量的预备试验方能找到适宜的诱变剂量。一般认为，如果处理材料的种性不太稳定，诱变的目标为提高产量的稳定性或品质，宜采用缓和一些的诱变剂，且使用剂量越低越好。如果处理材料种性比较稳定，需要较大幅度的突变，则应考虑应用诱变能力强的诱变剂和较高的诱变剂量，以使处理材料受到较强的冲击而发生较大的遗传物质改变。

1. 物理诱变 物理诱变通常需要专门的设备。除紫外诱变设备较经济之外，其他专用设备通常都较昂贵。诱变前需要准备好样品，提供处理所需的剂量和时间等参数。

对食用菌育种而言，紫外线是正向突变频率较高的诱变剂，成本低、使用方便，成为使用最多的诱变剂。紫外诱变操作通常在暗室的诱变箱或接种箱中进行。安装15 W紫外线灯管，诱变前先打开紫外线灯管预热 20～30 min，使光波稳定。事先制备 10～12 mL 孢子悬浮液，加入直径 9 cm 的培养皿中，打开培养皿盖，将孢子悬浮液置于紫外线灯管下方 30 cm 处，照射时间为 30 s～5 min。将照射处理后的孢子悬浮液稀释后，涂布在平板上培养，或加入培养基进行增殖培养后，再涂布在琼脂培养基上，但增殖培养时必须避光。整个诱变操作过程必须在红光下进行，后期孢子萌发培养也应在避光条件下进行。

2. 化学诱变　采用化学诱变剂处理后，必须立即及时终止诱变反应。终止诱变剂的作用既可采用大量稀释的方法，也可使用解毒剂。此外，还可采用提高 pH 的方法终止亚硝酸等酸性诱变剂的作用。

通常用溶液浓度（0.01～1 mol/L）、作用时间和处理温度来控制化学诱变剂的剂量。使用的浓度越高，致死率越高。

甲基磺酸乙酯是应用较多的一种化学诱变剂，在诱变处理食用菌孢子时，常用浓度为 0.1～0.4 mol/L。先将食用菌孢子悬浮在 0.1 mol/L、pH7.0 的磷酸盐缓冲液中，将孢子浓度调节至 10^6 个 /mL 左右；再取 0.9 mL 孢子悬浮液，加入 1 mL 一定浓度的甲基磺酸乙酯溶液，摇匀后静置保温 3～6 h，也可适当延长或缩短处理时间。最后进行离心、洗涤和稀释后涂平板，或加入培养基培养过夜后再涂平板，从萌发的菌落中逐级筛选出优良的突变菌株。

（六）后培养和高产突变株分离与筛选

诱变材料经诱变处理和培养后萌发产生大量菌落，应及时挑取单菌落，进行突变体筛选。根据诱变材料不同，需要采用不同的筛选方法。

单核孢子诱变处理后，应筛选生长较快的单核菌落，用于后续试验；对于同宗配合真菌的单核孢子，可以将挑出的单个菌落移至试管斜面上，直接进行培养性状观察。对于异宗配合真菌，诱变获得的单核体菌株仅能作为杂交育种的材料，需要先考察获得的单核体菌株是否发生了遗传性状变异，再将发生突变的单核体菌丝与其他可亲和的单核体菌丝进行杂交。

对于诱变所得的单核体菌株及其杂交获得的杂交子，都必须进行培养特性、农艺性状和商品性状考察，筛选优良突变株或杂交子。待杂交子产生子实体之后，再通过组织分离获得纯培养菌种，然后经过多轮栽培试验和示范，最终获得遗传稳定性状优良的突变体菌株。

双核原生质体在诱变处理后，可依据育种目标筛选出部分优良诱变菌株，直接进入栽培试验阶段，通过出菇期性状考察进行优良菌株筛选。筛选可借鉴微生物的多轮筛选方法进行。第一轮，对出发菌株进行诱变处理，挑选 20 个材料进行初筛和生产性能检验；挑取 5 株参加复筛及稳定性检验，获得 1～2 个稳定菌株。第二轮，对第一轮获得的 1～2 个稳定菌株再次进行诱变处理，挑取 20 个材料进行初筛和生产性能检验；再挑取 5 株参加复筛和稳定性检验，确定 1～2 个优良突变菌株。稳定性检验至少需要做两次以上，必要时可进行第三轮、第四轮诱变处理。突变后所获得的菌株通常对诱变剂更为敏感，经反复多次诱变处理后，一般可筛选出较为理想的优良菌株。

三、影响诱变效果的外部因素

诱变剂的诱变效应受培养条件、pH、氧分压、可见光等外部条件影响。例如，在采用亚硝基胍进行诱变处理时，不能采用中性条件，而应使用酸性或碱性条件，这是由于亚硝基胍在中性条件下诱变效应极弱。在使用碱基类似物进行诱变处理时，需要创造天然碱基较贫乏的环境。因此平板培养基中不应含有有机氮源等富含天然碱基的成分，而应在合成培养基中添加碱基类似物进行培养，以使菌丝在生长过程中错误地吸收碱基类似物用于合成 DNA。同样，也可以用孢子进行饥饿萌发处理，使孢子在萌发时错误地吸收碱基类似物。自然光对紫外线诱变具有修复效应，紫外线诱变应在避光条件下进行。

四、诱变育种应注意的问题

在诱变育种工作中所使用的各种诱变剂几乎都有一定的致畸或致癌效应，在操作中应特别注意安全问题，包括个人安全和环境安全两个方面。

1. 个人安全 在进行诱变育种操作时，应注意防护避免诱变剂对操作者造成伤害。不同的诱变剂应采用不同的防护方法，如 γ 射线辐射防护要求较高，需要按照有关规程进行严格防护，通常需要在专业的设备内由专人操作。紫外线辐射防护要求较低，仅需要普通玻璃就可以阻挡其对人体的伤害。化学诱变剂应避免与身体有关部位直接接触，需要戴乳胶手套进行操作。对于挥发性化学诱变剂，需要在通风的隔离设备内进行操作。

2. 环境安全 环境安全是指在诱变剂使用过程中及使用后，均要严格避免诱变剂对环境造成污染和由此引起的对他人的间接伤害。所用物品需进行必要的解毒处理，诱变过程中产生的废液等也需要经过解毒或充分稀释后才可以排放。在操作过程中应严格防止诱变剂渗漏，如若出现应及时对受污染的设备、实验台或地面进行必要的解毒处理。诱变操作通常应在规定的实验室或设备中进行，并有明确的提示及警示标记。此外，诱变剂领用和储存也要应严格按照相关管理规定进行，由专人管理，并有明确的购买、领取和使用台账。

在诱变育种工作中，应仔细观察每次诱变和筛选中菌株细微的形态变化，翔实记录菌株诱变史和诱变谱系。由于诱变育种中突变具有不定向性和盲目性，筛选工作量极大，需要对整个育种工作流程进行合理设计，并特别注意与其他育种手段和新技术有机结合，提高育种工作效率。

第三节 食用菌诱变育种实例

1948 年，Fries 用氮芥和紫外线分别处理了粪鬼伞（*Coprinus sterqulinus*）的孢子和菌丝体，获得 5 个明显变异的营养缺陷型突变株，标志着诱变技术在大型真菌研究中开始应用。1983 年，有人采用紫外线灯对猴头菇孢子悬浮液进行照射，筛选获得 1 个优良的诱变菌株，出菇时间缩短 60.98%，产量提高 46.88%。

一、物理诱变

（一）紫外线诱变

灵芝原生质体经过紫外线诱变处理，获得了遗传性稳定的高产高多糖含量的 2 个突变株。樟芝菌丝片段在紫外线诱变处理后，也获得了在菌丝培养性状和生长速度方面明显优于出发菌株的 2 个突变菌株。刺芹侧耳原生质体在紫外线诱变处理后，获得 6 个诱变菌株，它们较出发菌株长满培养料所需时间缩短 3 ~ 6 d，原基出现时间提前 5 ~ 8 d，第一潮菇平均产量提高 12.5% ~ 40.6%，总生物学效率提高 11.1% ~ 32.4%。

紫外线被成功地用于糙皮侧耳孢子悬浮液诱变中，获得了产孢量低的突变菌株。此外，紫外线在香菇原生质体诱变中获得了耐高温的突变菌株，而在草菇原生质体诱变中，筛选到了在相对低温环境中能正常生长的突变菌株。实践表明，食用菌紫外线诱变能创制大量性状优良的新种质。

（二）^{60}Co-γ 射线诱变

利用 ^{60}Co-γ 射线诱变草菇菌丝体，获得了 14 个生长性状发生明显变异的突变菌株；采用 ^{60}Co-γ 射线诱变处理草菇原生质体，筛选到相对低温环境中正常生长的突变菌株。采用不同剂量的 $^{60}Co-\gamma$ 射线辐照双孢蘑菇担孢子，筛选到了 4 株高产的突变菌株。

虽然 $^{60}Co-\gamma$ 射线已经在食用菌诱变育种中得到广泛应用，但选择 $^{60}Co-\gamma$ 射线作为物理诱变剂不仅需要建设能够有效隔离辐射的操作室，还需要购买昂贵的设备，且辐射源需定期更新、维护成本高、管理困难，限制了 $^{60}Co-\gamma$ 射线诱变技术的应用。

（三）离子束

采用 N^+ 注入诱变技术处理刺芹侧耳菌丝体，筛选到 1 个较出发菌株产量提高 17.43% 的突变菌株。利用离子束处理草菇原生质体，也筛选到了在相对低温环境中正常生长的突变株。利用低能氮离子束注入松乳菇，获得 1 个液体发酵生物量较出发菌株提高 21.57% 的突变株。

（四）航空航天诱变

香菇、糙皮侧耳、黑木耳、金针菇、灵芝等食药用菌材料在卫星或高空气球搭载后，在拮抗反应、菌丝生长速度、出菇形态等方面出现了明显变异，RAPD 分析也显示搭载材料在 DNA 水平上发生了变异。利用航空航天诱变技术对金针菇进行诱变处理，少数突变菌株产量较原始出发菌株产量高，且出菇期提前。

（五）ARTP 诱变

利用 ARTP 技术对草菇原生质体进行诱变，筛选出抗冻能力明显提高的突变菌株。在利用 ARTP 技术对金针菇原生质体进行诱变处理后，选育出抗病性强、纤维含量低的突变菌株。ARTP 技术应用于茶树菇菌丝体诱变处理，筛选到适宜分解荔枝枝屑的优良菌株，菌丝生长速度较出发菌株提高 0.21 mm/d，生物学效率较出发菌株提高 9.03%。

二、化学诱变

相对于物理诱变育种，食用菌化学诱变育种的报道相对较少。

香菇菌丝体在利用秋水仙碱溶液诱变处理后，先后获得了纤维素酶高产及微晶纤维素降解能力增强的突变菌株。氯化锂、EMS、亚硝酸分别用于诱变灵芝原生质体，获得了胞外多糖含量明显均高于对照品种的 3 个突变菌株。EMS 诱变处理糙皮侧耳孢子悬浮液及草菇原生质体，前者获得产孢量低的突变菌株，后者获得在相对低温环境中正常生长的突变菌株。

三、复合诱变

化学诱变通常与物理诱变一起进行食用菌复合诱变研究。紫外线、$^{60}Co-\gamma$ 射线和硫酸二乙酯（DES）被用于对草菇原生质体进行复合诱变，获得了在 26℃下生物学效率显著提高的突变菌株。

诱变育种尽管取得了较好的成效，但也有自身的弱点。一是诱变产生正向突变的频率低，需要进行大量烦琐的筛选工作；二是目前还不能有效控制突变发生的方向和性质；三是诱变可大幅度改良某些性状，特别是单基因控制的质量性状，但诱变及鉴定数量性状的微突变则难度较大；四是诱变产生的突变菌株遗传稳定性较差，常发生回复突变，或因遗传缺陷而导致突变菌株死亡。无论是物理诱变育种，还是化学诱变育种，定向诱变育种才是食用菌诱变育种技术亟待突破的关键所在。

（本章执笔　田雪梅；鲍大鹏修改，边银丙统稿）

本章思考题

1. 简述食用菌诱变育种的原理。
2. 食用菌常用突变株包括哪几种类型，各有什么特点？
3. 几种常见诱变剂的诱变机制是什么？
4. 食用菌物理诱变和化学诱变各有哪几种方法，各有什么特点？
5. 简述诱变育种方案制订和实施中应该注意的问题。
6. 在食用菌诱变育种案例中，你觉得哪些经验值得学习和借鉴？
7. 食用菌诱变育种应特别注意哪些问题？
8. 食用菌诱变育种存在哪些突出的困难和问题？

数字课程网上资源

教学课件　　本章思考题参考答案

第三篇　食用菌遗传育种学实验

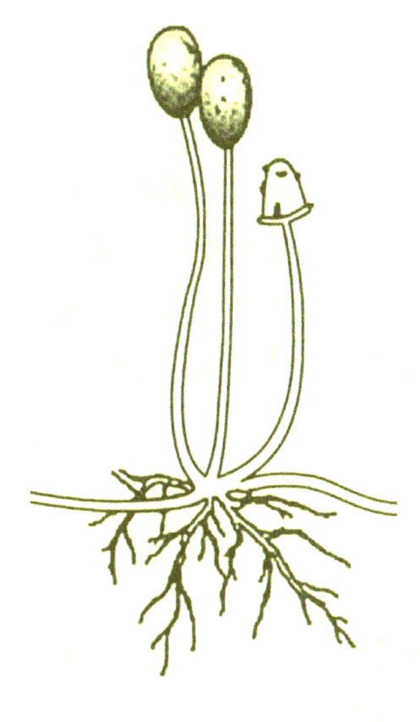

实验一 食用菌菌丝与核相染色观察

一、实验目的

了解食用菌单核菌丝体及双核菌丝体的形态特征，掌握细胞核染色和核相观察的方法。

二、实验原理

某些染料可与食用菌菌丝体发生物理吸附作用，或发生某种化学反应而产生亲和力，从而使菌丝体着色。经过染色可更清晰地对食用菌菌丝体形态特征进行显微观察。食用菌细胞核极小，普通水浸片难以观察。苏木素是一种纯天然染料，常用于细胞核染色，单独使用时着色性能较差，但经氧化变为苏木红和金属盐，再与媒染剂作用后，可以形成带阳离子的分子，因而可与带阴离子的细胞核结合着色，使菌丝细胞核着色成为鲜明的蓝色。

三、主要仪器与实验材料

显微镜、盖玻片、载玻片、吸水纸、接种针、滤纸、苯酚品红染液、乳酸酚棉兰染液、苏木素染液、香菇或糙皮侧耳单核菌丝或双核菌丝（培养 5 ~ 7 d）、1% 盐酸溶液、磷酸缓冲液（pH = 8.0）、蒸馏水。

四、实验方法与步骤

（一）苯酚品红染色观察菌丝体形态

1. 在载玻片上滴一滴蒸馏水，取少许菌丝放在蒸馏水中将其分散，用吸水纸吸去多余水分。

2. 滴一滴苯酚品红染色液至菌丝标本上，染色 3 ~ 5 min。

3. 加上盖玻片，镜检。先在低倍镜下找准目标，将菌丝分散度好、便于观察的部位移至显微镜视野中央，然后换高倍镜观察。

（二）乳酸酚棉兰染色观察菌丝体形态

具体操作方法和步骤同苯酚品红，染色 8 ~ 10 min。

将香菇或金针菇单核菌丝和双核菌丝分别用两种染料染色，以便进行对比观察。

（三）苏木素染色观察细胞核

1. 先在载玻片中央滴一滴蒸馏水，再用接种针尖端挑取少许菌丝，放置在蒸馏水中，将菌丝分散，最后用吸水纸吸去多余水分。

2. 滴一滴苏木素染液至菌丝体上，染色 15 ~ 20 min，直至菌丝样本颜色变为蓝色；再滴一滴蒸馏水进行水洗，之后用吸水纸吸去多余水分。

3. 滴一滴 1% 盐酸溶液至菌丝样本上分化 3 ~ 5 s，至菌丝样本颜色变浅或变红即可。

4. 立即滴加磷酸缓冲液（pH = 8.0）或蒸馏水数秒，至菌丝样本再次变为蓝色，最后用吸水纸吸去多余水分。

5. 滴加蒸馏水水洗菌丝样本，并使菌丝充分分散在水滴中，加上盖玻片，用滤纸压散，镜检。

五、注意事项

（一）苯酚品红、乳酸酚棉兰染色

1. 菌丝体须在水中用接种针仔细剥离、分散。如果菌丝体过于浓密，将无法看清锁状联合等细微结构。
2. 制作玻片时，蒸馏水和染色液都不能滴加过多。

（二）苏木素染色

1. 在操作时上一步处理的化合物应尽可能不要被带入下一个步骤。
2. 1% 盐酸分化时间应严格掌握，分化时间过短或过长都影响染色效果。
3. 菌丝体菌龄、染液存放时间、室温条件等因素都影响染色效果。染色时间可视实际情况做适当调整。

六、实验结果处理

绘制香菇或糙皮侧耳单核菌丝体及双核菌丝体的形态图，描述两者的形态结构差异，标注细胞核、细胞壁、隔膜、锁状联合和菌丝分支等部位。

七、思考题

1. 根据你的观察，香菇或糙皮侧耳单核菌丝与双核菌丝在形态结构上有哪些主要差别？
2. 在苏木素染色后，为什么要用 1%盐酸溶液进行分化？

实验二 香菇野生菌株的 ISSR 分析

一、实验目的

分析香菇野生菌株的 ISSR 标记多态性，辅助鉴定香菇种质资源的遗传多样性。

二、实验原理

ISSR（inter-simple sequence repeat）方法以锚定微卫星 DNA 为引物，即在微卫星 DNA 序列的 3′ 端或 5′ 端加上 2～4 个随机核苷酸，对基因组 DNA 进行 PCR 扩增，得到与锚定引物互补的重复序列区间 DNA 片段。在不同物种基因组 DNA 中，这种反向重复微卫星序列的数目和间隔长短不同，导致这些特定的结合位点分布发生相应的变化，从而使 PCR 产物增加、减少或发生分子量的改变。通过对 PCR 产物的检测和比较，可识别样品基因组 DNA 的多态性片段。

三、主要仪器与实验材料

NanoDrop 2000 分光光度计、高速离心机、冰箱、微量移液器、高压灭菌锅、PCR 仪、电泳仪、电泳槽、凝胶成像系统、研钵、水浴锅、无水乙醇、70% 乙醇、1 mol/L Tris-HCl（pH = 8.0），2%、10% CTAB 提取缓冲液，TE 缓冲液、3 mol/L 乙酸钠溶液、琼脂糖、TAE 缓冲液、核酸染料、dNTPs、RNA 酶、Taq DNA 聚合酶、10 × PCR 反应缓冲液、上样缓冲液、DNA 分子量标记、ISSR 引物、TAE 电泳缓冲液、30 个香菇野生菌株、PDA 平板培养基、液氮、10 ng/mL RNA 酶、苯酚：氯仿：异戊醇（25：24：1）混合液、氯仿：异戊醇（24：1）混合液。

四、实验方法与步骤

（一）香菇菌丝体培养

提前 10 d 以上制备 PDA 平板培养基；接种香菇菌丝块，25℃恒温下培养菌丝 7 ~ 9 d。

（二）DNA 模板制备

采用 CTAB 法提取香菇菌丝 DNA。

1. 取香菇菌丝约 0.2 g，放入冷冻过的研钵中，先加入适量的液氮，将菌丝研磨成粉末。再将菌丝粉末转入已灭菌的 1.5 mL 离心管中。

2. 加入 700 μL 65℃预热的 2% CTAB 提取缓冲液；在 65℃水浴锅中水浴 20 ~ 30 min（或 60℃水浴 1 h），期间每隔 10 min 颠倒摇匀离心管中的混合液。

3. 12 000 r/min 离心 10 min，转移上清液至另一离心管中，加入等体积的苯酚：氯仿：异戊醇（25：24：1）混合液，振荡混匀，轻摇 10 min。

4. 12 000 r/min 离心 10 min，转移上清液至另一离心管中，加入 1/10 体积的 10% CTAB 提取缓冲液，再加入等体积的氯仿：异戊醇（24：1）混合液，振荡混匀，轻摇 10 min。

5. 重复步骤 4，直到中间层无白色沉淀为止。

6. 12 000 r/min 离心 10 min，取上清液至另一离心管中，再加入 1/10 体积的 3 mol/L 乙酸钠溶液（pH = 5.2），加入 2 倍体积预冷的无水乙醇，–20℃沉淀 2 h 或 –70℃沉淀 30 min。

7. 8 000 r/min 离心 10 min；去除上清液，用 70% 乙醇沉淀 2 ~ 3 次；在超净工作台中自然干燥，去除乙醇。

8. 加入 200 μL 的 TE 缓冲液，溶解沉淀。

9. 加入 2 μL 的 RNA 酶（10 ng/mL），37℃水浴 2 h。

10. 采用 NanoDrop 2000 分光光度计测定 DNA 浓度和纯度，并将 DNA 样品浓度稀释至 50 ng/μL。–20℃储存备用。

（三）PCR 扩增

1. 配制 PCR 反应体系见表 13–1，总体积为 20 μL；按照表中所示用量，用微量移液器吸取相应试剂加入 200 μL PCR 管中，混匀。完成加样的 PCR 管置于 PCR 仪上。

2. ISSR 引物种类及其序列。28 对 ISSR 引物及其序列引自农业行业标准《食用菌菌种真实性鉴定 ISSR 法》（NY/T 1730–2009）（表 13–2），使用时，从中随机选择 10 个引物。

表 13-1　香菇 ISSR 扩增反应体系的组成

试剂	终浓度	用量
PCR 反应缓冲液	–	2.0 μL
$MgCl_2$	2.5 mmol/L	2.0 μL
dNTPs	0.2 mmol/L	0.4 μL
ISSR 引物	1.5 μmol/L	3.0 μL
Taq DNA 聚合酶	0.5 U	0.2 μL
香菇基因组 DNA	2.5 ng	1.0 μL
ddH_2O		11.4 μL
总体积		20 μL

表 13-2　香菇野生菌株 ISSR 分析的常用引物及其序列

编号	序列（5′→3′）
P1	TGCACACACACACAC
P2	GTGACACACACACAC
P3	GTGACGACTCTCTCTCT
P4	GGATGCAACACACACACAC
P5	CGTGTGTGTGTGTGT
P6	ACTGTCTGTGTCTGT
P7	CCAGTGGTGGTGCTG
P8	GGAGTGGTGGTGGTG
P9	AGAGAGAGAGAGAGACG
P10	GAGAGAGAGAGAGAGAC
P11	GAGAGAGAGAGAGAGAAC
P12	AGAGAGAGAGAGAGAGGC
P13	TCTCTCTCTCTCTCCG
P14	ACACACACACACACACCG
P15	GTGTGTGTGTGTGTGTTA
P16	TGTGTGTGTGTGTGTGGA
P17	ACACACACACACACAC
P18	ACACACACACACACACC
P19	ACACACACACACACACCT
P20	ACACACACACACACACCTG
P21	AGCAGCAGCAGCAGCAGCG
P22	AAGAAGAAGAAGAAGAAGC
P23	GAGAGAGAGAGAGAGACT
P24	CACGAGAGAGAGAGAGA
P25	GAGAGAGAGAGAGAGACC
P26	CACCACACACACACACA
P27	GTATGTATGTATGTATGG
P28	GTATGTATGTATGTATGC

3. ISSR-PCR 扩增

常用的 PCR 扩展反应体系见表 13-1，在 PCR 仪上进行扩增反应，扩增程序：94℃预变性 5 min；接着进行 35 个循环：94℃变性 1 min，50℃复性 45 s，72℃延伸 90 s；最后 72℃保温 7 min。

（四）扩增产物检测

将适量琼脂糖加入 TAE 缓冲液中，加热融解配制成 1.5% 的凝胶溶液，待冷却至 50～60℃时，加入核酸染料并混匀，倒入制胶模具，冷却后制成琼脂糖凝胶。将 5 μL PCR 产物与 1 μL 上样缓冲液混合后点样，其中一个泳道加入 5 μL DNA 分子量标记。然后打开电源，将电压调整为 5 V/cm，进行电泳。待上样缓冲液中的溴酚蓝距凝胶前缘约 1 cm 时停止电泳。完成电泳的凝胶在凝胶成像系统中拍照，统计 DNA 条带。

（五）DNA 条带统计

参考 DNA 分子量标记，按照大小依次统计所有 DNA 条带，确定每个菌株的分子标记基因型。DNA 电泳条带按 0/1 进行 2 进制数据转换。某个菌株中存在某 DNA 条带，则记为 1，不清晰或无该条带则记为 0。

五、注意事项

1. 针对不同的食用菌菌株，并不是所有的 ISSR 标记都存在较好的多态性，因此，可以通过在少量菌株中开展标记多态性的初步筛选，再将其应用于较多菌株。

2. 注意控制电泳时间，溴酚蓝距凝胶前缘约 1 cm 时停止电泳，避免由于电泳时间过长导致样品跑出凝胶，无法观察。

3. 为保证 DNA 条带清晰，电泳时电压不可过高；1×TAE 缓冲液不要过度反复使用，注意及时更换。

六、实验结果处理

1. 将 DNA 条带的 0/1 矩阵输入 NTsys-pc2.1e 软件，先用 Qualitative data 模块计算 SM（simple matching）相似指数矩阵，然后用 SHAN 模块中的 UPGMA 法进行聚类分析。

2. 根据各个菌株的分子标记基因型，利用 POPGENE 软件计算多态性位点数（NPL）、多态性位点百分比（PPL）、观测等位基因数（Na）、有效等位基因数目（Ne）、Shannon 信息指数（I）和 Nei's 多样性系数（I），评价野生香菇菌株的遗传多样性。

七、思考题

1. 基于 ISSR 标记的原理，思考为什么 ISSR 标记多态性可以反映香菇菌株的遗传多样性。

2. 与 RAPD 和 SSR 分子标记相比，ISSR 标记有何优缺点？

实验三　金针菇原生质体制备及单核化

一、实验目的

掌握酶解法制备食用菌原生质体的技术，了解原生质体单核化原理。

二、实验原理

原生质体是指在消除细胞壁后余下的那部分由质膜包裹的裸露的细胞结构，它仍然具有原生质膜和整体基因组，能再生成为一个具有细胞壁的细胞。酶解法是真菌原生质体分离常用的方法，采用合适的细胞壁降解酶处理菌丝体释放原生质体。原生质体分离效率受菌丝生理状态、酶种类、酶解条件、渗透压稳定剂化学成分等因素影响。

真菌原生质体再生是原生质体重新长出细胞壁，再经细胞分裂回复到菌丝生长状态的复杂过程。某些影响原生质体分离的因素也会影响原生质体的再生效率。

在异核菌丝原生质体分离过程中，将仅含有其中一个细胞核的原生质体分离出来的过程称为原生质体单核化。该技术能简单迅速地获得单核体，在食用菌遗传和育种研究中具有特殊的应用价值。

三、主要仪器与实验材料

水浴锅、高速离心机、光学显微镜、细菌过滤器、注射器、血细胞计数板、平板培养基、斜面试管PDA、PDA液体培养基、无菌水、1%纤维素酶、1%溶菌酶（以0.6 mol/L甘露醇溶解后过滤除菌）、渗透压稳定剂（0.6 mol/L甘露醇）、再生培养基（含0.6 mol/L KCl的MYG培养基）、培养5～7 d的金针菇栽培菌丝、刻度离心管等。

四、实验方法与步骤

1. 将金针菇栽培菌丝接种至平板培养基上，培养5～7 d，挑取菌落边缘生长旺盛的菌丝，转接至30 mL PDA液体培养基中，25℃静置培养6 d。

2. 无菌条件下，将培养物在无菌条件下磨碎匀浆，取约5 mL菌丝匀浆接种于50 mL PDA液体培养基中，25℃静置培养3～5 d，间或摇匀。

3. 将培养好的菌丝置于刻度离心管中，用无菌水和渗透压稳定剂各冲洗3次，然后以3 000 r/min离心5 min，移去上清液，收集菌丝体。

4. 按照每300 mg菌丝体加入1 mL溶壁酶酶液（1%纤维素酶+1%溶菌酶混合，现用现配）的比例进行操作，25℃水浴酶解1.5 h，期间缓慢摇动，每隔30 min在显微镜下检查一次原生质体释放情况。

5. 酶解完毕后，采用带有无菌脱脂棉的注射器过滤酶液；将滤液收集至新的离心管中，以3 000 r/min离心5 min，收集底层的原生质体，弃掉上层酶液。

6. 用渗透压稳定剂将沉淀的原生质体重新悬浮，用血细胞计数板进行观察计数，并用渗透压稳定剂稀释所得原生质体至合适的浓度；最后取 100 μL 涂布于再生培养基平板上，25℃培养 5 ~ 7 d。

7. 培养 5 ~ 7 d 后，再生培养基上开始出现星芒状再生菌落。将最初 2 d 长出的菌落挑出后丢弃，不再培养；之后每隔 1 d 观察一次，随时挑出再生菌落，直至不再萌发出新的菌落。将挑出的再生菌落转入斜面试管 PDA 中，25℃继续培养 14 d。

8. 挑取试管中的菌丝体，在显微镜下观察有无锁状联合（鉴定方法参考实验一）。无锁状联合的，初步判断为原生质体单核化菌株。有锁状联合的，判定为异核体菌丝。

五、注意事项

1. 制备原生质体的菌丝体必须幼嫩且新鲜。
2. 操作过程中注意动作轻柔，减少原生质体机械损伤。
3. 原生质体分离及再生过程中，务必严格遵守无菌操作原则。

六、实验结果处理

培养 5 ~ 7 d 后，每天进行平板中再生菌落计数；将再生菌落转接至斜面中，直至培养到第 14 d。统计平板上萌发的总菌落数，计算原生质体再生率。根据锁状联合的有无，挑选出单核化的原生质体再生菌株。

$$\text{再生率（\%）} = 100\% \times \left(\frac{\text{每个平板中平均再生菌落数}}{100\ \mu\text{L 中的原生质体个数}} \right)$$

七、思考题

1. 影响原生质体分离和再生的因素有哪些？
2. 为了获得单核化的原生质体，为什么要舍弃再生培养基中最先萌发的菌落？

实验四 糙皮侧耳单核体交配型分析

一、实验目的

学习并掌握非标准型四极性异宗配合担子菌糙皮侧耳交配型分析的基本方法，进一步理解锁状联合作为交配型鉴定标记的理论依据，以及在交配型分析中核迁移的原理。

二、实验原理

四极性异宗配合担子菌 *A*、*B* 两对交配型处于异质状态，*A* 交配型控制菌丝细胞融合、锁状细胞形成、细胞核同步分裂和隔膜形成，*B* 交配型调控细胞核迁移以及锁状细胞与次顶端细胞融合。当 $A \neq B \neq$ 时，两种单核体经过配对培养后菌丝将出现锁状联合，并借助锁状联合而实现异核化。因此，锁状联合可作为异宗配合担子菌单核体配对成功可靠的形态标记。

在非标准型四极性异宗配合担子菌交配型分析中，配对后培养物不产生锁状联合的组合属于 A=$B\neq$或 $A\neq B$=，难以区分。根据 B 交配型不同的配对组合可发生核迁移的原理，设计核迁移实验。当两个单核体为 A=$B\neq$类型时，核迁移发生；而当两个单核体为 $A\neq B$= 类型时，无核迁移发生。按照下列实验设计，通过两次配对培养，第二次配对产生锁状联合时，第一次配对有核迁移发生；当第二次配对未产生锁状联合，表明第一次配对无核迁移发生。

三、主要仪器与实验材料

光学显微镜；PDA 培养基；接种针；超净工作台；苯酚品红染液；糙皮侧耳单核体菌株若干。

四、实验方法与步骤

1. 随机挑选一个糙皮侧耳单核体菌株为测交菌株 T1，将其交配型定为 A_1B_1。再将该单核体与剩余的单核体两两配对，将不同单核体菌丝接种于 PDA 平板培养基上，两者相距 1 ~ 2 cm，进行配对培养。

2. 待两个菌落交接后，挑取交接处菌丝体进行显微观察（详见“实验一”）。将配对结果分成两组，能与 T1 配对产生锁状联合的为一组，它们的交配型可确定为 A_2B_2；另一组与 T1 配对后不产生锁状联合，交配型暂不能确定。

3. 从交配型 A_2B_2 一组中选择一个单核体菌株记为 T2，将其与 T1 不亲和的单核体菌株分别配对培养，方法同上；能与 T2 亲和且产生锁状联合的单核体，交配型与 T1 相同，记为 A_1B_1。

4. 将既不与 T1 亲和，又不与 T2 亲和的某一单核体菌株定为 T3，其交配型假设为 $AxBx$；将 T3 分别与未确定交配型的剩余菌株配对培养，能与 T3 亲和的菌株交配型记为 $AyBy$，与 T3 不亲和的记为 $AxBx$。

5. 将 T3 菌株与 T1 进行第一次配对培养，待菌丝体交接后，从 T3 菌落外侧远离 T1 处挑取菌丝块，将其与 T2 菌丝块做第二次配对培养；同样，从 T1 菌落外侧远离 T3 处挑取菌丝块，将其与 T4 菌丝块做第二次配对培养。第二次配对培养的菌丝交接后，取交接处菌丝体进行镜检；若第二次配对可亲和，表明 T3 的交配型为 A_1B_2，T4 则为 A_2B_1；若第二次配对不亲和，表明 T3 的交配型为 A_2B_1，T4 则为 A_1B_2。

五、注意事项

1. 每个糙皮侧耳单核体菌株都需要编号，制作表格，做好记录。
2. 严格遵守无菌操作的原则。接种不同单核体菌株时，接种针必须灼烧透彻，避免交叉污染。

六、实验结果处理

绘制表格，确定所有糙皮侧耳所有供试单核体的交配型，计算四种交配型（A_1B_1、A_2B_2、A_1B_2、A_2B_1）的比例是否符合 1∶1∶1∶1。

七、思考题

1. 为什么锁状联合可作为单核菌株可亲和的形态标记？
2. 糙皮侧耳单核体四种交配型（A_1B_1、A_2B_2、A_1B_2、A_2B_1）的比例符合 1∶1∶1∶1 吗？为什么？

实验五 糙皮侧耳单孢杂交与杂交子筛选

一、实验目的

掌握杂交配对原理及杂交子鉴定筛选方法，学习食用菌单孢分离技术和单孢杂交育种方法。

二、实验原理

糙皮侧耳属于四极性异宗配合担子菌，单孢杂交是最主要的杂交育种方式之一，包括单孢分离、杂交配对、杂交子筛选、杂交子性状评价等步骤。

常用单孢分离方法包括稀释平板法、单孢挑选法等。经单孢分离获得的可亲和的单核体菌丝，通过单单配对杂交，获得异核体菌丝。此外单核体菌丝也可以接受异核体中与之配对的一个核，完成双核化，这就是布勒现象。锁状联合的有无是判断异核体菌丝的重要手段，最后再通过拮抗实验、菌丝生长速度测定、抗杂能力鉴定以及农艺性状考察，筛选出优良的杂交子。

三、主要仪器与实验材料

高压蒸汽灭菌锅、超净工作台、冰箱、定量移液器、9 cm 培养皿、50 mL 三角瓶、试管、接种针、玻璃珠、涂布棒、盖玻片、载玻片、光学显微镜、糙皮侧耳两个栽培品种的菌种及其新鲜孢子印、木霉菌菌种、PDA 平板培养基、CYM 平板培养基、苯酚品红染液、无菌水。

四、实验方法与步骤

（一）孢子印制备

参考第九章第四节的“孢子收集方法”。

（二）单孢稀释分离

1. 用无菌接种针从孢子印上挑取少许糙皮侧耳担孢子，转至装有数十粒玻璃珠和 10 mL 无菌水的三角瓶中，充分摇匀，获得原始的孢子悬液。

2. 用定量移液器吸取 1 mL 孢子悬液，转至装有 9 mL 无菌水的试管中，充分摇匀，获得 10^{-1} 孢子稀释液，然后再稀释获得 10^{-2} 和 10^{-3} 孢子稀释液。

3. 依次吸取 0.2 mL 的 10^{-3}、10^{-2}、10^{-1} 孢子稀释液，接种至 CYM 平板培养基上。采用涂布棒涂匀，25℃下倒置培养。

4. 从平板上挑取单个菌落，转移至另一个 CYM 平板培养基上，在离菌丝块约 2 cm 处斜插一个无菌的盖玻片；待菌丝接触盖玻片后，用苯酚品红染液对菌丝进行染色（染色方法详见“实验一”），镜检鉴定菌丝是否为单核体菌丝，将其中的单核体菌丝置于 4℃冰箱保存备用。

（三）杂交配对

选择两个品种的单核体或双核体菌丝，进行单核体杂交和双单杂交实验。

1. 单核体杂交 挑选分别来自两个品种的长势旺盛的单核体菌丝，两两配对，接种于 PDA 平板培养基上，两者相距约 1 cm。

2. 双单杂交 在 PDA 平板培养基上，先接种一个品种的单核体菌丝，待生长 3 ~ 5 d 后，再接种另一个品种的双核体菌丝，两者相距约 1.5 cm。

3. 将两种杂交方式各接种 2 个培养皿，25℃培养至菌丝体交接。在单核体杂交的培养基中挑取交界处菌丝，转移至另一个平板培养基上培养；或在双单杂交的培养基中挑取单核体菌丝菌落外侧（远离双核体菌丝的另一侧）的菌丝，转移至另一个平板培养基上培养。

（四）杂交子鉴定

1. 镜检锁状联合标记 分别挑取单核体杂交和双单杂交后的配对菌丝，采用苯酚品红染液进行菌丝染色，镜检鉴定它们是否存在锁状联合，判断杂交是否成功。

2. 拮抗实验 在平板培养基中接种杂交菌丝体，两侧分别接种两个亲本的双核菌丝体，两两间隔约 2 cm，25℃培养观察交界处菌丝拮抗线变化。

（五）杂交子筛选

1. 生长速度测定 将筛选到的杂交子菌丝块接种于 CYM 平板培养基中央，25℃培养；采用十字画线法，每隔 2 d 在菌丝尖端处划线，测量菌落直径；每个处理设置 3 个重复，计算菌丝生长速度。

$$\text{菌丝生长速度（mm/d）}=\frac{0.5\times（D_1-D_2）}{\text{生长天数}}$$

注：D_1 为生长终止线间的菌落直径（mm）；D_2 为生长起始线间的菌落直径（mm）；生长天数为划起始线和终止线间的天数（d）。

2. 抗木霉能力鉴定 将筛选得到的杂交子菌丝块接种于 CYM 平板培养基一侧，2 d 后接种木霉菌菌丝，两者相距约 4 cm；每个处理设置 3 个重复，25℃培养 7 d，观察记录糙皮侧耳杂交子与木霉菌的拮抗情况，测量拮抗带的宽度。

五、注意事项

1. 在挑取孢子印及菌丝块时，应确保接种针充分冷却，避免对菌丝或孢子造成伤害。

2. 单孢稀释过程中，每次稀释前应将孢子悬液充分摇匀，确保整个过程完全无菌操作。

3. 应挑选单一的或远离其他菌落的单个菌落；应避免挑取与其他菌落相互接近的菌落，因为它们的基内菌丝可能已经相互接触交配。

4. 单核体菌丝生长速度慢于双核体菌丝。在双单杂交育种时，应先接种单核体菌丝培养若干天后，再接种双核体菌丝。

5. 所有配对成功的糙皮侧耳杂交子，菌丝上出现锁状联合非常常见。若在一个或数个视野内，仅能观察到 1 个或 2 个类似锁状联合的细胞，应考虑它可能是假锁状联合。为了提高鉴定的准确性，每个样本显微镜下至少观察 3 个视野。

六、实验结果处理

1. 单孢稀释分离 观察培养 5 ~ 6 d 后平板上菌落的生长情况，选取适当稀释度的平板进行菌落计数，并计算出原始孢子液的浓度。

2. 杂交配对（单核体杂交、双单杂交） 观察菌丝交界处菌丝，分析两种杂交方法的配对反应差异。

3. 杂交子鉴定 汇总镜检结果，描述拮抗线形态特征，分析其原因。

4. 杂交子筛选 结合菌丝生长速度和拮抗反应，分析杂交子筛选的目标。

七、思考题

1. 怎样通过肉眼正确识别并区分幼小的糙皮侧耳菌落与杂菌菌落？
2. 在单核体杂交和双单杂交实验中，若要配对取得成功，亲本在交配型上应满足什么条件？
3. 食用菌双单杂交有哪些优点？能否替代单核体杂交？
4. 拮抗反应与两个杂交亲本的遗传距离之间存在怎样的关系？

实验六 双孢蘑菇单孢分离物酯酶同工酶分析

一、实验目的

了解同工酶分析的原理，掌握食用菌菌丝体酯酶同工酶分析方法。

二、实验原理

同工酶是指能催化相同的生物化学反应，但化学结构及理化性质并不相同的酶分子形式。同工酶由不同等位基因或不同基因位点编码，同工酶电泳酶谱表型是基因型的反映，它不仅是生理生化的指标，也是可靠的遗传标记。同工酶检测技术常采用凝胶电泳法，包括聚丙烯酰胺凝胶电泳、琼脂糖凝胶电泳等。目前，食用菌酯酶（EST）、乙醇脱氢酶（ADH）、多酚氧化酶（PO）、过氧化物酶（POD）、肽酶（PEP）等几十种同工酶先后被研究。

三、主要仪器与实验材料

垂直板状电泳槽、电泳仪、水浴锅、冰箱、高速离心机、PDA 斜面培养基、蒸馏水、0.1 mol/L 磷酸缓冲液（pH = 6.0）、Acr–Bis 液、TEMED、10% 过硫酸铵、4% 核黄素、电泳缓冲液（pH = 8.3 的 Tris– 甘氨酸）、α– 萘乙酯、β– 萘乙酯、丙酮、双孢蘑菇单孢菌株菌丝、双孢蘑菇新鲜子实体、Tris-HCl 缓冲液（pH = 8.9、6.7）、固蓝 RR 盐、400 g/L 蔗糖、0.01% 溴酚蓝溶液、石英砂、滤纸、接种刀。

四、实验方法与步骤

（一）酶蛋白提取

将双孢蘑菇单孢菌株接种于 PDA 斜面培养基上，22 ~ 25℃培养 15 ~ 20 d。用接种刀刮下菌丝，按 2∶6∶1 的比例将菌丝、0.1 mol/L 磷酸缓冲液和石英砂进行混合；于冰浴中研磨成匀浆，4 000 ~ 10 000 r/min 离心 20 min；取上清液，按 5∶1∶1 的比例将上清液、400 g/L 蔗糖和 0.01% 溴酚蓝溶液混合，作为电泳样品置于 4℃冰箱中备用。取新鲜双孢蘑菇的子实体菌盖或菌褶组织适量，冰浴研磨成匀浆，其他操作与菌丝相同。

（二）聚丙烯酰胺凝胶垂直板状电泳

1. 分离胶制备　准备好洗涤干净的垂直板状电泳槽，装好胶模，制备分离胶。先用 pH 8.9 的 Tris-HCl 缓冲液加入 Acr-Bis 液、TEMED、蒸馏水混匀；再加入 10% 过硫酸铵，迅速摇匀，灌胶，并用蒸馏水封住胶面，静置聚合。待聚合完全后，倾出胶体上端的水层，使用细滤纸条吸干胶层上的残余水迹。分离胶的浓度以 9% 为宜。

2. 浓缩胶制备　用 pH 为 6.7 的 Tris-HCl 缓冲液加入 Acr-Bis 液、TEMED、蒸馏水，再加 10% 过硫酸铵（或 4% 核黄素）摇匀，灌胶于已聚合好的分离胶上。插入样品模卡，静置聚合；如果使用 4% 核黄素，则在光照条件下聚合。

3. 装槽点样　拆去样品模卡，装槽，注入电泳缓冲液（pH 为 8.3 的 Tris- 甘氨酸），每个样品孔点样 75 μL。

4. 电泳　电泳槽置于 3℃，120 V 电泳 20 min 后，稳压 4 h 左右。在溴酚蓝指示带离底部约 1 cm 时，停止电泳。

（三）染色与观察

拆下电泳板块，将凝胶用蒸馏水淋洗后，再转至染色盘中，倾去剩余的蒸馏水，加入染液，进行酯酶同工酶染色。染液采用固蓝 RR 盐 60 mg，0.1 mol/L 磷酸缓冲液（pH 为 6.0）80 mL，α- 萘乙酯和 β- 萘乙酯各 38 mg 溶于 3 mL 丙酮，配制而成。

五、注意事项

1. 注意所有器皿和电泳槽均应清洗干净，蒸馏水冲洗后晾干。
2. 切勿使用存放过久的试剂配制分离胶，否则难以凝聚成胶。
3. 样品研磨前研钵应预冷，且样品研磨应在低温冰浴条件下进行，以免酶失活降解。

六、实验结果处理

凝胶染色后，测量每个条酶带至点样孔的距离（cm），再测量溴酚蓝条带至点样孔的距离（cm），计算每一个条带的迁移率。

$$\text{某酶带的迁移率} = \frac{\text{酶带至点样孔的距离}}{\text{溴酚蓝条带至点样孔的距离}} \times 100\%$$

$$两个菌株的酶谱相似系数 = \frac{两个菌株相同的酶带数 \times 2}{两个菌株酶带总数}$$

两个供试菌株之间酶谱相似系数可以作为评价它们亲缘关系的参考。

七、思考题

1. 为什么双孢蘑菇菌丝、菌褶和菌盖组织的酯酶同工酶酶谱存在差异？

2. 观察双孢蘑菇供试单核体酯酶同工酶酶谱，对照前面章节分析这些单孢菌株酯酶同工酶酶谱属于哪一种类型。

实验七 农杆菌介导的香菇遗传转化与基因过表达

一、实验目的

掌握农杆菌介导的香菇遗传转化及基因过表达载体构建方法；了解实验过程，组内互相配合，亲自动手操作，并记录和分析实验数据。

二、实验原理

利用香菇内源稳定表达 *GPDH* 基因启动子，构建目的基因过表达载体；通过农杆菌介导的遗传转化，将过表达载体转化至香菇菌丝细胞中，并整合到染色体上，实现基因稳定地过表达。

三、主要仪器与实验材料

香菇异核体菌株及单核菌株、MYG 培养基、玻璃纸、限制性内切酶 *Kpn* Ⅰ和 *Eor*R Ⅰ、RT-PCR 试剂盒、引物、PCR 仪、琼脂糖凝胶电泳仪、移液器、高速冷冻离心机、DNA 及 RNA 提取相关试剂。

四、实验方法与步骤

（一）香菇基因过表达载体构建

1. 香菇异核体菌株 DNA 与 RNA 提取

将香菇异核体菌株的菌丝在 MYG 培养基上活化后，接种于铺有一层灭菌玻璃纸的 MYG 固体培养基上，25℃静置培养 10 d，收集菌丝。

（1）香菇基因组 DNA 提取 参照实验二进行。

（2）香菇总 RNA 提取 采用 RNAiso Plus 试剂法，具体步骤如下。

① 取 0.1 g 菌丝体于研钵中，加入液氮和 300 μL RNAiso Plus，迅速研磨成粉末；转至 RNAse-free 1.5 mL 离心管（预先加入 300 μL RNAiso Plus）中，振荡混匀，室温下静置 5 min。

② 加入 600 μL PCI（苯酚：氯仿：水 = 25：24：1），上下颠倒混合 20 s 后静置分层，15 000 r/min、

4℃离心 15 min。

③ 取上清液至另一个 RNase-free 1.5 mL 离心管（预先加入等体积 PCI）中，上下颠倒混合 20 s 后静置分层，15 000 r/min、4℃离心 10 min。

④ 取上清液至新的 RNAse-free 1.5 mL 离心管中，加入 2/3 体积的异丙醇，颠倒混匀，室温静置沉淀 10 min 后，15 000 r/min、4℃离心 5 min。

⑤ 弃上清液，加入 1 mL 去除 RNA 酶的试剂 DEPC 配制的 75% 乙醇，洗涤沉淀，15 000 r/min、4℃离心 5 min。

⑥ 重复上一步，15 000 r/min、4℃离心 30 s，用移液器吸去残留的上清液。

⑦ 在超净工作台上室温干燥，时间不超过 5 min。

⑧ 加入 50 ~ 100 μL DEPC 试剂，65℃水浴 10 min 使沉淀完全溶解。

用超微量紫外分光光度计测定浓度；用 1% 琼脂糖凝胶电泳检测 RNA 的完整性。

2. 香菇 gpd 启动子与目的基因 cDNA 片段连接

（1）使用 HiScript Ⅱ One Step RT-PCR Kit（Vazyme）进行总 RNA 的反转录，获得香菇供试菌株总 cDNA。

（2）以 *Eco*R Ⅰ 和 *Kpn* Ⅰ 为酶切位点，根据已知香菇 gpd 启动子同源序列（GenBank：AB013136）、目的基因 cDNA 序列和质粒 pCAMBIA1300-g 设计引物。分别以香菇菌株总 DNA 和 cDNA 为模板，扩增 gpd 启动子和目的基因 cDNA 片段。

扩增反应体系（20 μL）：模板（DNA 或 cDNA）100 ng，引物（10 μM）各 1 μL，dNTP Mix（10 mM）1 μL，2× Phanta Max Buffer 10 μL，Phanta Max Super-Fidelity DNA Polymerase（1 U/μL）1 μL，补 ddH_2O 至 20 μL。反应参数：95℃预变性 5 min，95℃变性 30 s，55℃退火 45 s，72℃延伸 1 min，循环数 35，72℃延伸 10 min。

（3）对扩增得到的 gpd 启动子片段（约 1 kb）和目的基因片段，采用 1% 琼脂糖凝胶电泳检测后，用 San Prep 柱式 DNA 回收试剂盒回收，采用 double-joint 方法连接两回收产物。

扩增反应体系（20 μL）：模板（回收产物）各 100 ng，dNTP Mix（10 mmol/L）1 μL，2×Phanta Max Buffer 10 μL，Phanta Max Super-Fidelity DNA Polymerase（1 U/μL）1 μL，补 ddH_2O 至 20 μL。

反应参数为 95℃预变性 5 min，95℃变性 30 s，58℃退火 10 min，72℃延伸 2 min，循环数 15；95℃变性 30 s，55℃退火 45 s，72℃延伸 90 s，循环数 30；72℃延伸 10 min。

（4）对扩增得到的启动子和目的基因连接产物，用 1% 琼脂糖凝胶电泳检测后，用 San Prep 柱式 DNA 回收试剂盒回收，于 –20℃保存。

3. 同源重组

用限制性内切酶 *Kpn* Ⅰ 和 *Eco*R Ⅰ 对质粒 pCAMBIA1300-g 进行双酶切，37℃完全酶切 2 h 后，用 1% 琼脂糖凝胶电泳检测，用 San Prep 柱式 DNA 回收试剂盒回收大片段（约 8 kb）。采用同源重组的方法，将启动子和目的基因连接产物与质粒 pCAMBIA1300-g 大片段进行连接。

反应体系（20 μL）：启动子 + 目的基因片段 1 μL，pCAMBIA1300-g 大片段 2 μL，5×CE MultiS Buffer 4 μL，Exnase MultiS 2 μL，ddH_2O 11 μL。

将所有溶液混匀，37℃反应 30 min 后，立即转至冰水浴中冷却 5 min。再将反应产物转化至大肠杆菌 DH5α 中。转化方法按照 DH5α Chemically Competent Cell 产品说明书进行。

4. 重组质粒 pCAMBIA1300-g-lelcrp1 的阳性克隆检测

（1）菌落 PCR 验证　挑取单克隆菌落，以 P-gpd-F 和 lelcrp1-P-R 为引物进行 PCR 扩增。

扩增反应体系（20 μL）为模板（菌液）1 μL，引物（10 μM）各 1 μL，2× Taq Master Mix 10 μL，

ddH_2O 7 μL。

反应参数为 95℃预变性 5 min，95℃变性 30 s，55℃退火 45 s，72℃延伸 90 s，循环数 35，72℃延伸 10 min。扩增得到的 gpd-lelcrp1 片段（约 1 500 bp）用 1% 琼脂糖凝胶电泳检测。

（2）酶切验证　挑取单克隆菌落于 LB（50 μg/mL Kan^+）液体培养基中，37℃摇菌过夜。翌日收集菌液，提取大肠杆菌质粒，具体步骤如下。

① 菌液 9 500 r/min、4℃离心 5 min，弃上清液。

② 菌体重悬并转至 1.5 mL 离心管，12 000 r/min、4℃离心 2 min，用移液器吸去上清液。

③ 加入 300 μL 溶液Ⅰ及 3 μL RNase A，振荡混匀。

④ 加入 300 μL 溶液Ⅱ（现配现用，2% SDS∶0.4 mol/L NaOH = 1∶1），温和混匀。

⑤ 立即加入 300 μL 溶液Ⅲ，温和混匀，于冰上放置 10 min。

⑥ 12 000 r/min、4℃离心 10 min，小心吸取上清液至新的 1.5 mL 离心管中。

⑦ 加入 600 μL（2/3 体积）异丙醇，混匀后于 −20℃沉淀 2 h。

⑧ 12 000 r/min、4℃离心 10 min，弃上清液。

⑨ 加入 1 mL 70% 乙醇洗涤沉淀，12 000 r/min、4℃离心 5 min，弃上清液。

⑩ 重复上一步，12 000 r/min、4℃离心 30 s，用移液器吸去残留上清液；在超净工作台上室温干燥，时间不超过 5 min；再加入 30 ~ 50 μL ddH_2O 溶解沉淀，用超微量紫外分光光度计测定浓度。

用限制性内切酶 *Xho* Ⅰ对质粒进行单酶切，酶切体系（10 μL）：质粒 5 μL，*Xho* Ⅰ 1 μL，buffer 1 μL，ddH_2O 3 μL。37℃酶切 1 h 后，用 1% 琼脂糖凝胶电泳检测。

（3）测序验证　将提取的质粒进行 Sanger 法测序验证。检测完成以后，将重组质粒转化至农杆菌 AGL1 中，转化方法按照 AGL1 Chemically Competent Cell 产品说明书进行。

（二）农杆菌介导的香菇菌丝转化

1. 将含有重组质粒的农杆菌 AGL1 划线培养 1 d，挑取单菌落于 1 mL LB（含 50 μg/mL Rif^+，50 μg/mL Kan^+）培养液中，200 r/min、28℃培养 1 d。

2. 将农杆菌菌液加入 100 mL MM（50 μg/mL Kan^+）液体培养基，200 r/min 28℃培养 2 d。收集菌液，5 000 r/min、4℃离心 10 min，去上清液后，用等体积 IM 培养液重悬，并用 IM 稀释至 OD_{600} = 0.4。

3. 添加乙酰丁香酮（AS）至终浓度为 200 μmol/L，于 200 r/min 28℃培养 9 h 至 OD_{600} = 0.6。

4. 香菇菌株菌丝在 MYG 固体培养基上活化后，用打孔器取直径相同的菌块，浸入上述 IM 农杆菌菌液中孵育 20 min，每隔 5 min 摇匀一次。

5. 将香菇菌丝块用灭菌滤纸稍微吸干菌液后，转入含有 200 μmol//L AS 的 Co-IM 固体培养基中，25℃正置培养。3 d 后，用无菌水清洗菌块 3 次，浸入含有 400 μg/mL 头孢噻肟霉素的无菌水中孵育 20 min。

6. 将洗净后的菌丝块用灭菌滤纸吸干水分后，转移至含有 3.5 μg/mL 潮霉素和 400 μg/mL 头孢噻肟霉素的 MYG 固体培养基上，25℃培养。

（三）转化子 PCR 检测

1. 挑取生长旺盛的转化子，用接种针取 5 mg 左右菌丝于 1.5 mL 离心管中，加入 50 μL ddH_2O，600 W 微波 90 s，于振荡器上振荡 20 s。

2. 重复微波、振荡两次，−20℃冷冻 10 min 后，于 12 000 r/min、4℃离心 5 min，超微量紫外分光光度计测定浓度。

3. 以转化子 DNA 为模板，设计检测引物（扩增启动子 + 目的基因 cDNA 序列）进行 PCR 扩增，检测插入基因片段。

扩增反应体系（20 μL）：模板（DNA）5 μL，引物（10 μM）各 1 μL，2× Taq Master Mix 10 μL，ddH_2O 3 μL。

反应参数：95℃预变性 5 min，95℃变性 30 s，55℃退火 45 s，72℃延伸 90 s，循环数 35，72℃延伸 10 min。

4. 扩增得到的"启动子 + 目的基因"片段，用 1% 琼脂糖凝胶电泳检测。

五、注意事项

1. 在载体构建中，可以使用同源重组方法，也可以使用酶切连接法。
2. 在转化过程中应注意农杆菌浓度、共培养时间及 AS 浓度。
3. 香菇遗传转化可以使用根癌农杆菌 AGL1 或 EHA105。

六、实验结果处理

1. 构建好目的基因过表达载体后，进行酶切和 PCR 验证，保存验证图片。
2. 获得阳性转化子后，进行抗性筛选和 PCR 验证，保存验证图片。

七、思考题

1. 如何设计构建大型真菌目的基因的过表达载体。
2. 简述农杆菌介导的香菇遗传转化的步骤。

（执笔：实验一和实验二　肖扬；实验三和实验四　周雁；实验五　徐章逸；实验六　陈美元、边银丙；实验七　龚钰华。本篇由鲍大鹏修改，边银丙统稿）

数字课程网上资源

教学课件　　本章思考题参考答案